JN218541

● 電気・電子工学テキストライブラリ ●
USE-A7

電気電子材料

基礎理論を中心に

吉門進三

数理工学社

編者のことば

　20世紀後半以後の工学領域の進展は，人々に利便性をもたらし，従来の生活を大きく変化させてきました．しかし工学には，新たなパラダイムとして［社会生活の知恵］としての面を併せもつことも要請されています．したがって，工学技術の高度な進展に伴い，益々その論理性・社会との共生が強く求められてきています．

　たとえば，建築物・土木構造物においては，自然と調和した環境づくりや景観美が重視され，機械・電気・電子機器等においても「人間にやさしく使い易い機能と美しさ」が追求されています．さらに教育方法論の面からは工学の未来を切り拓くための「創造性工学（engineering design）教育」をどのように実施していくか，大きな課題といえます．また，現在の工学教育（特に基礎的科目）を考えたとき，先端の工学技術との関わりを強く意識するなど今後の電気・電子工学教育のニーズに合った使い易くわかり易い書籍の出版が望まれています．

　このような観点から本「電気・電子工学テキストライブラリ」は，「電気電子基礎・専門」「電気工学」「電子工学」分野における従来の伝統的工学の枠組みを尊重しつつも，再生可能エネルギー，自動運転，電気自動車，スマートフォン，AI，Big Data，IoT など最新の知見の流れを取り入れ，創造性教育などにも配慮した電気・電子工学基礎領域全般に亘る新鮮な書を目指し，時代の要請に応える電気・電子基礎書目の体系的構築を図ったものです．それゆえ，電気・電子工学について通暁された著者の周到な配慮のもとに，使い易くわかり易く構成されたテキストとなっています．ライブラリ全般に亘って理解を助ける有効な手段として，できるだけ具体的な問題から例題や演習問題を作り，その解答についても少し詳しく説明することに加え，CG 等も随所にとりいれています．本ライブラリは基礎的知識習得のための十分な内容を網羅しており，電気・電子工学科の学生だけでなく，工学系全般の学生諸君にも役に立ち得るものと考えています．最先端の技術も基礎学問を土台に年月をかけて積み上がってきたことを鑑みると，大学で基礎をしっかりと身につけて土台を確固たるものにし

ておけば，あとの応用，開発，研究など必要な専門知識は社会に出てからでも各自で学ぶことに躊躇しないで済むと確信しています．その意味でも本ライブラリが基礎を身につけるには最適なテキストであり，学生諸君が熟読し理解を深められ，将来に向けての研究，技術開発の手助けとなれば幸いです．

2022 年 1 月

編者　辻　幹男
出口博之

「電気・電子工学テキストライブラリ」書目一覧

電気電子基礎・専門

1. 電気電子工学入門
2. 電気回路
3. 電気磁気学
4. 振動と波動
5. 電気電子数学基礎
6. 電気電子計測
7. 電気電子材料
8. アナログ電子回路

電気工学

1. 過渡現象論
2. 電気エネルギー工学
3. 電気機器学
4. 制御工学
5. パワーエレクトロニクス
6. 電力システム工学
7. 高電圧工学概論

電子工学

1. 通信工学のための信号処理
2. 電子デバイス
3. 伝送線路論
4. 電磁波工学
5. 光エレクトロニクス

別巻 1　電気回路演習
別巻 2　演習で学ぶ 電気磁気学
別巻 3　制御工学演習

はじめに

　今日使用されている電気電子材料の最も基本となる最初の発見は，イギリスのアマチュア科学者グレイ（S. Gray）が1729年頃行った実験による，電気伝導の発見と導体（鉄）と不導体（絹）の区別の認識であり，また，この発見が電気に関する研究の始まりであろう．

　情報技術（IT）に使用される装置やスマートフォン等の携帯電話に使われている集積回路の心臓部となる半導体素子はトランジスタの時代から量子電子デバイス，VLSI，半導体メモリ，スマートフォンのカメラに使用されているCCDデバイス，液晶ディスプレイ用TFT，マイクロ波デバイス等の時代へと目を見張る展開をしている．コンピュータの高速動作の出現は人工知能（AI），ゲーム用機器のグラフィクス画像の進歩にも現れている．また，青色発光ダイオードや白色発光ダイオードの出現で照明分野の固体素子化が進んでいる．トランジスタの発明以来，社会の変革や技術革新の要には電気電子材料の発展がある．電気電子材料の研究は今後の科学技術の発展の中では最も重要なものの1つであるといえるであろう．

　しかし，電気電子材料は種々の種類があり，極めて学習範囲が広く，その習得には多大な時間を要する．例えば半導体のような，1つの分野を取り上げても，それらを深く理解することは極めて困難である．したがって，高専や大学の短い期間で習得できるのは，ほんの基礎事項止まりである．大学院においても，研究が主となると，特定の材料に関しての理解は深くなるが，広い視野から研究をさらに進展させることは極めて困難である．

　そのような状況を勘案すると，今，必要なテキストは，各種の材料の間で共通する理論等の基礎事項をなるべく興味を持って学べるものでなければならない．特に，AIの発展で，知りたいことが即座に調べられるようになり，基礎を理解していなくても，ある程度まで学習や研究を行えるようになったが，自らが新しいことを発想・発展させるには，やはり基礎が重要であることは，従来いわれ続けてきており，著者も同感である．しかし，実際には，それは実現が困難である．本書は，著者が読者の立場となって，どのようなテキストが刊行されるべきであるのかについて，日頃描いていたイメージを基に著したものである．もちろん，思い通りでない部分があるが，なるべく妥協を避けて，従来の，電気電子材料のテキストとは異

はじめに

なる視点で書けたのではないかと信じている．

電気電子材料の大半が固体状態であるため，電気磁気学現象と固体材料の相互作用として電気・電子・光（電磁波）的性質を原子レベルから説明することが本書の目指すところである．先ず最初に，取り扱いが比較的容易である結晶を取り上げる．電気電子材料は結晶を用いて製造されることが多いので，電気電子材料を理解するためには，結晶の性質を知ることが必要である．特に本書では，多種多様の電気電子材料をハンドブック的に紹介するのではなく，基礎事項に重点を置いて説明をした．

本書では，学習あるいは研究実験を進める上での現象の深い考察を可能にすることを目標にしている．アラカルト的に幅広く知識を蓄積することも大事であるが，1つの対象に対してどこまで自分自身で思考することができるかが極めて重要であると考えられる．本書の構成は，基礎事項，半導体，誘電体，磁性体，超伝導体，電気電子材料の評価法とし，電気電子材料の性質等を知る上で不可欠な事項について限られた紙面でなるべく詳細に述べることに注力した．

先ず第1章では，現在の考え方で材料の性質を理解できるように量子力学の基礎について述べ，続いて，固体の基本となる結晶について，電気伝導や結晶を形成する原子間の化学結合の基本的な性質について説明を行った．

第2章では，第1章で説明した，量子力学や電気伝導の基礎事項を基に，半導体の性質について説明を行った．また，現在まで発見あるいは合成されている半導体の種類，作製法，半導体デバイスについても説明を行った．

第3章および4章では，誘電体および磁性体について，奥の深い詳細な理論の説明は避けて，学部の電気磁気学で得た知識をベースとして，理解できるように配慮した．誘電体および磁性体は，これまで電気電子材料の中で半導体材料，デバイスの重要性が前面に押し出されたために，脇役的存在となり，また比較的理論の理解が困難であるため，大学院における講義へと移り変わってきたので，高専あるいは大学で学ぶ知識で理解できるように心がけた．

第5章では，電気電子材料の中で最もインパクトの高いと思われる超伝導体を取り上げた．超伝導体は，理論的に不明確な部分が多いこともあり，詳細な説明は避けて，基礎的事項，種類，主たる応用分野について説明を行った．

最終第6章では，電気電子材料の評価について，先ず，結晶構造解析の根底となる原理の説明を行った．続いて，電気電子材料の主な電気的性質，磁気的性質，機器分析法等について基礎事項の説明を行った．

なお，初学者にとってはやや難解と思われる項や問題，後から詳細を勉強しても

よい箇所には*マークを付けてある．また，各章の章末問題の解答は数理工学社の本書サポートページにアップされている．本書の内容についてより詳細に理解する手助けとなるのでこちらも参照していただきたい．

2024 年 5 月

吉門　進三

目　　次

第1章

電気電子材料の基礎　　1

- 1.1　量子力学の基礎 …………………………………………… 1
- 1.2　結　　晶 …………………………………………………… 6
- 1.3　結晶の格子欠陥 …………………………………………… 11
- 1.4　原子の化学結合 …………………………………………… 15
- 1.5　電　気　伝　導 …………………………………………… 20
- 1章の演習問題 ………………………………………………… 44

第2章

半 導 体 材 料　　45

- 2.1　半 導 体 概 論 …………………………………………… 45
- 2.2　半導体材料の種類 ………………………………………… 48
- 2.3　半導体材料の作製法 ……………………………………… 52
- 2.4　半導体の電気伝導 ………………………………………… 59
- 2.5　半導体デバイス …………………………………………… 77
- 2章の演習問題 ………………………………………………… 102

第3章

誘 電 体 材 料　　103

- 3.1　誘 電 体 の 性 質 ………………………………………… 103
- 3.2　強 誘 電 体 材 料 ………………………………………… 116
- 3.3　圧 電 体 材 料 …………………………………………… 125

3.4	電気絶縁体材料	129
	3章の演習問題	135

第4章

磁性体材料 　　　　　　　　　　　　　　　　　　136

4.1	磁気的性質	136
4.2	磁性体材料の磁気的性質	145
	4章の演習問題	168

第5章

超伝導体材料 　　　　　　　　　　　　　　　　　169

5.1	超伝導体	169
5.2	超伝導現象	170
5.3	超伝導物質の発見の歴史	178
5.4	超伝導現象のBCS理論	180
5.5	超伝導体の応用	182
	5章の演習問題	184

第6章

電気電子材料の評価法 　　　　　　　　　　　　　185

6.1	結晶構造の評価法	185
6.2	電気的・磁気的性質	197
6.3	クラマース–クローニッヒの関係式	202
6.4	ホール効果による評価法	203
6.5	機器分析法	205
	6章の演習問題	208

索　引　　　　　　　　　　　　　　　　　　　　209

第1章

電気電子材料の基礎

　電気電子材料は，元々天然に存在するものが使用され，化学技術が進歩すると，それを人工的に合成する手法が開発され，さらに，天然には存在しないものも合成されるようになった．その手助けをしたのが，物理学，化学等の科学である．最近では，量子力学によりその機能性を予測した機能性材料も生まれている．したがって，電気電子材料のさらなる高機能化や新たな電気電子材料を開発するためには，量子力学も学ぶことが必須となっている．電気電子材料に使用される液体は，原子間，分子間の相互作用は固体よりも小さいが，複雑である．したがって原子間の結合を理解するためには，物質の構造が結晶のように簡単なものが良い．本章では，まず，量子力学の基礎について，続いて結晶構造，結晶を形成する原子間の化学結合，結晶の熱的格子欠陥，電気伝導の基礎について説明を行う．

1.1 量子力学の基礎

1.1.1 量子力学の建設

　1923 年に，フランスの理論物理学者ド・ブロイ（L.V. de Broglie）により，アインシュタインの特殊相対性理論と光量子仮説を基にして，**物質波**（matter wave）または**ド・ブロイ波**（de Bloglie wave）の理論が提唱された．物質波とは物質の運動に付随した仮想的な波である．注目すべきところは波動の運動量（momentum of a wave）という概念が導入されたことである．古典力学では質点の運動量のみであるが，ド・ブロイの物質波の理論では，質点の運動量と波動の運動量の両方を合わせて運動量という．光は電磁波であり，質量は 0 kg であるが，電子に光を当てると運動量の授受を行うことが分かった．また，電子のように質量が極めて小さい場合には，波動の運動量の影響が大きくなることが示され，運動量保存の法則は，質量および波動の運動量の和に適用されることも示唆されたが，依然として電子は荷電粒子として取り扱われていた．

　ド・ブロイの理論の欠点を克服したのが約 3 年後に登場するシュレーディンガ

ー（E. Schrödinger）の**波動力学**（wave mechanics）である．同じ年に発表されたハイゼンベルク（W. Heisenberg）の行列力学と合わせて**量子力学**（quantum mechanics）と呼ばれている．波動力学では，古典力学では存在しない<u>最小単位</u>である**量子**（quantum）という概念が導入されている．波動力学が古典力学と大きく異なっているのは，電子のような対象物の運動を記述することができないことである．すなわち，ある時間に，電子がどの位置に存在し，どのような速度を持つかを調べることができない．逆にいえば，量子力学が正しい理論であるならば，電子は原子中で原子核の周りで軌道運動をしていないことになる．

　量子力学は現在ではほぼ正しいものと認識されている．シュレーディンガーが波動力学を建設する際に導入した最も重要なコンセプトは，古典力学におけるエネルギー保存の法則かつ運動量保存の法則が**固有値方程式**（eigen value equation）を満足するとして取り扱われていることである．系が定常状態にあり，しかも閉じており運動量やエネルギーが保存されるのであれば，それらはある定まった値を持っているはずである．したがってそれらの量を系の**固有値**（eigen value）とみなすことにより新しい力学が建設できるのではないかというのが波動力学のコンセプトである．波動力学では，電子は完全には波動として取り扱われ，その性質を表すのが振幅および位相からなる**波動関数**（wave function）である．固有値方程式の意味するところは，その波動に対してその状態を乱すことなくエネルギーはいくらですか？と問い合わせれば確定した答えが返ってくるということである．もちろん口頭でエネルギーはいくらですか？と問い合わせるのではなく，何らかの手段を用いてそのエネルギーや運動量を観測するのであるが，波動力学ではその手段は**演算子**（operator）で行われる．波動力学では系が定常状態でもなく閉じてもいない，すなわち系の状態が外界からの刺激を受けて変化する場合（過渡現象）も取り扱われる．したがって，電界や磁界中に系を置いてもその状態を調べることができる．波動力学の最も基本的な方程式は，

$$j\hbar \frac{\partial}{\partial t}\psi(\vec{r},t) = -\frac{\hbar^2}{2m_e}\Delta\psi(\vec{r},t) + V(\vec{r},t)\psi(\vec{r},t)$$
$$= H\psi(\vec{r},t) \tag{1.1}$$

である．ただし，m_e は電子の質量（9.1×10^{-31} kg），$\hbar = \frac{h}{2\pi}$ であり**ディラック定数**（Dirac constant, 1.0546×10^{-34} J/s，h はプランク定数），Δ はラプラスの演算子，$\psi(\vec{r},t)$ は位置 $\vec{r}$ と時間 t に依存する波動関数，$V(\vec{r},t)$ はポテンシャルエネルギー（potential energy），H は**ハミルトンの演算子**（ハミルトニアン（Hamiltonian））でエネルギーの演算子，$j = \sqrt{-1}$ である．H を具体的に与えれ

1.1 量子力学の基礎

ば波動関数が原理上求められ，ある時間 t において系のある位置 $\vec{r}$ での状態を知ることができる．しかし，この式は一般に非線形な微分方程式であり，厳密な解を求めることは極めて困難である．系が閉じており，定常状態のときは，波動関数は

$$\psi(\vec{r}, t) = \varphi(\vec{r}) \exp(j\omega t)$$

となる．多くの場合 $\exp(j\omega t)$ が省略されているが，$\exp(j\omega t)$ が必要である．定常状態のとき，(1.1) 式は

$$H\varphi(\vec{r}) = -\frac{\hbar^2}{2m_e}\Delta\varphi(\vec{r}) + V(\vec{r})\varphi(\vec{r}) = E\varphi(\vec{r}) \tag{1.2}$$

となる（シュレーディンガーの波動方程式 (Schrödinger wave equation)）．ただし，E はエネルギーの固有値である．この式も一般的に非線形な微分方程式である．(1.2) 式は，一見，E だけに関する固有方程式に見えるが，運動量の固有方程式も含まれている．ハミルトニアンはエネルギーの演算子であり，古典力学では，

$$H = \frac{\vec{P}\cdot\vec{P}}{2m_e} + V(\vec{r}) \tag{1.3}$$

となる．ただし，$\vec{P}$ は質点の運動量でありベクトル量である．このとき，運動量ベクトル演算子としての $\vec{P}$ は，$\vec{P} = \frac{\hbar}{j}\vec{\nabla}$ である．ただし，$\vec{\nabla}$ は**ナブラ演算子**（デル演算子，grad 演算子（nabla operator））と呼ばれ，デカルト座標系では，$\vec{\nabla} = \left(\frac{\partial}{\partial x}, \frac{\partial}{\partial y}, \frac{\partial}{\partial z}\right)$ である．このとき (1.2) 式は，

$$H\varphi(\vec{r}) = -\frac{\hbar^2}{2m_e}\left(\frac{\partial^2\varphi(\vec{r})}{\partial x^2} + \frac{\partial^2\varphi(\vec{r})}{\partial y^2} + \frac{\partial^2\varphi(\vec{r})}{\partial z^2}\right) + V(\vec{r})\varphi(\vec{r})$$
$$= E\varphi(\vec{r}) \tag{1.4}$$

となる．ラプラスの演算子は球，円柱座標で表すことも可能である．理論上は，(1.2) 式の波動方程式の固有値および波動関数を求めることにより原子内の電子のエネルギーや状態を知ることができる．シュレーディンガーは波動力学を水素原子中の電子に適用した．水素の場合，電子は 1 個であるから最も簡単な原子の系である．電子に働く力は原子核である陽子の正電荷によるクーロン引力と重力のみである．重力はクーロン引力よりも極めて小さい力であるので無視しても差し支えない．したがって，ポテンシャルエネルギーは陽子と電子の間の静電エネルギーとなる．この系では固有値方程式は数学的に厳密な解が得られる．理論の正しさは，太陽から放射される光の輝線スペクトルの波長から得られるエネルギーが固有値方程式のエネルギー固有値と正確に一致したことにより検証された．

1.1.2 原子中の電子の状態

電子の**状態**（state）というのは (1.2) 式で表されるシュレーディンガーの波動方程式の解である波動関数 $\varphi(\vec{r})$ によって定められる．この波動関数に，あるエネルギー固有値，運動量固有値が対応する．波動関数 $\varphi(\vec{r})$ の物理的解釈は，現在のところ以下の通りである：空間のある位置 $\vec{r}$ にある微小体積 $dv(\vec{r})$ に電子を見いだす確率は，$|\varphi(\vec{r})|^2 \, dv(\vec{r})$ であり，原子核を除く全空間に電子を見いだす確率が 100% であることを考慮すると，

$$\iiint_{\text{全空間}} |\varphi(\vec{r})|^2 \, dv(\vec{r}) = 1 \tag{1.5}$$

である．

電子はフェルミ粒子に分類され，**パウリの排他律**（Pauli exclusion rule）に従う必要がある．すなわち，<u>ある状態を占有する電子の個数はたかだか 1 個である</u>という規則である．光子はボーズ粒子であり，パウリの排他律に従わない．原子中の電子の量子状態を表すのは，**主量子数**（principal quantum number）n，**角運動量量子数**（angular momentum quantum number）（**方位量子数**ともいう）l，**磁気量子数**（magnetic quantum number）m，**スピン量子数**（spin quantum number）s の 4 つの量子数である．スピン量子数を除く 3 つの量子数は，シュレーディンガーの波動方程式を解くことにより得られる．スピン量子数 s は，$+\frac{1}{2}$ と $-\frac{1}{2}$ の 2 つの値のみをとる．主量子数 n は 1 から始まる自然数であり，n を決めると，l は 0 から $n-1$ までの 1 つ置きの値をとることができ，m はさらにそれぞれの l の値に対して $-l$ から $+l$ までの 1 つ置きの $2l+1$ 個の値をとることができる．$n = 1, 2, 3, 4, \ldots$ に対して K, L, M, N, $\ldots$ 殻という名前が付けられている．$l = 0, 1, 2, 3, 4, 5, 6, 7$ に対しては，s, p, d, f, g, h, i, k という軌道名が付けられている．これらの量子数 n, l, m, s の一組で指定された状態は量子状態と呼ばれる．例えば $n = 3$, $l = 1$ をもつ状態は 3p 状態と呼ばれる．以下に，具体的にみてみよう．

$n = 1$ の場合，$l = 0$ のみなので，1s 軌道のみとなる．ただし，s は $l = 0$，すなわち電子の波動関数の大きさは，原子核の周りで**球対称**（spherical symmetry）であり，方向性が無いことを示している．スピン量子数 $s = -\frac{1}{2}$ と $+\frac{1}{2}$ に対応して，1s 軌道には最多で 2 個の電子を収容可能である．これらの軌道を収容する領域は K 殻と呼ばれる．

例題 1.1（原子中の電子の状態）

$n=2,3$ の場合について，各軌道に収容可能な電子の最大数を求めよ．

【解答】

・$n=2$ の場合

$l=0,1$ であり，2s 軌道と 2p 軌道を考える．2s 軌道として，1 個の軌道が存在し，2p 軌道として，

$$2\mathrm{p}_x, \quad 2\mathrm{p}_y, \quad 2\mathrm{p}_z$$

の 3 個の軌道が存在する．スピン量子数

$$s = -\tfrac{1}{2}, +\tfrac{1}{2}$$

に対応して，$n=2$ の軌道には最多で 8 個の電子を収容可能である．これらの軌道を収容する領域は L 殻と呼ばれる．

・$n=3$ の場合

$l=0,1,2$ であり，

$$3\mathrm{s}, \quad 3\mathrm{p}, \quad 3\mathrm{d}$$

の軌道を考える．d 軌道には 5 個の軌道が存在する．スピン量子数

$$s = -\tfrac{1}{2}, +\tfrac{1}{2}$$

に対応して，$n=3$ の軌道には，最多で 18 個の電子を収容可能である．これらの軌道を収容する領域は M 殻と呼ばれる． ∎

以下同様にして電子の軌道が存在する．各電子は，パウリの排他律にしたがって，すべて異なる量子数をもつ．

1.2 結晶

電気電子材料は結晶を用いて製造されることが多い．したがって，電気電子材料を理解するためには，結晶の性質を知ることが必要である．本節では，**結晶**（crystal），**結晶構造**（crystal structure），結晶を形成する原子間の**化学結合**（chemical bond）について基本的な性質の説明を行う．

1.2.1 結晶構造

固体は結晶質と非晶質に大きく分類される．結晶は，原子や分子が空間的に周期性を持って規則正しく配列したものと定義される．この定義では，結晶の大きさは無限大であり端が無いが，現実的には，結晶は多面体の形態を有する．

原子や分子の配列の仕方を結晶構造という．配列の仕方はその対称性の観点から 230 種類に分類され，**空間群**（space group）と呼ばれる群を形成する．結晶構造の表現の仕方として，2 通りの方法が考えられる．1 つは**空間格子**（space lattice）と実際の原子からなる**単位構造**（unit structure）の組み合わせ，もう 1 つは，**単位格子**（unit lattice）と単位構造を組み合わせたものを積み重ねる方法である．単位構造は 1 つの原子や，水分子のように種類の異なる複数の原子の集合体である分子であってもよい．空間格子は，空間内に無限の広がりを持ち，互いに**格子点**（lattice point）と呼ばれる点で交わる直線の集合であり，格子点は単位構造の配列の目印になる．一方，単位格子は，空間格子の 1 単位と考えればよい．単位格子は，結晶構造をコンパクトに表現できるため，よく用いられるので，本書では，単位格子を用いて結晶構造を説明する．

1.2.2 単位格子

単位格子を数学的に記述するためには，座標系の導入が必要である．記述には，直交座標系のみでは不足である場合があり，各結晶の種類に応じて，独自の交軸系を導入する必要がある．単位格子の形状は，平行 6 面体であり，図 1.1 に示されるように，3 つの線形独立なベクトルである**基本並進ベクトル**（fundamental translation vectors）$\vec{a}, \vec{b}, \vec{c}$ で指定される．空間格子の任意の格子点の位置は，ある格子点を原点として，位置ベクトル $\vec{T}$ で

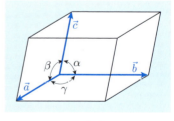

図 1.1

表 1.1

	晶系（英語表記）	a, b, c	α, β, γ
1.	三斜晶系　（triclinic）	a, b, c 任意	α, β, γ 任意
2.	単斜晶系　（monoclinic）	a, b, c 任意	$\alpha = \gamma = 90°, \beta$ 任意
3.	斜方晶系　（orthorhombic）	a, b, c 任意	$\alpha = \beta = \gamma = 90°$
4.	正方晶系　（tetragonal）	$a = b, c$ 任意	$\alpha = \beta = \gamma = 90°$
5.	立方晶系　（cubic）	$a = b = c$	$\alpha = \beta = \gamma = 90°$
6.	六方晶系　（triclinic）	$a = b, c$ 任意	$\alpha = \beta = 90°, \gamma = 120°$
7.	菱面体晶系（rhombohedral）	$a = b = c$	$\alpha = \beta = \gamma$ 任意

$$\vec{T} = n_1 \vec{a} + n_2 \vec{b} + n_3 \vec{c}$$

のように表される．ただし，n_1, n_2, n_3 は整数である．結晶は各基本並進ベクトルの大きさ $|\vec{a}| = a, |\vec{b}| = b, |\vec{c}| = c$ および図 1.1 に示されるように，2 つのベクトルのなす角度 α, β, γ によって，表 1.1 に示されるように，基本的に 7 つの**晶系**（crystal system）に分類される．なお，a, b, c は単位格子の**格子定数**（lattice constant）と呼ばれる．各単位格子には，代表となる 1 つの格子点が定められており，これは，単位格子の**角**（corner）にある．単位格子内の代表点以外の他の格子点は，単位格子の角にあるものや，平行 6 面体の稜上，あるいは内部に存在する．なお，単位格子の作り方は無限通りあるので，適宜選択して用いる必要がある．また，すべての単位格子のうち，その体積が最小のものは，**基本単位格子**（fundamental unit lattice）と呼ばれる．基本単位格子には，ただ 1 個の格子点のみが含まれる．

各晶系には，場合によっては対称性を維持して格子点を付加することができる．このような観点から，単位格子は 14 個の**ブラベ格子**（Bravais lattice）に分類される．立方晶系に属する 3 つのブラベ格子である，**単純立方**（simple cubic（**PC**））**格子**，**体心立方**（body-centered cubic（**BCC**））**格子**，**面心立方**（face-centered cubic（**FCC**））**格子**が図 1.2 に示されている．図 1.2(a) の PC 格子の単位格子は基本単位格子であるが，図 1.2(b), (c) の BCC, FCC 格子はそうではない．実際，BCC 格子には代表点と，立方体の中心にある格子点，すなわち実質的に 2 個の格子点が含まれ，FCC 格子には実質的に 4 個の格子点が含まれる．図 1.3 に BCC 格子，FCC 格子の基本単位格子が示されている．BCC 格子の基本単位格子の基本並進ベクトル $\vec{a}_1, \vec{a}_2, \vec{a}_3$ は，代表点と他の 3 つの単位格子の中心を結ぶベクトルとなり，FCC 格子の $\vec{a}_1, \vec{a}_2, \vec{a}_3$ は，代表点と同じ単位格子の正方形の面

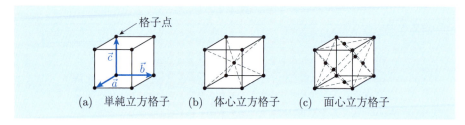

図 1.2

の中心にある最近接の3つの格子点を結ぶベクトルとなる．BCC 格子の基本単位格子の体積は PC 格子の半分，FCC は $\frac{1}{4}$ となる．立方晶系の場合，直角直交座標系を用いて，格子点の位置を座標で容易に表すことが可能である．例えば，PC 格子の場合，基本並進ベクトルは $\vec{a} = (1,0,0)a, \vec{b} = (0,1,0)a, \vec{c} = (0,0,1)a$，BCC 格子の場合，$\vec{a}_1 = \left(-\frac{1}{2}, \frac{1}{2}, \frac{1}{2}\right)a, \vec{a}_2 = \left(\frac{1}{2}, -\frac{1}{2}, \frac{1}{2}\right)a, \vec{a}_3 = \left(\frac{1}{2}, \frac{1}{2}, -\frac{1}{2}\right)a$，FCC 格子の場合 $\vec{a}_1 = \left(0, \frac{1}{2}, \frac{1}{2}\right)a, \vec{a}_2 = \left(\frac{1}{2}, 0, \frac{1}{2}\right)a, \vec{a}_3 = \left(\frac{1}{2}, \frac{1}{2}, 0\right)a$ である．

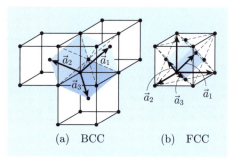

図 1.3

1.2.3 格子面

空間格子の定義より，空間格子の格子点のうち，同一直線上に無い3つの格子点を含むある平面は，無限個の格子点を含むことになる．この面と，この面に平行で，同様に無限個の格子点を含む面は無限個存在し，**格子面**（lattice plane）群と呼ばれる．最近接の平面との距離を d [nm] とするとき，d は**格子面間隔**（lattice space）と呼ばれる．互いに平行でない格子面群は無限種存在する．したがって，格子面群に名前を付けて，区別する必要がある．最もよく使用される名前は**ミラー指数**（Miller indexes）であり，3つの整数 h, k, l の組 (hkl)（コンマで区切らないことに注意すること）で表され，対応する面群は (hkl) 面（群）と呼ばれる．(hkl) の読み方は，エイチケーエルである．図 1.4(a) は，(hkl) 面の定義を表している．ある格子点を始点とする基本並進ベクトル $\vec{a}, \vec{b}, \vec{c}$ をそれぞれ整数 h, k, l で割ったベクトル $\frac{\vec{a}}{h}, \frac{\vec{b}}{k}, \frac{\vec{c}}{l}$ の終点（ベクトルの矢の先端）を通る面が (hkl)

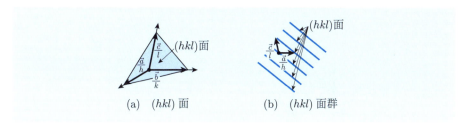

図 1.4

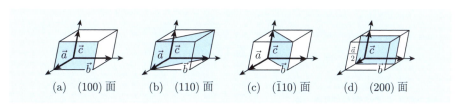

図 1.5

面と定義される．この面に最近接な (hkl) 面の1つが基本並進ベクトルの始点を含む面である．図 1.4(b) は，(hkl) 面群を分かりやすく表している．また，(111) 面は基準面と呼ばれる．h, k, l のうち1つあるいは2つが0になる場合がある．このとき $\frac{\vec{a}}{h}, \frac{\vec{b}}{k}, \frac{\vec{c}}{l}$ のうち，1つあるいは2つのベクトルの長さが無限大になる．例えば $h = 0$ であれば，$(0kl)$ 面は $\vec{a}$ に平行になる．また，$h = 0$ かつ $k = 0$ であれば，$(00l)$ 面は $\vec{a}$ かつ $\vec{b}$ に平行になる．図 1.5 に主な格子面が示されている．$(\bar{1}11)$ 面は (-110) 面を表すが，負符号を付けずに，数字の上にバーを付けて表すのが慣例である．

1.2.4 結晶構造の例

■**シリコンの結晶構造**

現在，半導体材料として最も重要であると考えられる**シリコン**（Si）の結晶構造について説明を行う．Si の結晶構造は炭素（C）による結晶の構造の1つであるダイヤモンドと同じ構造，すなわち**ダイヤモンド構造**（diamond structure）を持ち，図 1.6 に示される原子配置を持つ．$a = 0.5431$ nm であり，立方体の単位格子内に正味 8 個の Si 原子が存在する．単位格子に $(0, 0, 0)$ と $\left(\frac{1}{4}, \frac{1}{4}, \frac{1}{4}\right)$ の2つの Si 原子が面心立方格子（図 1.2(c) 参照）を作っている．Si 原子の存在する位置を示すため，図 1.6(b) に示されている z 方向の $\frac{1}{4}a$ 毎に xy 平面断面図を用いると 3 次元配置を理解しやすい．

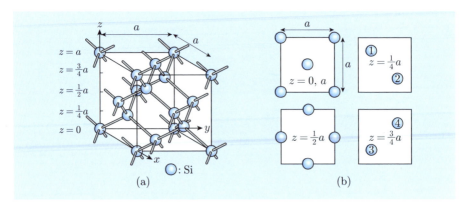

図 1.6

■ 例題 1.2（最密構造）

接触させた際に変形しない球を**剛体球**と呼ぶ．剛体球を詰めることによって 3 次元の最も密な周期構造である最密構造を構成せよ．

【解答】 図 1.7 に示されるように，平面上に剛体球を 1 層，密に並べると，1 つの球の周りに 6 個の球が接して，最密に並べることができる（最密層）．次に，2 層目に最密層を重ねる際に，3 つの球の隙間の位置①あるいは②の位置に球が乗るが，①の位置に球が乗る場合には，②の位置には乗らないが，③および④の位置には乗ることができる．次に，その上に，3 層目に最密層を重ねる際は，①の位置に球が乗ると，球が⑤の位置の上に乗る場合と，②の位置の上に乗る場合とで差が生じる．⑤の位置は第 1 層の球の上にあり，

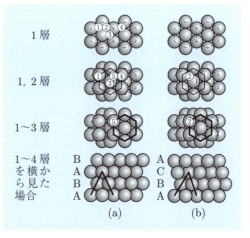

図 1.7

②の位置は第 1 層の球の隙間の上にある．前者は横から見ると AB, AB, AB と続くことになり，1 層目の球の上に 3 層目の球が乗り，球の中心軸の周りで 60° 回転しても，それらは重なり，正 6 角形と同じ対称性を持つために，**六方最密構造**（hexagonal closest packing: hcp，図 1.7(a)）と呼ばれる．後者は ABC, ABC, ABC と続き**立方最密構造**（cubic closest packing，図 1.7(b)）と呼ばれ，FCC 構造である． ■

1.3 結晶の格子欠陥

前節では，結晶中に原子の配列に全く乱れが無い場合について述べたが，実際は必ず配列に乱れが生じている．配列の乱れが電気電子材料の性能に大きな影響を与える場合が多々ある．結晶中の原子の配列の乱れを大別すると，不純物原子が混じる場合と，結晶が幾何学的に乱れる場合である．そのうち，結晶が幾何学的に乱れる場合は**格子欠陥**（lattice defects）と呼ばれる．格子欠陥は幾何学的次元に従って，**点欠陥**（point defects），**線欠陥**（line defects），**面欠陥**（surface defects），**体積欠陥**（volume defects）に分けられる．点欠陥には，原子が本来居るべき位置（**正規位置**（normal site））に原子が存在しない**原子空孔**（atom vacancy）と原子の隙間に原子が侵入した**格子間原子**（interstitial atom）の2種類がある．点欠陥はそれぞれ熱平衡濃度をもっていて温度が0 K以上では点欠陥を全く含まない結晶は存在し得ない．点欠陥の例として，**ショットキー欠陥**（Schottky defect）と**フレンケル欠陥**（Frenkel defect）がある．

ショットキー欠陥は多元化合物，例えば図 1.8 に示されるように，2元化合物 MX のそれぞれの原子 M および X が対となって正規位置から結晶表面に析出して形成される欠陥である．正規位置には対の原子空孔が残される．それぞれの原子対の正規位置は任意である．

フレンケル欠陥は，図 1.9 に示されるように，正規位置の原子が格子間位置に移って生成され，正規位置には原子空孔が残され，原子空孔と格子間原子が対をなす．フレンケル欠陥は，温度 T が 0 K より高いとき，原子は正規位置で熱振動するとともに，正規位置にある原子が熱エネルギーを与えられて正規位置から格子間位置に移ることにより生じるが，その熱平衡状態での濃度はどのようにして決まるのであろうか．これに解答を与えてくれるのが熱力学であり，その中で自由エネル

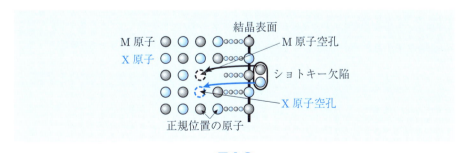

図 1.8

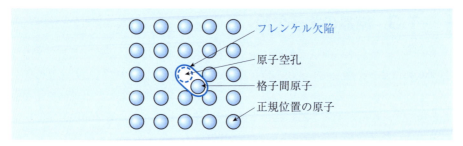

図 1.9

ギーが重要な役割を果たす.

　ある閉じた系があるとき，その系に熱量を与えたり，仕事をすると，**内部エネルギー**と呼ばれる系の持つエネルギー U が増加する．このとき系には U の増加を妨げる現象が生じる．液体の水は温度が低くなると氷になり温度が高くなると水蒸気（気体）になる．すなわち温度が上昇するに従い，その内部エネルギーを減らそうとして，系の秩序が乱れてゆく．これを熱力学的な言葉で系の**エントロピー**（entropy）S が増大すると表現する．S は系の無秩序さを示すために導入された熱力学的量である．内部エネルギーが増加するとそれを妨げるために S が増加することを，

$$F = U - TS \tag{1.6}$$

で定義される熱力学的な量 F を導入して考える．温度を一定（$\Delta T = 0$）にして U が ΔU だけ変化したとき，S は ΔS だけ変化すると，ΔF の変化は (1.6) 式より，

$$\Delta F = U + \Delta U - T(S + \Delta S) - (U - TS)$$
$$= \Delta U - T\Delta S$$

となる．熱平衡状態，すなわち系の状態が落ち着いて変化しない状態になれば F は変化せず，$\Delta F = 0$ となる．数学的に書けば熱平衡状態では F の微分は，

$$dF = dU - TdS = 0$$

であり，F は極小である．したがって，F について数学的多変数関数の極値問題を解けばよいことになる．ところで，F は**ヘルムホルツの自由エネルギー**（Helmholtz free energy）と呼ばれ，ドイツの物理学者ヘルムホルツ（H. F. L von Helmholtz）により提案された．TS [J] 分は仕事に変換できないので，自由の意味

は系が有する内部エネルギーのうち，自由に仕事に変換されるエネルギーの上限値を表すものである．ヘルムホルツの自由エネルギーは，蒸気機関のように系が行う仕事が体積変化による機械的な仕事に関するものであるが，仕事の形態が種々あるために，それに応じた自由エネルギーが提案されてきた．ギブズの自由エネルギー G は F を用いて，$G = F + PV$ と表される．ただし，P は系の圧力，V は系の体積である．G の意味は F の意味を参考にすると，系の U のうち，体積変化による仕事を除いた，仕事の上限値を与えるものであり，例えば，電気的仕事や化学的仕事が該当する．結晶の格子欠陥の場合には U の一部が格子欠陥を生成するための仕事を行うだけなので，より簡便な F を用いることが適切である．

エントロピー S は，現在ではオーストリアの物理学者ボルツマン（L. E. Boltzmann）により提案された，

$$S \equiv k_B \log_e W = k_B \ln W \tag{1.7}$$

が妥当であることが認識されている．ただし，W は**分配関数**（partition function）あるいは**状態和**（state sum）と呼ばれ，その系がとり得る状態の数を表している．W が大きければ S も大きくなる．熱平衡状態では W は極大（$dS = 0$）である．すなわち系が取り得る状態が複数個あっても熱平衡状態では系はそのうちの最も数が多く現れる状態が見かけ上実現されているということである．

■ **例題 1.3（フレンケル欠陥の濃度）**

ヘルムホルツの自由エネルギーを用いて，温度 T [K] におけるフレンケル欠陥の濃度 n_F [m^{-3}] を求めよ．

【解答】 単位体積当たりのヘルムホルツの自由エネルギー F は，(1.7) 式より，

$$F = U - ST$$
$$= U_0 + n_F W_F - k_B T \ln Z \tag{1.8}$$

である．ただし，U_0 は単位体積当たりのフレンケル欠陥の生成エネルギー以外の内部エネルギー，n_F はフレンケル欠陥濃度，W_F は 1 組の欠陥生成のエネルギー，Z は分配関数である．フレンケル欠陥が生成されると内部エネルギーは増加するが，このエネルギーは結晶の温度を上昇させることには使用されずエントロピーを増加させるために使用される．(1.8) 式より，両者が釣り合って熱平衡状態になり，$dF = 0$（極小）となる．温度が一定であるので，F を決定する変数は n_F である．したがって，$dF = 0$ となる n_F が熱平衡状態におけるフレンケル欠陥濃度となる．まず，Z を求めてみよう．結晶を構成する

原子の濃度を N とする．N 個の正規位置から n_F 個の原子空孔を生成し，N' 個の格子間位置に n_F 個の原子を分配する分配関数をそれぞれ Z_1, Z_2 とすると，フレンケル欠陥の生成に関する分配関数 Z は，

$$Z = Z_1 Z_1 = {}_N\mathrm{C}_{n_F}\, {}_N\mathrm{C}_{n_F}$$
$$= \frac{N!}{(N-n_F)!\, n_F!} \frac{N'!}{(N'-n_F)!\, n_F!} \quad (1.9)$$

である．$N \gg 1$ であり $N = N'$ とすると，(1.8) 式，(1.9) 式より，

$$\frac{dF}{dn_F} = W_F - k_B T \frac{d}{dn_F}(\ln Z)$$
$$= W_F - k_B T \frac{d}{dn_F}\left\{2\ln\frac{N!}{(N-n_F)!\, n_F!}\right\} = 0 \quad (1.10)$$

となる．スターリング（Stirling）の公式

$$\ln N! \cong N \ln N - N$$

を用いると，

$$\frac{d}{dn_F}\left\{2\ln\frac{N!}{(N-n_F)!\, n_F!}\right\} \cong 2\left\{\ln(N-n_F) - \ln n_F\right\} \quad (1.11)$$

となる．$N \gg n_F$ とすると，(1.10) 式，(1.11) 式より，熱平衡状態におけるフレンケル欠陥濃度 n_F は，

$$n_F \cong N \exp\left(-\frac{W_F}{2k_B T}\right) \quad (1.12)$$

となる．

　物質の温度を 1 K 上昇させるのに必要なエネルギーである**比熱**（specific heat）c は $c = \frac{dU}{dT}$ で与えられる．フレンケル欠陥が生成されるときは，単位体積当たりの c は，(1.12) 式より，

$$c = \frac{dU}{dT} = \frac{d}{dT}(U_0 + n_F W_F)$$
$$= c_0 + \frac{N W_F^2}{2 k_B T^2}\exp\left(-\frac{W_F}{2k_B T}\right)$$
$$> c_0\ [\mathrm{J\cdot K\cdot m^{-3}}]$$

となる．ただし，c_0 は $\frac{dU_0}{dT}$ である．したがって，フレンケル欠陥が生成されると比熱は大きくなる．■

1.4 原子の化学結合

　水素原子は1つの電子と1つの陽子によってできている．この場合，電子のエネルギーの符号は負である．すなわち，電子は陽子から遠く（エネルギーがほぼ0 J）に存在するより，近くに存在する方がエネルギーがより低い状態にある．電子のエネルギーの最小値は電子の運動エネルギーと電子が感じるポテンシャルエネルギーの兼ね合いによって決まる．同じことが2つの水素原子からなる水素分子についてもいえる．すなわち，2つの原子が互いに近くに存在するとき，それらの全エネルギーはより低くなり，水素分子が作り上げられる．このように2つ以上の原子が組合わされることは**化学結合**（chemical bond）と呼ばれる．物質の性質について議論する場合，化学結合は極めて重要である．化学結合は，電子の電気的な性質や量子力学的な性質を用いることによってうまく説明される．おびただしい数の原子が化学結合によって固体を作るときも，同様である．

　基本的な結合の様式として，**イオン結合**（ionic bond），**共有結合**（covalent bond），**金属結合**（metallic bond），**水素結合**（hydrogen bond），**ファンデルワールス結合**（van der Waals bond）がある．注意しておきたいことは，純粋な共有結合や，純粋なイオン結合の固体はむしろ少なく，例えば，結合の中に共有性とイオン性が混ざっている場合が多い．すなわち，ほとんどの物質については，その結合様式が以上述べたような単一の結合様式によるものではない．

　どのような力が原子間に働くかを考えてみよう．このような力は，凝集力あるいは**凝集エネルギー**（cohesive energy）と呼ばれる．このような力が，原子間の引力として働かなければならない．この役割を担うものとして最も分かりやすいのが，電荷の間に働く**クーロン力**（Coulomb force）である．クーロン力は2つの点電荷の距離を r としたとき r^{-2} に比例し，電荷が互い異符号であれば，引力となる力である．クーロン力以外に，原子間に働く**ファンデルワールス力**（van der Waals force）や後に述べる，電子のスピン間に働く引力もある．ファンデルワールス力は r^{-7} に比例し，クーロンの法則を基に導かれる．ところで，引力ばかりが働くと，電子のエネルギーはある原子間距離で最小値とはならない．実際には，原子同士が近づきすぎると，原子間に新しい力として反発力が働く．すなわち，パウリの排他律によって，スピンの向きが同じ電子は同じ軌道に入ることができない．閉殻を形成している電子分布が互いに近づくと，必ずスピンの向きの同じ電子があるから，互いに反発力が働く．この斥力はイオン間距離 r が小さくなると急激に大きくなる性質を持っており，そのポテンシャルエネルギーは $\frac{a}{r^n}$ と書ける．n は通常

12 が用いられ，実験的に決められたものである．この反発力は，原子間距離が原子の大きさ程度になると急激に働き出す．その結果，引力と反発力が釣り合う位置 $r = r_0$ で平衡状態となる．したがって，2 個のイオン間の相互作用のポテンシャル $U(r)$ を，

$$U(r) = \frac{a}{r^n} - \frac{b}{r^m} \tag{1.13}$$

の形に書くことができる．ただし，m はクーロン力の場合 1，ファンデルワールス力の場合 6 である．(1.13) 式を r の関数として図示すると図 1.10 のようになる．$r = 0$ の位置に存在している 1 つの原子 A と，位置 r に存在するもう 1 つの原子 B が結合するとき，r と原子 B のポテンシャルエネルギー U の関係において，U が最小となる r は**平衡距離（結合距離 (bond length)）** r_0 である．また，そのときの

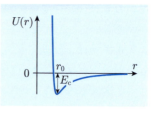

図 1.10

ポテンシャルエネルギーが凝集エネルギー E_c (< 0) である．以下に，固体における原子の結合について説明を行う．

1.4.1 イオン結合

イオン結合の代表的な物質は図 1.11 に示す岩塩（NaCl）であり，電気的に最も正な Na と，最も負な Cl が結合する．両者が接近すると，Na は電子を 1 個失って正イオン Na$^+$ となり，Cl はその電子を得て負イオン Cl$^-$ となり，クーロン力が結合力となる．2 個のイオンの間のクーロン力によるポテンシャルエネルギーは SI（国際単位系）では，$-\frac{e^2}{4\pi r \varepsilon_0}$ である．e (1.6×10^{-19} C) は素電荷であり ε_0 は

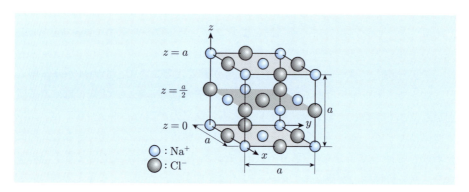

図 1.11

真空の誘電率（8.854×10^{-12} F/m）である．(1.13) 式より，2 個のイオン間の相互作用のポテンシャル U は，

$$U = \frac{a}{r^n} - \frac{e^2}{4\pi\varepsilon_0 r}$$

となり，U が最小の点が結合距離となる．NaCl の結晶は図 1.11 に示すような配置になり，Na$^+$ の周りには無数の Cl$^-$ と Na$^+$ が存在する．1 つの Na$^+$ に最も近いイオンは距離 $\frac{a}{2}$ にある 6 個の Cl$^-$（配位数が 6）であり，静電エネルギーは $-\frac{6e^2}{4\pi\varepsilon_0 \frac{a}{2}}$ [J] となる．次に近いイオンは距離 $a\frac{\sqrt{2}}{2}$ にある 12 個の Na$^+$ であり，静電エネルギーは，$+\frac{12e^2}{4\pi\varepsilon_0 a\frac{\sqrt{2}}{2}}$ となる．以下同様に考えると，ある Na$^+$ と周りのイオン間の静電エネルギー U_{st} は，

$$\begin{aligned}U_{\mathrm{st}} &= -\frac{e^2}{4\pi\varepsilon_0 \frac{a}{2}}\left(6 - \frac{12}{\sqrt{2}} + \frac{8}{\sqrt{3}} - \cdots\right) \\ &= -A\frac{e^2}{4\pi\varepsilon_0 \frac{a}{2}} < 0 \end{aligned} \quad (1.14)$$

となる．A は**マーデルング定数**（Madelung constant）と呼ばれ，最近接の原子との距離を基に**エバルトの方法**（Ewald method）等を用いて計算され，約 1.74 となる．(1.14) 式で与えられる静電エネルギーは，$a = 0.56$ nm とすると約 -8.94 eV と，極めて大きな負の値を持つ．凝集エネルギーは，Na 原子が Na$^+$ にイオン化するのに必要なエネルギーである 5.14 eV および Cl 原子が Na 原子から電子を受け取って Cl$^-$ になるとき放出されるエネルギーである -3.61 eV を考慮すると，約 -7.4 eV となる．

イオン結合の凝集エネルギーはクーロン引力による静電エネルギーであるから，イオン間に働く引力は，イオン間の距離のみで決定されるので，結合に指向性が無い．したがって結晶構造は正負イオンをできるだけ密に詰め込んだ，図 1.7(b) に示される面心最密充填構造となる．

1.4.2 共 有 結 合

パウリの排他律は電子のスピン角運動量 $\vec{s}$ が同じ方向・向きの場合（平行スピン），2 つのスピン間に反発力が生じるが，向きが逆の場合（反平行スピン）には引力が生じる．これを**交換エネルギー**（exchange energy）といい，量子力学的効果である．交換エネルギーによる結合力は，他の種類の結合力よりも大きい．このような結合を**共有結合**（covalent bond）という．交換エネルギーによって電子は原子と原子の中間に凝集させられる傾向を持つから，共有結合は指向性を持っている．

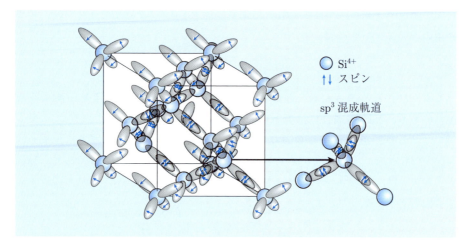

図 1.12

　共有結合の代表的な例として炭素からなるダイヤモンドがある．図 1.6 に示されている代表的な半導体である Si もダイヤモンドと同じ構造を持つ．Si 原子の電子配置は $1s^2 2s^2 2p^6 3s^2 3p^2$ であり，K, L 殻は閉殻であり，最外殻である M 殻の電子は，化学結合に寄与するために，**価電子**（valence electron）と呼ばれ，3s 軌道に 2 個，3p 軌道に 2 個ある．価電子を除くと，Si は Si^{4+} になっている．3s 軌道の電子が 3p 軌道へ 1 個遷移する（励起する）と，3s に 1 個，3p に 3 個となり，いずれの軌道も丁度半分だけ満たされる．そこに，他の Si の電子が入り込むことにより，2 つの電子の反平行スピン間に交換エネルギーが働いて安定な結合が生じる．電子が 1 個 3s から 3p へ励起したことによるエネルギーの増加よりも，結合を作ることによるエネルギーの減少の方が大きいので，安定な結合が作られる．注意すべきことは，1 個の s 電子と 3 個の p 電子が一緒になって，新たに 4 つの対称的な軌道 **sp^3 混成軌道**（hybridized orbital）を形成することである．図 1.12 に示されるように，この軌道は，1 つの原子を中心とした正四面体を形成する方向に伸びており，Si は図 1.12 に示すダイヤモンド構造を作る．Si やゲルマニウム（Ge）はダイヤモンドよりも共有結合性が弱い．すなわち，共有結合以外の凝集エネルギーが化学結合に寄与している．

　共有結合の他の例として III 族元素と V 族元素から成る，いわゆる III-V 族金属間化合物を考える．これらの金属間化合物は Si や Ge と同様な半導体であって応用面でも重要な化合物半導体である．例えばガリウム（Ga）とヒ素（As）の化

合物であるヒ化ガリウム（GaAs）では，Ga は最外殻が $4s^24p^1$，As は $4s^24p^3$ の電子配置を持つ．As から Ga へ電子が 1 個移れば，ともに $4s^24p^2$ の電子配置となり，Si の場合と同様に，sp^3 混成軌道を作ることができる．しかし，この場合，Ga の閉殻は Ga^{3+} であるのに対し As の閉殻は As^{5+} となるから，電子分布は As 側に寄り，Si 等の IV 族元素半導体に比べて結合に若干イオン性を持つようになる．この傾向は，硫化カドミウム（CdS）のような II 族と VI 族の間の化合物になると最も著しくなる．

1.4.3 金 属 結 合

水素の場合には，結合にあずかる電子は各 1 個しかないから，H_2 分子を形成するとそれ以上他の原子と結合を生じない（H_3 分子は形成されない）．しかし，例えば Na 原子の最外殻は $3s^1$ であるが，Na 原子が 2 つ寄って共有結合を作り，そこへ第 3 の Na 原子が近づくと，この原子とも，ある瞬間には共有結合を作る．このことはつぎつぎと原子が加えられていっても同様である．つまり，共有結合が，ある一対の原子対にだけ局在せず，結晶全体にひろがって行われる．その結果，価電子は，ある特定の原子に局在せず，結晶全体を運動するようになる．このような結合は**金属結合**（metallic bond）と呼ばれる．金属の電気抵抗率が小さいのは，このように動き回れる電子が，ほぼ原子の数に等しいだけ存在するからである．

以上述べたイオン結合，共有結合，金属結合の他に DNA 分子のらせん構造にみられる水素結合やネオンやアルゴン等にみられる，ファンデルワールス力による結合があるが，ここでは説明を省略する．

1.5 電気伝導

1.5.1 電気抵抗率と導電率

電気電子材料は，その名が示すように元来は材料に電圧を印加したときに流れる電流を制御して，種々の用途に応用してきた経緯がある．材料の最も基本的な性質である電気抵抗は物理量であって，電流の流れにくさを数量的に表したものである．同じ物質であってもその太さや長さによって異なる．したがって，物質同士を比較するには不便である．そこで，単位長さ，単位断面積の電気抵抗を，その物質の**電気抵抗率**（electrical resistivity），あるいは単に**抵抗率**（resistivity）と定義しそれで比較を行う．一般的に記号 ρ で表す．以後，抵抗率ということにする．抵抗率は物質固有の量である．長さ L [m]，断面積 S [m^2] の一様な物質の電気抵抗を R [Ω] とすると，$\rho = \frac{S}{L}R$ [Ω·m] となる．ρ の逆数は**導電率**あるいは**電気伝導度**（electrical conductivity）と呼ばれる．導電率を σ [S/m] で表すと，オームの法則は

$$\vec{J} = \sigma \vec{E} \tag{1.15}$$

とも書ける．ただし，$\vec{J}$ [A/m^2] は**電流密度**（current density），$\vec{E}$ [V/m] は**電界の強さ**（electric field strength）である．(1.15) 式は，物質内部に $\vec{E}$ が存在すると，その応答として物質を構成する電荷を担う電子やイオンが運動によって流れを引き起こす量を意味している．電子によるものを**電子伝導**（electronic conduction），イオンによるものを**イオン伝導**（ionic conduction）という．この場合の電子やイオンは**キャリア**（carrier）と呼ばれる．

1.5.2 電気伝導の古典理論

抵抗の原因については，電気伝導の古典理論と量子理論（量子力学を用いた理論）では異なることに注意が必要である．結論的には，古典理論は微視的な現象においては正しくないのであるが，歴史的にみれば，実験事実の一部をうまく説明することができた．古典理論と量子理論との違いは，結晶内の電気伝導に寄与する伝導電子の性質が粒子であるか波動であるかである．古典理論では電子は粒子として取り扱われる．電気抵抗は伝導電子（以後，電子）と正イオンの衝突により，電子が持っている運動量の一部が正イオンに与えられるために生じるとされる．抵抗について身近な例でいえば，雨粒の地球の重力による地上への落下運動である．空気分子が存在すると，雨粒は気体分子と衝突してその運動量の一部を失う．失われる運動量は，雨粒の持つ運動量あるいは速度に比例する．したがって，雨粒が落下を

始めて速度が増加すると重力による外力と，雨粒の持つ運動量の時間変化率すなわち上向きの力が釣り合ったとき雨粒の落下速度は一定となる．電気抵抗も古典力学を用いる場合には同じ原理で生じる．電子が1秒間に正イオンと N 回衝突すると仮定すると，1回の衝突で失う運動量 $\vec{p}$ の N 倍の運動量 $\vec{p}_{衝突} = N\vec{p}$ を1秒間に失う．すなわち $\vec{p}_{衝突}$ なる外力を受けることになる．これが電気抵抗の起源である．

簡単のために，図 1.13 に示されるように，1個の正イオンに1個の電子が完全弾性衝突する場合を考える．正イオン，電子とも剛体球であり，正イオンの半径を a [m]，電子の半径を 0 m，電子の質量を m [kg] とする．正イオン全体に入射してくる電子が正イオンに与える運動量の平均値は電子が衝突前に持っていた運動量そのものであり，運動量保存の法則より，電子の衝突後の運動量の平均値は 0 N/s となる．詳細は章末演習問題 1.5 を参照のこと．図 1.13 に示されるように，電子の入射位置が $\theta =$

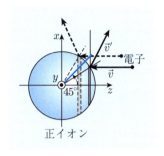

図 1.13

45° のときを境にして衝突後の電子は z 軸の正方向から負の方向に変わる．さらにその運動量の平均値の絶対値は $\theta = 45°$ を境にして等しいということであり，電子が衝突後静止する訳ではない．以上より，電子に働く外力が電子の熱運動による正イオンとの衝突のみであるとすると，電子の古典力学の運動方程式は，

$$m_e \frac{d\vec{v}}{dt} = -N m_e \vec{v} \equiv -\frac{m_e}{\tau} \vec{v} \tag{1.16}$$

となる．ただし，τ [s] は電子がある衝突をしてから次の衝突までの時間の平均値であり，電子が正イオンと1秒間に N 回衝突すると，$\tau = \frac{1}{N}$ である．電子に正イオンとの衝突以外の**外力**（external force）$\vec{F}_{extf}$ が働く場合，(1.16) 式は，

$$m_e \frac{d\vec{v}}{dt} + \frac{m_e}{\tau} \vec{v} = \vec{F}_{extf} \tag{1.17}$$

となる．電気電子材料では，外力として**ローレンツ力**（Lorentz force）$\vec{F}_L = -e\vec{E}_{ext} + (-e)\vec{v} \times \vec{B}_{ext}$ がある．ただし，$\vec{E}_{ext}$ および $\vec{B}_{ext}$ はそれぞれ外部電界および外部磁束密度である．

今までは，電子は正イオンと衝突するとき，常に同じ方向・向きに衝突するとしていた．しかし，実際には，電子の速度 $\vec{v}$ は熱エネルギーによる無秩序な方向を持つ速度 $\vec{v}_r$ と $\vec{F}_L$ による速度 $\vec{v}_L$ の和として $\vec{v} = \vec{v}_r + \vec{v}_L$ となる．$\vec{v}_r$ は方向や向きが無秩序でありその時間平均値は $\overline{\vec{v}_r} = \vec{0}$ m/s となり，$\vec{v}$ の時間平均値 $\overline{\vec{v}}$

は，$\vec{v} = \vec{v}_\mathrm{r} + \vec{v}_\mathrm{L} = \vec{0} + \vec{v}_\mathrm{L}$ となり，$\vec{v}_\mathrm{L}$ のみを考えればよい．電子に，例えば，外部電界 $\vec{E}_\mathrm{ext}$ によりクーロン力 $-e\vec{E}_\mathrm{ext}$ が働いた場合，その向きは一定であるから，それにより電子が得る運動量は一定方向である．したがって，熱運動による正イオンとの衝突を行いながらクーロン力による速度 $\vec{v}_\mathrm{d}$ のドリフト運動するという複雑な状態となるが，電子が正イオンとの衝突により失う正味の運動量はクーロン力により得た運動量，すなわちドリフト運動の運動量のみとなる．このとき，(1.17) 式は，

$$m_\mathrm{e} \frac{d\vec{v}_\mathrm{d}}{dt} + \frac{m_\mathrm{e}}{\tau}\vec{v}_\mathrm{d} = -e\vec{E}_\mathrm{ext} \tag{1.18}$$

となる．定常状態では $\frac{d\vec{v}_\mathrm{d}}{dt} = \vec{0}$ となり，電子のドリフト速度は $\vec{v}_\mathrm{d} = -\frac{e\tau}{m_\mathrm{e}}\vec{E}_\mathrm{ext}$ となり，$\vec{E}_\mathrm{ext}$ と同じ方向で向きは逆になる．

以上の結果を基にして，次に単位体積当たりの n 個の電子の運動について考えてみよう．n 個の電子は $\vec{E}_\mathrm{ext}$ により，すべて同じドリフト速度 $\vec{v}_\mathrm{d}$ で運動すると，これによる電流密度 $\vec{J}_\mathrm{drift}$ $[\mathrm{A/m^2}]$ は，単位面積を 1 秒間に通過する電荷量であり，向きは正電荷の運動の向きであるので，

$$\vec{J}_\mathrm{drift} = -en\vec{v}_\mathrm{d} = \frac{ne^2\tau}{m_\mathrm{e}}\vec{E} \equiv \sigma\vec{E} \tag{1.19}$$

となり (1.15) 式が得られる．σ を $\sigma = en\frac{e\tau}{m_\mathrm{e}} \equiv en\mu$ と書いて，**移動度（mobility）** $\mu\,[\mathrm{m^2/(V \cdot s)}]$ が定義される．μ の物理的な意味は単位電界の強さ当たりの電子の速さである．

1.5.3　電気伝導の量子理論

■結晶中の電子の状態

古典理論では衝突の相手は固体を構成する原子あるいはイオンである．このとき，電子がある衝突をしてから次の衝突をするまでの飛行距離の平均値である**平均自由行程**（mean free path）λ は原子間距離程度であると考えられる．平均自由行程は $\lambda = v_\mathrm{r}\tau$ である．また，等分配の法則より $\frac{1}{2}mv_\mathrm{r}^2 = \frac{3}{2}k_\mathrm{B}T$ である．したがって，銀の場合，$T = 300$ K とすると $v_\mathrm{r} \cong 1.2 \times 10^5$ m/s となり，導電率 6.29×10^7 S/m から (1.19) 式より，$\tau \cong 3.8 \times 10^{-14}$ s となり，$\lambda \cong 4.6 \times 10^{-9}$ m となる．この値は，銀の原子間距離 4.1×10^{-10} m と比較して 10 倍程度大きい．したがって，電子が結晶中では粒子と振る舞うと考えることには無理があることが分かる．ところで，量子力学は，電子が原子内で波動として振る舞うことを示した．したがって，結晶中においては電子が粒子として振る舞わないのであれば，波動として振る

1.5 電気伝導

舞うと考えざるを得ない．そこで，次に，量子力学を用いて結晶中の電子の挙動を調べてみよう．

電子が結晶内に閉じこめられているが，電子は正イオンによる引力および電子間の斥力等を受けない**自由電子**（free electron）であるとする．結晶内では，自由電子に対するポテンシャルエネルギー V は 0 J か定数であり，結晶外では正の無限大の値を持つとする．自由電子は原子中の電子とは異なる状態にあり，原子中の電子に与えられた 4 つの量子数では自由電子の状態は定められない．この場合，状態を定めるのは自由電子を波動かつ平面波とした場合の波動ベクトル $\vec{k}$ およびスピン量子数 s である．平面波とは位相が等しい空間の点が存在する面（等位相面）が平面であるものをいう．3次元の場合には，$\vec{k}$ は 3 つの成分を持ち，スピン量子数 s と合わせると 4 つ，すなわち，1 つの状態は $(\vec{k}, s)$ で表される．$\vec{k}$ は，等位相面に垂直な方向を持ち，向きは等位相面の進む向きである．結晶中の自由電子が 1 つの場合にはパウリの排他律は問題無いが，複数個存在する場合には，それぞれの自由電子は異なる量子数を持つ必要がある．以後，断らない限り，便宜上，結晶内の自由電子は電子と呼ばれる．

結晶中に電子が 1 個存在する場合には，$T = 0\,\mathrm{K}$ において電子が持ち得るエネルギーのうち最も小さいエネルギーを持つ状態にある．これを**基底状態**（ground state）という．このときのエネルギーを 0 J とする．したがって，ポテンシャルエネルギー V は 0 J とする．以上を念頭に置いて，まず，長さが $L\,[\mathrm{m}]$ の 1 次元の結晶中の電子の状態について説明を行う．1 次元のシュレーディンガーの波動方程式は，(1.4) 式より，

$$\frac{d^2}{dx^2}\varphi(x) + \frac{2m_\mathrm{e}}{\hbar^2}E\varphi(x) = 0 \tag{1.20}$$

である．ただし，m_e は電子の質量，E はエネルギー固有値である．結晶外では電子の存在確率は 0 であるので，$\varphi(x) = 0$ である．結晶内では，(1.20) 式の微分方程式を解くと，

$$\varphi(x) = A\exp(-jkx) + B\exp(+jkx) \tag{1.21}$$

となる．ただし，A, B は定数である．また $k = \left(\frac{2m_\mathrm{e}E}{\hbar^2}\right)^{\frac{1}{2}}$ であり，スカラー量である．(1.21) 式の解は，k の符号の正負によって x 軸の正の向きに進む波と負の向きに進む波が重畳されている解である．1.1 節で述べたように，電子を x と $x + dx$ の範囲内に見いだす確率は $|\varphi(x)|^2 dx$ である．今，電子の総数は 1 個であるから結晶内に電子は 1 個必ず存在するので，$\int_0^L |\varphi(x)|^2 dx = 1$ である．(1.21) 式の解

$\varphi(x)$ を代入すると，A, B を実数として $|\varphi(x)|^2 = |A|^2 + |B|^2 + 2AB\cos 2k$ となり，定在波が生じ，$|\varphi(x)|^2$ は x に依存する．しかし，電子は結晶内では自由であるから，結晶内の任意の場所において，同じ割合で存在するはずであり矛盾が生じる．以上より，(1.21) 式で与えられる解のうちどちらかの向きに進む波を採用する．例えば，$\varphi(x) = A\exp(-jkx)$ とすると，$|\varphi(x)|^2 = A^2$ となり，場所によらず電子を見いだす割合は一定となる．A が実数であると波動関数の規格化条件より，$\int_{-\infty}^{+\infty} |\varphi(x)|^2 dx = \int_0^L A^2 dx = A^2 L = 1$ となり，$A = \pm\left(\frac{1}{L}\right)^{\frac{1}{2}}$ となる．ここで，どちらかの向きにしか進まない波が結晶の端に来たときどうなるかという問題が生じる．何らかの機構により波は結晶壁で反射すると，逆向きの波が生じ，定在波が生じ，$|\varphi(x)|^2$ は x に依存することになり矛盾が生じる．この矛盾を解消するために導入されたのが**周期境界条件**（periodical boundary condition）である．この条件の意味は，結晶壁に到達した進行波は結晶壁で反射するのではなく，到達した瞬間向かい合うもう 1 つの壁から再び等振幅・等位相で現れるというものである．これを式で表現すると，$\varphi(L) = A\exp(-jkL) = \varphi(0) = A$ となるので $\exp(-jkL) = 1$ となり，これを満足するには，$kL = 2\pi n$ となる必要がある．ただし n はすべての整数である．これより，$k = \left(\frac{2\pi}{L}\right)n$ $(n = 0, \pm 1, \pm 2, \ldots)$ となり k が定まる．k は連続的な値ではなく離散的な値を持つ．周期境界条件はより一般的には $\varphi(x+L) = \varphi(x)$ であり，人工的な条件であり，本当に正しいのであろうかという疑問は残るかもしれないが，周期境界条件の導入により議論を進展させることができる．以上をまとめると，1 次元の結晶中の自由電子の波動関数は，

$$\psi(x,t) = \varphi(x)\exp(j\omega t) = \frac{1}{L^{\frac{1}{2}}}\exp\left\{-j(kx - \omega t)\right\},$$
$$k = \frac{2\pi}{L}n \quad (n = 0, \pm 1, \pm 2, \ldots)$$

となる．1 次元の場合を参考にして 3 次元の結晶中の 1 個の自由電子の波動関数は，

$$\psi(\vec{r},t) = \varphi(\vec{r})\exp(j\omega t) = \frac{1}{V^{\frac{1}{2}}}\exp\left\{-j\left(\vec{k}\cdot\vec{r} - \omega t\right)\right\},$$
$$\vec{k} = (k_x, k_y, k_z) = \frac{2\pi}{L}(n_x, n_y, n_z) \quad (n_x, n_y, n_y = 0, \pm 1, \pm 2, \ldots) \tag{1.22}$$

となる．また波動ベクトル $\vec{k}$ と電子のエネルギー E の関係は，

$$E = E_x + E_y + E_z = \frac{\hbar^2}{2m_e}\left(k_x^2 + k_y^2 + k_z^2\right) = \frac{\hbar^2}{2m_e}\left(\frac{2\pi}{L}\right)^2\left(n_x^2 + n_y^2 + n_z^2\right)$$
$$\equiv \frac{\hbar^2}{2m_e}\left(\frac{2\pi}{L}\right)^2 n^2 \tag{1.23}$$

である．詳細は章末演習問題 1.6 を参照のこと．

■ 結晶中の電子の状態密度

　3次元の結晶中の自由電子の状態を表す量子数である $\vec{k}$ と E の関係（$\vec{k}$-E 関係）は (1.23) 式で与えられるので，$E = 0\,\mathrm{J}$ のときは $k_x = k_y = k_z = 0$，すなわち，$\vec{k} = \vec{0}$ である．ここで，$\vec{k} = \vec{0}$ を原点とし，波動ベクトル $\vec{k}$ を，原点を出発点とし $\vec{k}$ の成分の座標 (k_x, k_y, k_z) を終点とするベクトルとみなす $\vec{k}$-空間（$\vec{k}$-space）と呼ばれる空間を想定する．これに対して，電子や我々が存在している空間は**実空間**（real space）と呼ばれる．実空間と $\vec{k}$-空間とは互いに双対空間となる．(1.23) 式は，$\vec{k}$-空間における，半径が $\sqrt{\dfrac{2m_e E}{\hbar^2}}$ の球面の方程式であり，$\vec{k}$ はこの球面上の離散的な点である．3次元 $\vec{k}$-空間では，一辺が $\dfrac{2\pi}{L}$ [rad/m] の立方体の3つの各辺がそれぞれ k_x, k_y, k_z 軸に平行になるように，かつどれかある1つの立方体の8個の頂点のうちある1つが原点 O となるようにして，結晶の単位格子を積み重ねるように立方体を隙間なく積み重ねて $\vec{k}$-空間を埋め尽くす．各立方体の頂点が，$\vec{k}$ を表すことになる．

　自由電子が複数個ある場合には，電子の間にパウリの排他律以外の相互作用が無いので，各電子の波動関数の形は同じであり，$(\vec{k}, s)$ が異なる．基底状態では各電子は原点 $\vec{k} = \vec{0}$ から $|\vec{k}|$ の小さい方から順番にその状態 $(\vec{k}, s)$ を**占有**（occupation）してゆく．電子の数が増加するほど，電子が占有する領域の包絡面の形状は球面に近づいてゆく．電子が取り得る1つの状態は3次元の $\vec{k}$-空間で体積ユニット $\left(\dfrac{2\pi}{L}\right)^3$ [rad^3/m^3] を占有すると便宜上考えることができる．$\vec{k}$ に加えて，自由電子の状態を表すもう1つの量子数であるスピン量子数を考慮すると，この1体積ユニットにスピンの2つの向き ↑↓ の2個の異なる状態が対応する．

■ 例題 1.4（3次元の状態密度）

3次元の体積 V [m^3] の結晶中の自由電子のエネルギーが E と $E + dE$ の間にある状態を $D_\mathrm{E}(E)\,dE$ とするとき，$D_\mathrm{E}(E)$ を求めよ．

【解答】 3次元 $\vec{k}$-空間での，半径が $k\,(=|\vec{k}|)$ と $k + dk$ の球面の間（球殻）の体積 $4\pi k^2\,dk$ 中の状態の数は近似的に，

$$2 \times \frac{4\pi k^2\,dk}{\left(\frac{2\pi}{L}\right)^3} = 2L^3 \frac{4\pi k^2\,dk}{8\pi^3} = V\frac{k^2}{\pi^2}\,dk \equiv V D(k)\,dk \tag{1.24}$$

となる．ただし，$D(k)$ は，体積 V [m^3] の結晶の k に関する**状態密度**（density of state）である．なお，球殻内では自由電子のエネルギーがほぼ一定であることが球殻を考える理由である．V が大きくなるほど近似度は良くなる．エネルギーが E と $E + dE$ の間にある状態密度 $D_\mathrm{E}(E)$ は $D_\mathrm{E}(E)\,dE = D(k)\,dk$ より求められ，(1.24) 式より，

$$D_{\mathrm{E}}(E) = D(k)\frac{dk}{dE} = V\frac{k^2}{\pi^2}\frac{1}{\frac{dE}{dk}} = V\frac{k^2}{\pi^2}\frac{1}{\frac{d}{dk}\left(\frac{\hbar^2 k^2}{2m_{\mathrm{e}}}\right)} = V\frac{1}{2\pi^2}\left(\frac{2m_{\mathrm{e}}}{\hbar^2}\right)^{\frac{3}{2}}E^{\frac{1}{2}} \quad (1.25)$$

となる．許される E の値が離散的であるので，$D_{\mathrm{E}}(E)$ も離散的となるが，隣り合うエネルギーの差 $\varDelta E$ は極めて小さい値となるので，ほぼ連続と考えても差し支えない．また，結晶が大きくなればなるほどより連続的になる．■

各次元における結晶の単位体積当たりのエネルギー状態密度 $D_{\mathrm{E}}(E)$ をまとめると，

$$3\text{次元}: D_{\mathrm{E}}(E) = \frac{1}{2\pi^2}\left(\frac{2m_{\mathrm{e}}}{\hbar^2}\right)^{\frac{3}{2}}E^{\frac{1}{2}} \quad (1.26)$$

$$2\text{次元}: D_{\mathrm{E}}(E) = \frac{m_{\mathrm{e}}}{\pi\hbar^2} \quad (1.27)$$

$$1\text{次元}: D_{\mathrm{E}}(E) = \frac{1}{2\pi}\left(\frac{2m_{\mathrm{e}}}{\hbar^2}\right)^{\frac{1}{2}}E^{-\frac{1}{2}} \quad (1.28)$$

となる．以後下付添え字 E を省いて $D(E)$ とする．図 1.14 に各次元の $D(E)$ と E の関係が示されている．曲線は連続的に描かれているが，もちろん離散的である．(1.27) 式，(1.28) 式の導出については章末演習問題 1.7 を参照のこと．

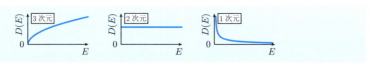

図 1.14

■結晶中の電子のフェルミエネルギー

電子はフェルミ粒子であり，互いに区別できず，パウリの排他律に従う．パウリの排他律により，材料中における電子の持つエネルギーには制限が加わり，**フェルミ–ディラックのエネルギー分布関数**（Fermi-Dirac's energy distribution function）$f(E)$ に従ってあるエネルギー E を持つ確率が決められる．$f(E)$ は以下のようである．

$$f(E) = \frac{1}{1+\exp\left(\frac{E-E_{\mathrm{F}}}{k_{\mathrm{B}}T}\right)} \quad (1.29)$$

ただし，E_{F} は**フェルミエネルギー**（Fermi energy）と呼ばれる．(1.29) 式の導出については章末演習問題 1.8 を参照のこと．$f(E)$ は状態密度と異なり導出の際に次元についての条件は無いので 1〜3 次元すべてに対して成立する．任意の温度 T で，$0 \leq f(E) \leq 1$ である．これは，対象としている粒子がフェルミ粒子であり，$f(E)$ がエネルギー E の占有率であることから明らかである．$f(E)$-E 関係が

図 1.15 に示されている．$T = 0\,\mathrm{K}$ では，$0 \leq E < E_\mathrm{F}$ で $f(E) = 1$，$E_\mathrm{F} < E$ で $f(E) = 0$ となる．すなわち E_F より下のエネルギーではフェルミ粒子のエネルギー占有率は 1 であり，上では 0 であるので，すべての粒子は E_F より下に存在することになり，E_F はその存在領域の上限値となっている．したがって E_F は体積 V 中の粒子の全数 N で決まることになる．$T > 0\,\mathrm{K}$ ではフェルミ粒子は図 1.15

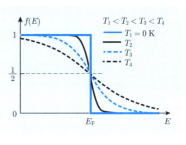

図 1.15

のように E_F より上のエネルギー状態も占有可能であり，温度が高くなるに従い，さらに上のエネルギー状態を多く占有することができるようになる．また E が E_F と等しいときは $f(E) = \frac{1}{2}$ となる．実際の 3 次元の電子系では，自由電子の濃度 n が温度依存しない場合でも，E_F は温度に依存し，$E_\mathrm{F} \ll k_\mathrm{B} T$ の範囲では，近似的に，

$$E_\mathrm{F}(T) \cong \left\{ 1 - \frac{\pi^2}{12} \left(\frac{k_\mathrm{B} T}{E_\mathrm{F}(0)} \right)^2 \right\} E_\mathrm{F}(0) \tag{1.30}$$

となる．したがって，温度が高くなると，$E_\mathrm{F}(T)$ は少しずつ小さくなるが，多くの場合にはその温度依存は近似的には考える必要は無い．なお，(1.30) 式の導出は，章末演習問題 1.10 を参照のこと．

結晶の単位体積当たりの自由電子が，エネルギー E と $E + dE$ の間に存在する数 dn は，$D(E)\,dE$ と $f(E)$ あるいは $D(E)$ と $f(E)\,dE$ を掛け合わせたものとなり，

$$dn(E) = D(E)\,dE \times f(E) = D(E) \times f(E)\,dE = f(E) D(E)\,dE \tag{1.31}$$

となる．何故なら，$D(E)\,dE$ は E と $E + dE$ の間に存在する状態の数であり，それに $f(E)$ を掛けるとその状態の自由電子の占有数すなわち $dn(E)$ となるからである．(1.26) 式を用いて算出された，3 次元結晶の自由電子の $D(E)f(E)$-E 関係が図 1.16 に示されている．

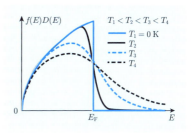

図 1.16

例題 1.5（フェルミエネルギー）

単位体積の3次元結晶の自由電子の温度 $T = 0\,\mathrm{K}$ における，フェルミエネルギー $E_\mathrm{F}(0)$ を求めよ．

【解答】 $T = 0\,\mathrm{K}$ では，すべての粒子は $E_\mathrm{F}(0)$ より下に存在しているので，自由電子の濃度 $n\ (= \frac{N}{V})\ [\mathrm{m}^{-3}]$ は，(1.26) 式，(1.31) 式より，

$$n = \int_{E=0}^{\infty} dn = \int_0^{\infty} f(E) D(E)\, dE = \frac{1}{2\pi^2} \left(\frac{2m_e}{\hbar^2}\right)^{\frac{3}{2}} \int_0^{E_\mathrm{F}(0)} E^{\frac{1}{2}}\, dE$$
$$= \frac{1}{3\pi^2} \left(\frac{2m_e}{\hbar^2}\right)^{\frac{3}{2}} E_\mathrm{F}(0)^{\frac{3}{2}} \tag{1.32}$$

となる．(1.32) 式より，$E_\mathrm{F}(0)$ は，

$$E_\mathrm{F}(0) = \frac{\hbar^2}{2m_e} \left(3\pi^2 n\right)^{\frac{2}{3}} \tag{1.33}$$

となり，n が増加すると増加する．■

■電子波束の概念

結晶中では電子は粒子ではなく波動として振る舞うことが，種々の実験事実により確認されているが，半導体デバイスの教科書等に掲載されている図には電子はあたかも粒子のように描かれている場合が多い．実は，粒子のように描かれているのは**波束**（wave packet）と呼ばれるものである．

結晶中ではどの電子も異なった波動ベクトル $\vec{k}$ とスピン量子数 s の組み合わせ $(\vec{k}, s)$ を持っている．ところで，$\vec{k}$ は波動の運動量 $\vec{p}$ と $\vec{p} = \hbar \vec{k}$ の関係があるので，ハイゼンベルクの不確定性原理によると，$\vec{k}$ についても，$\Delta x \Delta k_x \geq \frac{1}{2}, \Delta y \Delta k_y \geq \frac{1}{2}, \Delta z \Delta k_z \geq \frac{1}{2}$ となる．ところで，(1.29) 式に示されるように，k が確定した値を持ち，その不確かさは 0 である．したがって，不確定性原理により，位置の不確かさは無限大の大きさとなり，電子がどの位置にいるかが全く分からないことを示している．このことを図で表すと**図 1.17(a), (b)** のようになる．図の縦軸は k, x における粒子の存在確率分布を表している．たとえば，**図 1.17(a)**

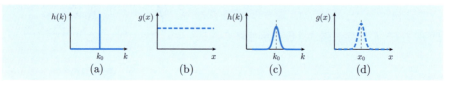

図 1.17

は電子の k が k_0 のみの値を持つことを示しており，標準偏差がゼロであり，その不確かさは 0 であることを示している．図 1.17(b) は，不確定性原理により，どの位置でも電子は同じ確率で存在することを示している．このことは進行波を考えるときに述べた．したがって電子を粒子と考えることと全く相容れない．一方，図 1.17(c) のように k が k_0 を最大値として有限の幅を持つと仮定すると，図 1.17(d) に示されるように，電子の位置はある位置 x_0 に見いだす確率が高くなり，そのときの標準偏差はハイゼンベルクの不確定性原理を満足する有限の値を持つ．このようにすると電子の存在位置を視覚化することができる．このように k が k_0 を最大値として幅が狭い分布を持たせ，ハイゼンベルクの不確定性原理を満足するように有限な標準偏差を持たせることにより現れた視覚化可能なものを**電子波束**（electron wave packet）という．ただし，電子波束の位置を知るための運動方程式は存在しないので，位置を知ることはできない．また，波束はあたかもその位置における電子の確率が高いように見えるが，そうではなく，例えば，自由電子あれば，結晶内のすべての位置でその波束は等確率で存在すると解釈すべきである．しかし，次に述べるように，電子波束に働く電界や磁界等の外力により，波束がどのような速度あるいは加速度を示すかを求めることは可能であるので，電界による電流を求めることが可能である．

■電子波束の速度および加速度*

波束が，図 1.18 に示されるように，ある k_0 で狭い dk の範囲（半値幅）でゼロでない有限な値を持つと考えると，合成波束 $\psi(\vec{r}, t)$ は近似的に，

$$\psi(\vec{r}, t) \equiv \int_{k_0-dk}^{k_0+dk} h(k) \exp\{-j(kx - \omega t)\} dk \quad (1.34)$$

となる．ただし，分布が 2 等辺 3 角形のようになるとしてその底辺の幅が $2dk$ としたので $\pm dk$ の範囲での積分とした．ところで，E は k と関係があるので ω も k に関

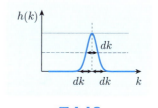

図 1.18

係している．k_0 の周りで幅 dk 範囲（半値幅）で k に対して粒子の存在確率分布が 0 でない値を持つと考えると，$\omega(k)$ を k_0 の周りで展開し 2 次以上の項を無視すると，$kx - \omega(k)t$ は，

$$\begin{aligned} kx - \omega t &\cong kx - \left\{\omega(k_0) + \left(\tfrac{d\omega(k)}{dk}\right)_{k=k_0}(k-k_0)\right\}t \\ &= k_0 x - \omega(k_0) t + (k-k_0)\left\{x - \tfrac{d\omega(k)}{dk}\Big|_{k=k_0} t\right\} \end{aligned} \quad (1.35)$$

となる．(1.35) 式を (1.34) 式に代入すると，

$$\psi(\vec{r},t) =$$
$$\exp\{-j(k_0 x - \omega(k_0)t)\} \int_{k_0-dk}^{k_0+dk} h(k)\exp\left\{-j(k-k_0)\left(x - \frac{d\omega(k)}{dk}\Big|_{k=k_0} t\right)\right\}dk \tag{1.36}$$

となる．(1.36) 式の右辺の積分項は $\psi(\vec{r},t)$ の振幅であるから，

$$x - \left(\frac{d\omega(k)}{dk}\right)_{k=k_0} t = 一定 \tag{1.37}$$

となる位置と時間で振幅が一定となることを表している．したがって，波束の速度は (1.37) 式より，

$$v = \frac{dx}{dt} = \frac{d\omega(k)}{dk}\Big|_{k=k_0} \tag{1.38}$$

となる．このような速度は，無限個の波が 1 つの束となって進む速度であることから**波束の群速度**（group velocity of wave packet）と呼ばれる．ただし，以上の議論は波束の形が時間的に著しく変化しない場合に適用される．(1.38) 式を参考にすると，3 次元の場合の波束の速度 $\vec{v}$ は，

$$\vec{v} = \frac{d\omega(\vec{k})}{d\vec{k}} = \frac{1}{\hbar}\frac{dE(\vec{k})}{d\vec{k}} = \frac{1}{\hbar}\left(\frac{\partial E(\vec{k})}{\partial k_x}, \frac{\partial E(\vec{k})}{\partial k_y}, \frac{\partial E(\vec{k})}{\partial k_z}\right) \tag{1.39}$$

となる．(1.39) 式は，古典力学で定義される速度とは全く異なっている．ところで，古典力学では加速度 $\vec{\alpha}$ は，$\vec{\alpha} = \frac{d\vec{v}}{dt}$ である．この表式が波動力学でも正しいとすると，波束の加速度 $\vec{\alpha}$ は，(1.39) 式より，

$$\vec{\alpha} = \frac{d^2\vec{r}}{dt^2} = \frac{d}{dt}\left(\frac{1}{\hbar}\frac{dE(k)}{d\vec{k}}\right) = \frac{1}{\hbar}\frac{d}{dt}\left(\frac{dE(k)}{d\vec{k}}\right) = \frac{1}{\hbar}\frac{d}{dt}\left(\frac{\partial E(\vec{k})}{\partial k_x}, \frac{\partial E(\vec{k})}{\partial k_y}, \frac{\partial E(\vec{k})}{\partial k_z}\right) \tag{1.40}$$

となる．例えば，$\vec{\alpha}$ の x 成分 α_x は，(1.40) 式より，

$$\alpha_x = \frac{1}{\hbar}\frac{d}{dt}\frac{\partial E(\vec{k})}{\partial k_x} = \frac{1}{\hbar}\left(\frac{\partial}{\partial k_x}\frac{\partial E(\vec{k})}{\partial k_x}\frac{dk_x}{dt} + \frac{\partial}{\partial k_y}\frac{\partial E(\vec{k})}{\partial k_x}\frac{dk_y}{dt} + \frac{\partial}{\partial k_z}\frac{\partial E(\vec{k})}{\partial k_x}\frac{dk_z}{dt}\right)$$
$$= \frac{1}{\hbar}\left(\frac{\partial}{\partial k_x}\frac{\partial E(\vec{k})}{\partial k_x}, \frac{\partial}{\partial k_y}\frac{\partial E(\vec{k})}{\partial k_x}, \frac{\partial}{\partial k_z}\frac{\partial E(\vec{k})}{\partial k_x}\right)\cdot\frac{d\vec{k}}{dt} = \frac{1}{\hbar}\vec{\nabla}_{\vec{k}}\frac{\partial E(\vec{k})}{\partial k_x}\cdot\frac{d\vec{k}}{dt} \tag{1.41}$$

となる．他の成分についても同様に，

$$\alpha_y = \frac{1}{\hbar}\vec{\nabla}_{\vec{k}}\frac{\partial E(\vec{k})}{\partial k_y}\cdot\frac{d\vec{k}}{dt}, \quad \alpha_z = \frac{1}{\hbar}\vec{\nabla}_{\vec{k}}\frac{\partial E(\vec{k})}{\partial k_z}\cdot\frac{d\vec{k}}{dt} \tag{1.42}$$

となる．(1.41) 式，(1.42) 式をまとめて書くと，少し分かりづらいが，

$$\vec{\alpha} = \frac{1}{\hbar}\vec{\nabla}_{\vec{k}}\left(\vec{\nabla}_{\vec{k}} E(\vec{k})\right)\cdot\frac{d\vec{k}}{dt} \tag{1.43}$$

となる．ところで古典力学の概念に戻れば，外力 $\vec{F}$ の下での質点 m の運動方程式は，$m\vec{\alpha} = \vec{F}$ である．したがって，加速度 $\vec{\alpha}$ は，$\vec{\alpha} = \frac{\vec{F}}{m}$ である．また，$\vec{F}$ の下で質点を $d\vec{r}$ 変位させるとき，なされる仕事 dE は，

$$dE = \vec{F}\cdot d\vec{r} = \vec{F}\cdot\vec{v}\,dt \tag{1.44}$$

である．一方，(1.39) 式より，

1.5 電気伝導

$$dE\left(\vec{k}\right) = \frac{\partial E(\vec{k})}{\partial k_x}dk_x + \frac{\partial E(\vec{k})}{\partial k_y}dk_y + \frac{\partial E(\vec{k})}{\partial k_z}dk_z = \frac{1}{\hbar}\vec{v}\cdot d\vec{k} \tag{1.45}$$

である．したがって，(1.44) 式，(1.45) 式の $dE\left(\vec{k}\right)$ が同じものであるとすると，

$$dE\left(\vec{k}\right) = \frac{1}{\hbar}\vec{v}\cdot d\vec{k} = \frac{1}{\hbar}\frac{d\vec{k}}{dt}\cdot \vec{v}\,dt = \vec{F}\cdot \vec{v}\,dt \tag{1.46}$$

となるので，

$$\vec{F} = \frac{1}{\hbar}\frac{d\vec{k}}{dt} \tag{1.47}$$

となる．(1.47) 式を (1.43) 式に代入すると，

$$\vec{\alpha} = \frac{1}{\hbar}\vec{\nabla}_{\vec{k}}\left(\vec{\nabla}_{\vec{k}}E\left(\vec{k}\right)\right)\cdot \frac{d\vec{k}}{dt} = \frac{1}{\hbar^2}\vec{\nabla}_{\vec{k}}\left(\vec{\nabla}_{\vec{k}}E\left(\vec{k}\right)\right)\cdot \vec{F}$$

$$= \frac{1}{\hbar^2}\begin{bmatrix} \frac{\partial}{\partial k_x}\frac{\partial E(\vec{k})}{\partial k_x} & \frac{\partial}{\partial k_y}\frac{\partial E(\vec{k})}{\partial k_x} & \frac{\partial}{\partial k_z}\frac{\partial E(\vec{k})}{\partial k_x} \\ \frac{\partial}{\partial k_x}\frac{\partial E(\vec{k})}{\partial k_y} & \frac{\partial}{\partial k_y}\frac{\partial E(\vec{k})}{\partial k_y} & \frac{\partial}{\partial k_z}\frac{\partial E(\vec{k})}{\partial k_y} \\ \frac{\partial}{\partial k_x}\frac{\partial E(\vec{k})}{\partial k_z} & \frac{\partial}{\partial k_y}\frac{\partial E(\vec{k})}{\partial k_z} & \frac{\partial}{\partial k_z}\frac{\partial E(\vec{k})}{\partial k_z} \end{bmatrix}\begin{bmatrix} F_x \\ F_y \\ F_z \end{bmatrix}$$

$$\equiv \begin{bmatrix} \frac{1}{m_{exx}} & \frac{1}{m_{eyx}} & \frac{1}{m_{ezx}} \\ \frac{1}{m_{exy}} & \frac{1}{m_{eyy}} & \frac{1}{m_{ezy}} \\ \frac{1}{m_{exz}} & \frac{1}{m_{eyz}} & \frac{1}{m_{ezz}} \end{bmatrix}\begin{bmatrix} F_x \\ F_y \\ F_z \end{bmatrix} \tag{1.48}$$

となる．ただし，m_{eij} は，

$$m_{eij} \equiv \frac{1}{\frac{1}{\hbar^2}\frac{\partial^2 E(\vec{k})}{\partial k_i \partial k_j}} \quad (i,j=x,y,z) \tag{1.49}$$

である．(1.49) 式で定義される m_{eij} は，古典力学との対応関係から，**有効質量**（effective mass）成分と呼ばれ，3 行 3 列の行列（テンソル，tensor）であり，その定義から $m_{eij}=m_{eji}$ である．

■結晶中の電子波束の運動

(1.47) 式で示されるように，波束に外力 $\vec{F}$ が働くと，その波動ベクトル $\vec{k}$ は時間変化する．一方，古典力学では，質点に $\vec{F}$ が働くとその運動量は変化する．ド・ブロイの物質波の理論では，波動の運動量は $\hbar\vec{k}$ と表されるので，古典力学との対応関係から (1.47) 式は<u>波束の運動方程式</u>を表すと考えられる．ベクトルの性質により，波束に外力 $\vec{F}$ が働くと，$\vec{k}$ の大きさ $|\vec{k}|$，方向，向きが外力により時間変化することを意味する．ところで，(1.21) 式をみると，kx は波動の位相を表し，2π を 1 周期としているので，$kx=2\pi$ のときの x は波長 λ となり，$|\vec{k}|=\frac{2\pi}{\lambda}$ となる．波束の場合には，平均波長を考えればよい．したがって，波束に外力 $\vec{F}$ が働くと，波束の平均波長が時間変化する．

電荷 $-e$ を持つ電子に働く外力 $\vec{F}$ と 1 例として，熱運動が無い $T=0\,\mathrm{K}$ で，外

部電界 $\vec{E}_{\text{ext}}$ によるクーロン力によるドリフト運動のみを考えてみよう．このとき (1.46) 式は，

$$\frac{1}{\hbar}\frac{d\vec{k}}{dt} = -e\vec{E}_{\text{ext}} \tag{1.50}$$

となる．時間積分を行うと，$\frac{\vec{k}}{\hbar} = -e\vec{E}_{\text{ext}}t + \vec{C}$ となる．ただし，$\vec{C}$ は定数ベクトルである．$T = 0\,\text{K}$ で $\vec{k} = \vec{0}$ とすると，$\vec{k} = -e\vec{E}_{\text{ext}}t\hbar$ となる．電子の電荷は負であるので $\vec{k}$ は $\vec{E}_{\text{ext}}$ と逆向きとなる．簡単のために1次元の場合を考えると，k は，$k = -\hbar e E_{\text{ext}}t$ となり，$|k| = \frac{2\pi}{\lambda}$ であるので，

$$\lambda(t) = \frac{2\pi}{\hbar e |E_{\text{ext}}| t} \tag{1.51}$$

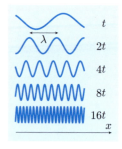

図 1.19

となる．すなわち，電子の空間波長 λ は図 1.19 に示されるように時間が増加するとそれに反比例して小さくなり，$t \to \infty$ で $0\,\text{m}$ に収束する．

■ 自由電子の E-k 関係

1次元の場合，自由電子のエネルギー E-k 関係は $E = \frac{\hbar^2 k^2}{2m_e}$ であり，図 1.20(a) に示すような下に凸な放物線となる．電子波束が結晶中に1個存在する場合を考える．電子波束が占有する状態は k については離散的であり，連続的な曲線ではない．外部電界 E_{ext} が，図 1.20(b) に示されるように，k の負の向きに印加されているとする．すなわち，(1.50) 式より，電界が負の向きであるということは k と $-E_{\text{ext}}$ が同符号であり正であるということである．

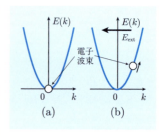

図 1.20

$t = 0$ から出発して時間が経過すると電子波束の k は図 1.20(b) に示されるように，正の向きに移動し，これに従ってエネルギー E も増加し，図 1.19 に示されるように，波束の平均波長 λ は短くなっていき，$t \to \infty$ で $\lambda \to 0$ となるが，実際には，このようなことは起こらず，λ はある有限の値で一定になる．自由電子波束の速度（群速度）は，(1.23) 式を参考にすると，

$$v = \frac{d\omega(k)}{dk} = \frac{1}{\hbar}\frac{dE(k)}{dk} = \frac{1}{\hbar}\frac{d}{dk}\frac{1}{2m_e}\hbar^2 k^2 = \frac{\hbar k}{m_e}$$

であるので，v と k の符号は一致する．したがって，E と k の関係が下に凸な放物線であれば，$k > 0$ にて $v > 0$ であり，$k < 0$ にて $v < 0$ である．なお，E と k

の関係が上に凸な放物線であれば，v と k の符号は逆となる．

次に，電子波束が結晶中に複数個存在する場合を考える．簡単のために1次元の場合を考える．この場合には，個々の電子波束にはパウリの排他律が適用される．その結果，基底状態（$T = 0$ K）の場合，電界を印加しないとき，図 1.21(a) に示されるように電子波束はエネルギーの低い方から順番に高い方へと個々の k の状態を占有してゆく．簡単化のためにスピンを考慮しないとすると，1つの k の状態は1個の電子により占有される．$k = 0$ の電子波束

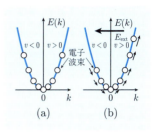

図 1.21

の速度は 0 m/s であるが，$|k| > 0$ の波束は 0 m/s でない速度を持っている．また，電子波束の数が極めて多い場合には，$k > 0$ と $k < 0$ の領域に存在する電子波束の数はほとんど等しいので，電子波束の速度の平均値は ≈ 0 m/s である．次に，図 1.21(b) に示されるように，外部電界 E_{ext} を印加すると，$k > 0$ の領域に存在する電子波束の数は $k < 0$ の領域に存在するものよりも多くなる．したがって $v > 0$ の電子波束の数は $v < 0$ のものよりも多くなるので，平均速度は正の値となり，時間とともに増加する．ところで，電流 I はその定義から $I(t) = \sum_{i=1}^{N}(-ev(k_i(t)))$ で与えられる．ただし，N は電子波束の個数，$k_i(t)$ は時間 t における i 番目の電子波束の k であり，$v(k_i(t))$ はそのときの速度である．電流の向きは正電荷の流れる向きと定義されているので，今の場合，電界と同じ向きに流れる．時間がたつと，$k < 0$ の領域に存在する電子波束はなくなり，すべて $k > 0$ の領域に存在するようになり，$t \to \infty$ で $I(t) \to \infty$ となるが，実際には，このようなことは起こらず，$I(t)$ はある有限の値で一定になる．

次に，結晶中の1個の自由電子波束の有効質量 m_{e}^* について考えてみよう．簡単のために，1次元の場合を考える．このとき (1.49) 式で示される有効質量テンソルは1行1列の行列なので，成分は1つであり，それを m_{e}^* とする．$E = \frac{\hbar^2 k^2}{2m_{\text{e}}}$ であるので，m_{e}^* は (1.49) 式より，

$$m_{\text{e}}^* \equiv \frac{1}{\frac{1}{\hbar^2}\frac{d^2 E}{dk^2}} = \frac{1}{\frac{1}{\hbar^2}\frac{d^2}{dk^2}\left(\frac{\hbar^2 k^2}{2m_{\text{e}}}\right)} = m_{\text{e}}$$

となり，電子の静止質量 m_{e}（9.1×10^{-31} kg）と一致する．しかし，後に述べるように自由電子波束ではない場合には，一般的に有効質量は電子の静止質量と一致しない．

■ 正イオンと電子間に相互作用がある場合の E と k の関係

　金属や半導体結晶は正イオンと電気伝導に寄与する電子からなる．金属は 0 K 近くの極低温でもほぼ正イオンと同じ数の可動電子がある．2 章で述べるように，半導体の場合には，温度の上昇とともに共有結合に寄与していた電子が価電子帯から伝導帯に励起され，この励起された電子と価電子帯の電子の両方が電気伝導に寄与する．また，一般的には，電気伝導に寄与する電子は負の電荷を持ち，正イオンは正の電荷を持っているので，当然両者の間にはクーロン引力が働き，電子間には斥力が働く．したがって，結晶中の電子は自由電子ではない．しかし，電子は正イオンに完全に束縛されている訳ではなく，正イオンからのクーロン引力等を受けながら，0 K 以上では結晶中を熱運動している．電子は結晶中では粒子ではなく波動であるから，粒子のように正イオンと剛体球同士の衝突により散乱されるのではなく，波動の性質に由来する影響を正イオンから受ける．後に述べるように，正イオンの平衡位置での熱的振動，一部の正イオンが他の原子の正イオンと入れ替わる不純物，本来正イオンがいる位置に正イオンがいない格子欠陥等も正イオンによる波動の散乱として電子に影響を与える．

(1) **クローニッヒ–ペニーモデル**＊　実際の結晶では，電子波束は正イオンとの相互作用により，振幅一定の進行波ではない．正イオンと伝導電子の間の主な相互作用としてクーロン引力があるので，伝導電子の存在確率は，正イオンの付近が高いと考えられる．正イオンは周期的に配列しているので，クーロン引力によるポテンシャルエネルギーも原子配列の周期性を持つ．具体的なポテンシャルエネルギーが分かれば，定常状態のシュレーディンガーの波動方程式を解けばよい．ここでは，クーロン引力によるポテンシャルエネルギーを厳密な解が得られる井戸型ポテンシャルで近似する．1931 年に，クローニッヒ（R. Kronig）とペニー（W. Penny）が井戸型ポテンシャルを用いて，**クローニッヒ–ペニーモデル**（Kronig-Penny model, **K–P モデル**）を構築し解析を行った．注目すべき結果は，例えば，1 次元の E-k 関係において $k = \frac{n\pi}{a}$（$n = \pm 1, \pm 2, \ldots$）で，伝導電子が持つことができないエネルギー領域（エネルギーギャップ）が現れることである．ここでは，K–P モデルについて簡潔に述べるが，詳細は章末演習問題 1.9 を参照のこと．多くのテキストでは K–P モデルにおける井戸型ポテンシャルは自由電子の場合に対して正としている．しかし，正イオンは電子に対して引力的であるので，ここでは井戸型ポテンシャルが負であるとする．図 **1.22** に示されるように，N 個の正イオンが間隔 a [m] で等間隔に配列した長さ $L = Na$ [m] の 1 次元結晶中に周期ポテンシャルエネルギー $V(x)$ が，

$$V(x) = 0 \text{ J} \quad ma \leq x \leq (m+1)a - b$$
$$V(x) = -V_0 \text{ [J]} < 0 \quad (m+1)a - b \leq x \leq (m+1)a$$

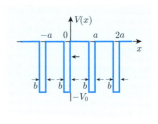

図 1.22

である井戸型周期ポテンシャル $V(x)$ の下での 1 個の電子の運動について考える．ただし，$m = 0, \pm 1, \pm 2, \ldots$ である．また，L に関して周期境界条件が成立するとする．また，周期ポテンシャル中の電子波束の波動関数 $\varphi(x)$ は，

$$\varphi(x) = u(x) \exp(jkx) \tag{1.52}$$

であり，振幅 $u(x)$ は周期 a の周期関数である．ただし，$k = \frac{2\pi}{Na} n$ $(n = 0, \pm 2, \ldots)$ である．これはブロッホの定理（Bloch theory）と呼ばれる．この場合，k の値を確定させているので，電子は波束ではなく，自由電子の場合には，すべての状態に対して，結晶中のあらゆる場所でその存在確率は同じである．1 個の伝導電子についてのシュレーディンガーの波動方程式は，

$$\frac{d^2\varphi(x)}{dx^2} = -\frac{2m_e}{\hbar^2} E\varphi(x), \quad ma \leq x \leq (m+1)a - b \tag{1.53}$$

$$\frac{d^2\varphi(x)}{dx^2} + \frac{2m_e}{\hbar^2} V_0 \varphi(x) = -\frac{2m_e}{\hbar^2} E\varphi(x), \quad (m+1)a - b \leq x \leq (m+1)a \tag{1.54}$$

である．まず，(1.53) 式の解は，(1.52) 式より，

$$\begin{aligned}\varphi(x) &= A\exp\left\{j\left(\frac{2m_e}{\hbar^2}E\right)^{\frac{1}{2}} x\right\} + B\exp\left\{-j\left(\frac{2m_e}{\hbar^2}E\right)^{\frac{1}{2}} x\right\} \\ &\equiv A\exp(j\alpha x) + B\exp(-j\alpha x) \\ &= \exp(jkx)\left[A\exp\{j(\alpha - k)x\} + B\{-j(\alpha + k)x\}\right] \\ &= u(x)\exp(jkx) \end{aligned} \tag{1.55}$$

となる．ただし，$\alpha \equiv \left(\frac{2m_e E}{\hbar^2}\right)^{\frac{1}{2}}$ であり，α は $E \geq 0$ のとき実数である．一方，$E < 0$ のとき純虚数であり進行波とならない．A, B は x に依存しない複素係数である．L に関して周期境界条件が成立するので $k = \frac{2\pi}{Na} n$ $(n = 0, \pm 1, \pm 2, \ldots)$ である．同様にして，(1.54) 式の解は，

$$\begin{aligned}\varphi(x) &= C\exp(j\beta x) + D\exp(-j\beta x) \\ &= \exp(jkx)\left[C\exp\{j(\beta - k)x\} + D\exp\{-j(\beta + k)x\}\right] \\ &= u(x)\exp(kx) \end{aligned} \tag{1.56}$$

となる．ただし，$\beta \equiv \left(2m_e \frac{V_0+E}{\hbar^2}\right)^{\frac{1}{2}}$ であり，β は $E > -V_0$ では実数である．C, D は x に依存しない複素係数である．$E \geq 0$ のとき，$\varphi(x), \frac{d\varphi(x)}{dx}, u(x), \frac{du(x)}{dx}$ は $V(x)$ の不連続点 $x = 0$ で連続であることを用いると，4 つの係数 A, B, C, D がすべてゼロでない解を持つ条件として，

$$\cos(ak) = \cos(\beta b)\cos\{\alpha(a-b)\} - \frac{\alpha^2+\beta^2}{2\alpha\beta}\sin(\beta b)\sin\{\alpha(a-b)\}$$
$$\equiv P-K(1) \tag{1.57}$$

が得られ，$-V_0 < E < 0$ のとき，(1.57) 式中の α を $j\alpha$ に置き換えることにより，

$$\cos(ak) = \cos(\beta b)\cosh\{\alpha(a-b)\} + \frac{\alpha^2-\beta^2}{2\alpha\beta}\sin(\beta b)\sinh\{\alpha(a-b)\}$$
$$\equiv P-K(2) \tag{1.58}$$

が得られる．$-1 \leq \cos(ak) \leq 1$ であるから，$0 \leq E, -V_0 < E < 0$ の場合ともに，A, B, C, D のゼロでない解のうちでも，

$$-1 \leq P-K(1) \leq 1, \quad -1 \leq P-K(2) \leq 1$$

なる条件を満たすときに，有意な解が得られる．エネルギーギャップが実際の半導体に近い例として，$P = \frac{m_e V_0 b a}{\hbar^2} = 1, a = 0.3\,\text{nm}, b = 0.1a, V_0 = 8.48$ eV のとき，(1.57) 式，(1.58) 式より算出された E と ka の関係が**図 1.23** に示されている．$-\frac{\pi}{a} < k < \frac{\pi}{a}$ の領域は**第 1 ブリユアンゾーン**（first Brillouin zone），$-\frac{2\pi}{a} < k < -\frac{\pi}{a}$ および $\frac{\pi}{a} < k < \frac{2\pi}{a}$ の領域は合わせて**第 2 ブリユアンゾーン**（second Brillouin zone），

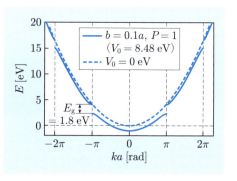

図 1.23

等々と呼ばれている．各ブリユアンゾーンは $\frac{2\pi}{a}$ の幅を持っている．すべてのブリユアンゾーンの境界，すなわち $ka = n\pi$（$n = \pm 1, \pm 2, \ldots$）で A, B, C, D のゼロでない解が存在しないエネルギー領域，すなわちエネルギーギャップが明確に現れている．$ka = \pm \pi$ rad ではギャップ幅 E_g は約 1.8 eV である．

図 1.24 に，$V_0 = 8.48$ eV に対して，$ka \geq 0$，すなわち電子が k の正の向きに運動する進行波の場合に，$A = 1$ として算出した係数 B の大きさ $|B|$ と ka の関係が示されている．$ka \cong \frac{\pi}{2}$ および $ka = n\pi$（$n = 1, 2, \ldots$）において，高さが 1 の

鋭いピークが現れている．ただし，$ka \cong \frac{\pi}{2}$ におけるピークは，P が変化すると移動するが，$ka = n\pi$ におけるピーク位置は P に依存しない．$|B|$ は振幅 $A = 1$ の進行波（進行波 A）と逆向きに進む進行波（進行波 B）の振幅であるので，進行波 A と同じ振幅の逆向きに進む進行波 B が生じており，進行波 A が完全に反射されていることを示している．完全反射が生じると速度の向きが逆転する．このような反射はブラッグ反射

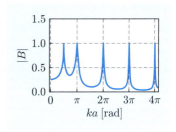

図 1.24

（Bragg reflection）と呼ばれ，$ka = n\pi$ なる条件はブラッグの条件（Bragg condition）と呼ばれる．図 1.23 に示されるように，$ka \cong \frac{\pi}{2}$ ではエネルギーギャップは現れていないが，$ka = n\pi$ ではエネルギーギャップが現れている．図 1.25(b) に，図 1.25(a) に示されている点 A-F のそれぞれの点での，$-b \leq x \leq a - b$ の区間における電子の存在確率 $|\varphi(x)|^2$ が示されている．$|\varphi(x)|^2$ は同図に示されている自由電子の場合を基準として，規格化されている．点 B はエネルギー $E = 0$ eV の負側に対応し，点 C は正側に対応している．また，$ka = n\pi$ の負側の点 D は第 1 ブリユアンゾーンに対応し，正側の点 E は第 2 ブリユアンゾーンに対応している．点 A, B, C での $|\varphi(x)|^2$ は $-b \leq x \leq a - b$ で顕著な差が認められず，自由電子の場合と同様に区間全体で電子が存在している．一方，点 D では，$|\varphi(x)|^2$ は $-b \leq x \leq 0$ で最大値を示し，$0 \leq x \leq a - b$ のほぼ中間位置で $|\varphi(x)|^2 = 0$ となっている．一方，点 E での $|\varphi(x)|^2$ は正イオンが存在する $-b \leq x \leq 0$ で最小値

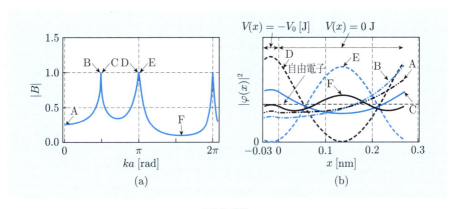

図 1.25

$|\varphi(x)|^2 = 0$ を示し，$0 \leq x \leq a-b$ のほぼ中間位置で最大値を示しており，点 D における $|\varphi(x)|^2$ を反転させた形となっている．基底状態では電子は正イオンのクーロン引力により，正イオンの近くに存在するが，点 E では，正イオンから遠く離れた点に存在し，電子のエネルギーがより高い状態にいるので，外部からエネルギーを与えない限り，電子は点 D にいる．すなわち，このエネルギー差がギャップとして現れている．点 F での $|\varphi(x)|^2$ は，点 E での電子の存在確率が再び平坦になる傾向があり自由電子に近くなる．電子が複数個存在する場合も同様である．

(2) **正イオンと電子間に相互作用がある場合の E と k の近似的な関係**　以上のことを考慮すると，正イオンによる引力型のクーロンポテンシャルが電子波束に働くとき，電子波束の E-k 関係を模式的に図示すると図 1.26 に示されるようになると考えられる．図 1.26 に示されている第 1 ブリユアンゾーン内での E，速度 v，有効質量 m_e^* と k の間の関係が図 1.27 に示されている．特徴的なことは，m_e^* が負になる領域があることである．それは完全反射が生じる点とその近傍である．E-k 関係でいえば図 1.27(a) の第 1 ブリユアンゾーン内の曲線が下に凸な領域と上に凸な領域が共存しているが，m_e^* が負になるのは上に凸な領域である．古典力学において質量は正のみであり，負になることはあり得ないが，質量を持つフェルミ粒子の波動の m_e^* の場合にはそれが起こり得る．有効質量が負になる領域の存在が半導体デバイスにとって最も重要である．このために，2 章で述べるように，N 型，P 型半導体が存在することになる．図 1.27(b) に示されるように，電子波束の k が $\frac{\pi}{a}$ 近くに来ると速度 $v(k)$ は最大値を示したのち小さくなり始め，$k = \frac{\pi}{a}$ で $v(k) = 0$ m/s になる．$v(k)$ が小さくなるということは電子波束にそのようになる外力が印加されたことになる．今，波束に電界によるクーロン力が働いた場合，k は時間的に変化するが，図 1.27(d) に示されるように，k が $\frac{\pi}{a}$ の近くでない場合には加速度 $\alpha(k) =$ 一定 > 0 であるが，

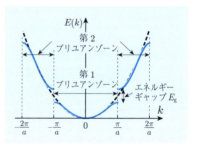

図 1.26

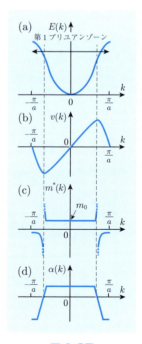

図 1.27

$\frac{\pi}{a}$ 近くに来ると m_e^* が急激に増加して速度が減少し始め, 図 1.27(c) に示されるように, m_e^* が $+\infty$ となり $\alpha(k) = 0\,\mathrm{m/s^2}$ となる. さらに k が $\frac{\pi}{a}$ に近づくと m_e^* が不連続的に $-\infty$ となり, $\alpha(k) < 0$ となる. さらに k が $\frac{\pi}{a}$ に近づくと $m_e^* = $ 一定となり, $\alpha(k) = $ 一定 < 0 となる.

図 1.26 に示されている第 1 ブリユアンゾーン内での, 熱運動が無い $T = 0\,\mathrm{K}$ で, 外部電界 $\vec{E}_{\mathrm{ext}}$ によるクーロン力によるドリフト運動のみを考えてみよう. 結晶中に電子が複数個存在する場合, $T = 0\,\mathrm{K}$ では電界を印加しないとき, 電子波束は最もエネルギーが低い状態すなわち基底状態にある. 電子間の相互作用が無視でき, 相互作用は正イオンとの間のみで作用するとすれば, 外部電界 E_{ext} を印加すると, 図 1.28(a) に示されているように, それぞれの電子は, そのときの $\vec{k}$ を初期条件として, 図 1.28(b) に示されているように, 波束の運動方程式に従って運動を行う. それぞれ電子を区別することができないが, 集団としての運動は, 見かけ上互いに追い越すことなく秩序正しく運動を行う. 図 1.28(c) に示されているように, 個々の電子波束が $k = \frac{\pi}{a}$ まで到達したとき, エネルギーギャップを乗り越えられない場合には, 完全反射が生じ, 速度の向きが逆転すると $v < 0$ となり, 逆戻りするのではなく, $k = -\frac{\pi}{a}$ に飛んで, 図 1.28(d) に示されているように, $k = 0$ に向かって, k の正の向きに進み, $k = 0$ を通過して $k = \frac{\pi}{a}$ まで到達すると完全反射が生じるというような挙動を繰り返す. すなわち完全反射が生じると, 電子波は $k = \frac{\pi}{a}$ 以上の領域へ進行することができなくなることを示している. この場合, $v > 0$ の電子と $v < 0$ の電子波束の数が時間的に変化するので電流は時間 t に依存するが, 電子波束と正イオンの間に相互作用が無い場合と異なり, 定常交流電流 $I(t)$ となるであろう. しかし, 実際には, 定常交流電流ではなく, 直流電流が流れる.

$k = \frac{\pi}{a}$ のエネルギーギャップを乗り越えられる高外部電界が印加されると, 図

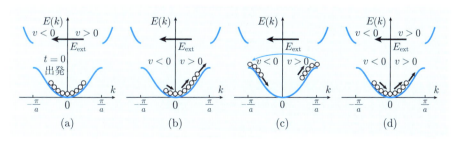

図 1.28

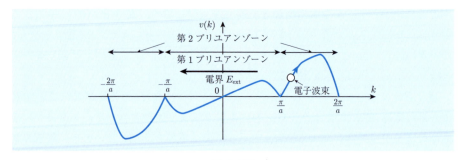

図 1.29

1.29 に示されるように，電子波束は $\frac{\pi}{a}$ においてエネルギーギャップを乗り越え，さらに k が増加し，$v(k)$ は 0 m/s から再び正の向きに増加する．しかし，k は $\frac{2\pi}{a}$ に近づくと $k = \frac{\pi}{a}$ のときの現象が再び生じる．

■ 電気抵抗

今まで述べたモデルでは，電子が時間平均的に見れば運動量を失う過程は無かった．その結果，直流電圧を印加しているにもかかわらず交流電流が流れる．しかし，現実の物質の場合，静電界を印加すると直流電流が流れることがほとんどである．それは電子が時間平均的に見て運動量を失うのが通常であるからである．

1.5.2 項において，電子と正イオンを剛体球とみなし，両者の間の衝突により電子が運動量を正イオンに与えることにより電気抵抗が発生することを説明した．もちろん，この電気抵抗のメカニズムは現在否定されている．しかし，外部電界 $\vec{E}_{\text{ext}}$ を印加したときに，固体に流れる電流の密度 $\vec{J}$ は古典理論や量子理論を用いても次の同じ式で与えられる．

$$\begin{aligned}\vec{J} &= \sigma \vec{E}_{\text{ext}} = en_e\mu_e \vec{E}_{\text{ext}} \\ &= \frac{e^2 n_e \tau}{m}\vec{E}_{\text{ext}}\end{aligned} \quad (1.59)$$

ただし，n_e は伝導に寄与する電子の濃度，μ_e は電子の移動度，m は古典理論では電子の静止質量 m_e，量子理論では有効質量 m_e^* である．1.5.2 項において，τ は剛体球としての電子が正イオンとある衝突をしてから直ちに次の衝突をするまでの時間の平均値であり，それに速さを掛けたものが平均自由行程 λ であると述べた．しかし量子理論では，電子は剛体球や粒子ではなく波動であるので衝突という概念はなく，波動（電子波束）が何かによりある散乱をされて，直ちに次の散乱を受けるまでの時間の平均値であるとされている．いずれにしても τ が大きいほど導電

率が大きく，その結果 $\vec{J}$ が大きくなる．

マティーセンの規則（Matthiessen's rule）によると，散乱の原因が複数ある場合，τ は，

$$\frac{1}{\tau} = \sum_{i=1}^{s} \frac{1}{\tau_i} \tag{1.60}$$

となる．ただし，τ_i は i 番目の散乱種により散乱されるときの τ である．逆数の和であるから電気回路でいえば抵抗の直列接続の形になっている．すなわち電子はすべての散乱種によりもれなく散乱されることを示している．

散乱種として，正イオンの熱振動に起因するフォノン（τ_{atom}），不純物（τ_{imp}），格子欠陥（τ_{D}）がよく知られている．まず，不純物について説明する．電子波束の散乱の場合には，電子波束からみる**散乱断面積**（scattering cross sectional area）S_{S} は不純物の大きさ程度である．不純物であるから，その濃度は一般的に小さい．電子波束が結晶中を伝搬する際に，結晶の主構成要素である正イオンによって，ブラッグ反射が生じるような特殊な k 以外，平均すると大きな散乱を受けない．しかし，希に不純物に出会うと散乱を受けて運動量を失う場合がある．その出会う頻度の逆数が τ_{imp} である．電子波束の平均自由行程 λ は，気体分子の速度の分布である**マクスウェル-ボルツマン分布**（Maxwell-Boltzmann velocity distribution）を参考にすると，λ は τ_{imp} と速度の平均値 $\overline{v}$ との積であるから，不純物の散乱断面積を S_{Simp}，不純物の濃度を n_{imp} とすると，不純物散乱による τ_{imp} は，

$$\tau_{\text{imp}} \approx \frac{1}{S_{\text{Simp}} n_{\text{imp}} \overline{v}} \tag{1.61}$$

となる．したがって，抵抗率 ρ_{imp} は (1.59) 式，(1.61) 式より，

$$\rho_{\text{imp}} = \frac{1}{n_e e \mu_{\text{imp}}} = \frac{m_e}{n_e e^2 \tau_{\text{imp}}}$$
$$\approx \frac{m_e}{n_e e^2} S_{\text{Simp}} n_{\text{imp}} \overline{v} \tag{1.62}$$

となる．ただし，μ_{imp} は不純物散乱による移動度である．金属の場合には，電子の濃度 n_e は原則温度に依存しないので速度の平均値 $\overline{v}$ が温度に依存しなければ ρ_{imp} も温度に依存しない．半導体の場合には温度が上昇すると 2 章で述べられているように，n_e は指数関数的に増加するので ρ_{imp} は温度の上昇とともに指数関数的に減少する．(1.62) 式から，電子波束の移動度は，不純物の濃度が増加すると減少することが分かる．実験的にもそのことが確認されている．理論解析から，μ_{imp} は $T^{\frac{3}{2}} n_{\text{imp}}^{-1}$ のように変化することが示されている．

次にフォノンについて考える．結晶を構成する正イオンが化学結合により結びつ

いている．温度が高くなると正イオンの熱振動は激しくなる．古典的には，このとき化学結合により正イオンの個々の振動は独立ではなく，他の正イオンの振動の影響を受け，その結果連成振動を行う．量子理論と古典理論の正イオン間相互作用はともにフックの法則に従う．量子理論の古典理論との違いは正イオンの運動エネルギーを粒子のものではなく電子と同様に波動の運動によると考えることである．メカニズムの違いは温度が低くなると明確になる．すなわち，正イオンの連成振動そのものを k の異なる波動の集合体であると考えることである．高温では正イオンの質量が電子の 1840 倍以上あるために粒子としての運動量が大きくなり，波動性が隠されてしまう．古典的な連成振動ではエネルギーは連続的に変化するが，波動のエネルギーには最小単位があり，そのエネルギーは最小単位の整数倍となる．したがって，フォノンは低温では電子と同じような波動であり，結晶中を伝搬する．フォノンは正イオンの振動であるから，電子の正イオンによる散乱は規則配列した正規位置からのずれが原因となる波動の散乱である．不純物のように，たまに出会うのではなく，結晶を構成するすべての正イオンで散乱されることになる．このとき τ_{atom} は (1.61) 式の不純物濃度を原子の濃度 n_{atom} に置き換え，S_{Satom} を原子の大きさではなく熱振動して膨らんで見える正イオンの散乱断面積とすると，

$$\tau_{\text{atom}} \approx \frac{1}{S_{\text{Satom}} n_{\text{atom}} \overline{v}} \tag{1.63}$$

となる．S_{Satom} は高温では，

$$S_{\text{Satom}} \approx \pi \frac{\hbar T}{M k_{\text{B}} \Theta_{\text{E}}^2} \tag{1.64}$$

となることが知られている．ただし Θ_{E} [K] は**アインシュタイン温度**（Einstein temperature）と呼ばれる特性温度である．したがって τ_{atom} は，(1.63) 式，(1.64) 式より，

$$\tau_{\text{atom}} \approx \frac{M k_{\text{B}} \Theta_{\text{E}}^2}{\pi \hbar n_{\text{atom}} \overline{v}} \frac{1}{T} \tag{1.65}$$

となる．抵抗率 ρ_{atom} は (1.62) 式，(1.65) 式より，

$$\begin{aligned}\rho_{\text{atom}} &= \frac{1}{n_e e \mu_{\text{atom}}} = \frac{m_e}{n_e e^2 \tau_{\text{atom}}} \\ &\approx \frac{m_e}{n_e e^2} \frac{\pi \hbar n_{\text{atom}} \overline{v}}{M k_{\text{B}} \Theta_{\text{E}}^2} T\end{aligned}$$

となる．金属の場合には，その濃度 n_e は原則温度に依存しないので速度の平均値 $\overline{v}$ が温度に依存しなければ ρ_{atom} は温度に比例するが，半導体の場合には温度が上昇すると n_e は指数関数的に増加するので，ρ_{atom} は T の項の増加に打ち勝って温

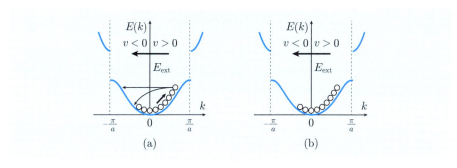

図 1.30

度の上昇とともに指数関数的に減少する．$\bar{v}$ が等分配の法則である

$$\tfrac{1}{2}m_e\bar{v}^2 = \tfrac{3}{2}k_B T$$

に従うとすると，μ_{atom} は (1.65) 式より $T^{-\frac{3}{2}}$ に比例する．

　なお，格子欠陥については，本書の範囲を超えるので省略する．なお，電子が散乱種により散乱される場合，それぞれの散乱種による τ_i はその温度依存性を調べることにより (1.60) 式から分離可能な場合がある．

　全抵抗率 ρ は，(1.60) 式より，

$$\rho = \rho_{imp} + \rho_{atom} + \rho_D$$

となる．ただし，ρ_D は格子欠陥に起因する抵抗率である．

　図 1.30(a) に示されるように，パウリの排他律によりスピンを考慮して 1 つの k に対して，2 個の電子が状態を占有できるが，先頭の電子が $k > 0$ の領域にあり，電界により k が増加する状態でその電子が運動量を失ってより小さい k に移ろうとしても，その k がすでに占有されていれば，空であるより小さい k に行かざるを得ない．その電子に続く電子も同様に運動量を失ってという過程が繰り返されると，時間平均的に見て複数の電子の k の位置は時間が経過しても見かけ上変化せず定常状態になると考えられる．すなわち図 1.30(b) に示す状態で落ち着くであろう．その結果 $v > 0$ と $v < 0$ の電子の個数の差は時間に依存せず，交流電流ではなく，直流電流が電界と同じ向きに流れる．この場合には印加電圧を電流で割った有限の電気抵抗が生じている．

1章の演習問題

- **1.1** 単純立方格子，体心立方格子，面心立方格子，ダイヤモンド構造格子に対して，同一の剛体球を，その中心が格子点に一致するように，互いに接するように配置するとき，単位格子内で剛体球が占有する最大の体積の，単位格子の体積に対する比率（充填率）を求めよ．
- **1.2** 図 1.7 に示す六方最密構造に対して，格子定数 a, c の比 $\frac{c}{a}$ を求めよ．
- **1.3** (1.14) 式で与えられる岩塩結晶のマーデルング定数 A を，Na^+ に近い順に 12 項までについて計算せよ．
- **1.4** フレンケル欠陥の平衡濃度の導出法を参考にしてショットキー欠陥の平衡濃度 n_S および単位体積当たりの比熱 c を求めよ．
- **1.5*** 図 1.13 に示されるように，1 個の正イオンに 1 個の電子が衝突する場合，正イオン全体に一様に入射してくる電子が正イオンに与える運動量の平均値を求めよ．ただし，正イオン，電子とも剛体球であり，正イオンの半径を a [m]，電子の半径はゼロ，電子の質量 m_e [kg] とする．また，正イオンと電子の衝突は弾性衝突であるとする．
- **1.6** 1 次元の場合を参考にして 3 次元の結晶中の自由電子の波動関数 (1.22) 式および E-$\vec{k}$ 関係 (1.23) 式を導出せよ．
- **1.7** 2 次元および 1 次元の結晶中の自由電子の状態密度を表す (1.27) 式，(1.28) 式を導出せよ．
- **1.8*** フェルミ–ディラックのエネルギー分布関数 (1.29) 式を導出せよ．
- **1.9*** (1.57) 式を導出せよ．
- **1.10*** 3 次元の場合のフェルミエネルギー $E_F(T)$ の $E_F(T) \ll k_B T$ の範囲の T [K] における温度依存性を表す (1.30) 式を導出せよ．
- **1.11*** $E_F(T) \ll k_B T$ の範囲の T [K] における濃度 n 当たりの自由電子の平均エネルギー $\overline{E}(T)$ を求めよ．

第 2 章 半導体材料

　半導体材料が電気電子材料として広く用いられるようになったのは 1950 年以降である．本章では，1 章で説明を行った量子力学の基礎および電気伝導の理論をベースとして半導体を理解できるように配慮した．構成としては，前半に半導体の基本的な性質，半導体の種類や製造法，次に半導体中のキャリアの電界の下での挙動について基礎的な事項について説明を行う．後半に半導体のデバイスへの応用として，最も重要であると思われる P-N 接合，トランジスタについて説明を行う．

2.1 半導体概論

　半導体は絶縁体と金属の間の抵抗率を持つ材料であると定義される場合があるが，半導体の本質は，電気伝導を担う電子の**エネルギーバンド**（energy band）にある．ただし，絶縁体のエネルギーバンドは半導体に似たものもあり，温度が変化すると，室温で絶縁体に分類されているものでも，半導体的性質を示すものもある．本節では，半導体のうち，今日最も多く使用されている Si（**シリコン**（silicon））について，半導体の性質を説明するが，その内容は他の半導体にも適用可能である．

　図 2.1 に，ダイヤモンド構造を持つ Si 結晶のエネルギーバンド形成について示す．Si 原子同士が遠く離れているときは，それぞれの原子に付属していた電子は相互作用が無く個別原子と同じであるが，各原子が互いに近づいてその 3s と 3p 軌道が重なり，結晶となると，それぞれの電子は結晶全体を運動するようになる．そうすると，ある特定の電子がどの原子に属しているかは本質的に不明瞭になり，電子は程度の差こそあれ，N 個の原子全体に付属していると考えることができるようになる．しかし，電子はパウリの排他律に従うために，各原子が互いに近づくと，最初一本であったエネルギーレベルは N 本に分離して，図 2.1 に示されるように，エネルギーバンドを形成すると考えられる．エネルギーバンドの幅は数 eV 程度であるので，N が極めて大きい場合には，バンドの中はほぼ連続し

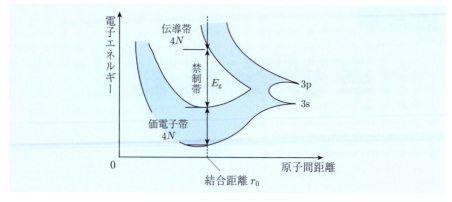

図 2.1

たエネルギーレベルと考えられるようになる．Si の場合，M 殻の価電子の総数は $4N$ 個であるから，0 K では価電子帯が共有結合にあずかる電子すなわち，**価電子**（valence electron）により完全に満たされている．これは**価電子帯**（valence band）あるいは，**充満帯**（filled band）と呼ばれる．これに反して，価電子帯よりも電子のエネルギーの高いバンドにはほとんど電子が存在していないが，もしこのバンドに電子が存在すれば，これらの電子のエネルギーは価電子よりも大きい，言い換えると自由に運動しやすくなると解釈し，電気伝導に寄与するので，このバンドは**伝導帯**（conduction band）と呼ばれる．この電子は本書では伝導電子と呼び価電子と区別する．これら 2 つの帯の間は電子が存在することが許されないので，これは**禁制帯**（forbidden band）あるいは**禁止帯**と呼ばれ，その幅 E_g は**禁制帯幅**あるいは**エネルギーギャップ**（energy gap）と呼ばれる．ただし，このギャップは，電子と正イオンの相互作用により生じるギャップとは異なる．典型的な半導体である Si は 3s, 3p, ゲルマニウム（germanium）Ge は 4s, 4p 軌道が対象となり，ダイヤモンドと同様にバンドが 2 つに分かれると考えられる．伝導帯のエネルギーの最小値から伝導電子が自由になるエネルギー（**真空準位**（vacuum level））の差を**仕事関数**（work function）という．Si の場合，約 4.05 eV である．

炭素原子の結晶であるダイヤモンドの場合，図 2.2(a) に示されるように，エネルギーギャップは 7 eV 程度と広く，室温では，価電子帯から伝導帯に励起される電子は極めて少ないため，導電率は極めて小さく，絶縁体である．しかし図 2.2(b) に示されるように，Si や Ge では，エネルギーギャップが狭く，それぞれ 1.124 および 0.661 eV であるので，価電子の一部が伝導帯に移って電気伝導を示

2.1 半導体概論

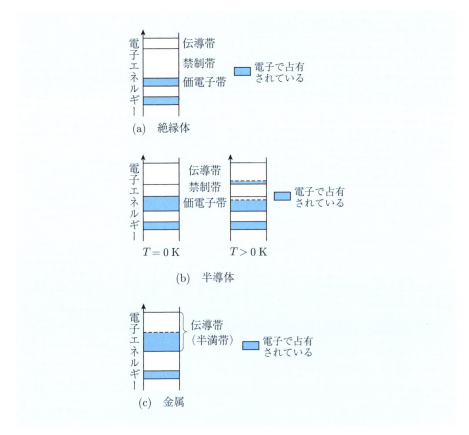

図 2.2

す.この場合,温度が高くなる従って,伝導帯に励起される価電子の数はさらに多くなる.このような物質が半導体である.原子間の結合にあずかっている価電子は価電子帯に存在し,その原子から離れて自由に動ける伝導電子は,伝導帯に存在する.

金属の場合には,図 2.2(c) に示されるように,価電子帯と伝導帯が重なっていることが多く,その結果,伝導帯は,半ば電子により占有されることになり,**半満帯**とも呼ばれる.電気伝導は,それら多数の伝導電子によって行われる.

2.2 半導体材料の種類

SiやGeは，単一元素の最も典型的な半導体であり，その製造技術やデバイス製造技術は1950年代に確立された．Si, Geは周期律表のIV列に属し，原子価数が4の元素である．特に，Siは現在最も多く生産され，それを使用したダイオード，トランジスタ等の半導体個別素子，それらを組み合わせた大規模集積回路，太陽電池等に使用されている．

しかし，今日，Si, Ge以外の半導体も多く発見されている．表2.1に各種半導体のE_g，電子遷移の型，結晶構造，イオン結合の割合（IB），有効質量，移動度が示されている．それらは，主に周期律表のIII, IV, V, VI列に属する元素の化合物である．例えば，IV-IV半導体であるSiC（**炭化ケイ素**（silicon carbide））はCとSiの配列の仕方から200種類の結晶多形を持つ．そのうち，半導体デバイスに応用されるのは主に4H, 6H, 3Cの3種である．例えば，4Hは六方晶で炭素面が4層で1周期を成していることを示す．3Cの結晶構造は図2.3に示されるように，図1.6に示されているSiのダイヤモンド構造の番号1-4のSiがCに置換した**せん亜鉛鉱型構造**（β-ZnS）（zinc-blende structure, **zb構造**）であり，xy平面に平行にC面，Si面，C面が交互に重なっており，3つのC面で1周期を成している．

一方，III-V, II-VI化合物半導体の化学結合には，Siと比較して共有結合の他にイオン結合もより多く混じっている．それは，III, V列の元素の価電子の数がともに4個ではなく，それぞれ3, 5個であり，互いに価電子を等しく共有することができないためである．例として，GaAs（**ヒ化ガリウム**（gallium arsenide））の

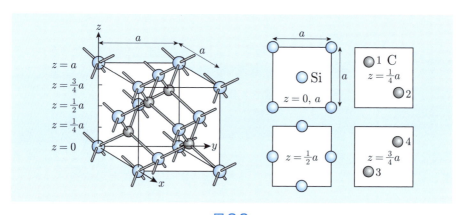

図2.3

2.2 半導体材料の種類

表2.1

半導体	E_g [eV]	遷移	構造	IB [%]	$\dfrac{m_e^*}{m_e}$	$\dfrac{m_h^*}{m_e}$	移動度 [cm$^2\cdot$V$^{-1}\cdot$s^{-1}] μ_e^*	μ_h^*
C	5.4-5.5	I	d	0	0.2	0.25	1800	1400
Si	1.12	I	d	0	0.58	1.06	1450	500
Ge	0.66	I	d	0	0.35	0.56	3900	1820
SiC(3C)	2.86	I	zb	18			300	50
AlN	6.02	D	w		0.33		1100	
AlP	3.34	I	zb				80	
AlAs	2.2	I	zb				1200	420
GaN	3.34-3.4	D	w, zb		0.22		1350	13
GaAs	1.42	D	zb	31	0.068	0.5	8800	400
InP	1.27	D	zb	42	0.067	2.0	4600	150
InAs	0.36	D	zb	36	0.022	1.2	33000	460
ZnO	3.20	D	w	62	0.38	1.5	180	
ZnS	3.54	D	w, zb	62			180	5
ZnSe	2.58	D	zb	63			540	28
ZnTe	2.26	D	zb	61			340	100
CdS	2.42	D	w, zb	69	0.165	0.5	400	50
CdSe	1.74	D	w, zb	70	0.13	1.0	450	
CdTe	1.56	D	w, zb	67	0.14	0.35	1050	100
β-Ga$_2$O$_3$	4.5-4.9	未定	w				200-300	

遷移　I：Indirect transition,
　　　D：Direct transition
構造　d：diamond structure,
　　　zb：zinc-blende structure,
　　　w：wurtzite structure,
　　　m：monoclinic structure
　　　　（distorted cubic close packed structure）
IB：Ionic % of bond

結晶構造は 3C 型 SiC と同じ zb 構造であり，Si の位置に As（ヒ素（arsenic）），C の位置に Ga（ガリウム（gallium））が配置される．GaAs は Ge, Si よりも電子の移動度および禁制帯幅が大きく，1950 年代から注目を浴びていた．禁制帯幅が広いのはイオン結合が存在しているためであり，結合が切断されにくい．もし Ga が結晶中に過剰に存在すると P 型半導体，As が過剰に存在すると N 型半導体，Ga と As が同数の場合には真性半導体となる．IV 列に属する元素，例えば Si を**添加物（ドーパント（dopant））**として Ga と置換すれば，Si はドナーとして働き，N 型半導体，As と置換するとアクセプタとして働き，P 型半導体となる．GaAs は Ga, As の 2 種の元素からなるので 2 元化合物と呼ばれているが，Ga の一部を同じ III 列に属する Al（アルミニウム（aluminum））と置換して，3 元化合物を合成することも可能である．Al を導入すると禁制帯幅がさらに広くなり，波長の短い発光素子の製作が可能になる．

GaN（**窒化ガリウム（gallium nitride）**）を用いると，さらに，波長の短い発光素子の製作が可能になるが，発光波長は極紫外光となり短すぎるので，Ga の一部を In（**インジウム（indium）**）に置き換えることにより長発光波長への調整が可能となる．GaN は GaAs と同じ zb 構造および図 2.4 に示されている**ウルツ鉱型構造**（α-ZnS）（wurtzite structure，**w 構造**）の 2 種類を持つ．w 構造は，図 1.7(a) に示されている六方最密充填構造が c 軸方向に重なり合った構造であり，エネルギー的に安定である．w 構造 GaN の禁制帯幅は約 3.34-3.4 eV であり，GaAs の 1.24 eV より広い．光の波長に換算すると約 365 nm に相当し，紫外光領域にある

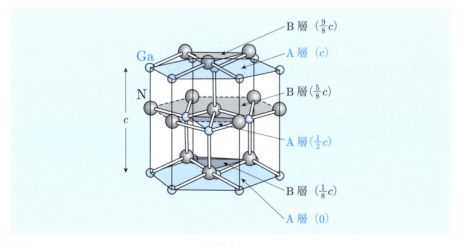

図 2.4

ので，w 構造 GaN は主に青色発光ダイオードに使用されている．また，GaN は熱伝導率が大きく放熱性に優れており，また高温での使用が可能であり，絶縁破壊電圧も高いので高電圧・高電力半導体素子（パワーデバイス）への応用も行われている．

II-VI 化合物半導体の化学結合は，III-V よりも，イオン結合の割合が多くなる．以上のように，化合物半導体は，多元化することにより禁制帯幅を細かく調整することが可能であり，極めて優れた性質を示す．

化合物半導体は，酸化物以外のものが多いが，酸化物半導体である Ga_2O_3（**酸化ガリウム**（gallium oxide））には，$\alpha, \beta, \gamma, \delta, \varepsilon$ の 5 つの結晶構造があり，そのうち歪んだ立方最密充填構造の単斜晶の $\beta\text{-}Ga_2O_3$ が最も安定である．それらの詳しい物性については，まだ解明されていない部分がある．$\beta\text{-}Ga_2O_3$ の禁制帯幅は，酸化物特有の広い約 4.8 eV である．欠点としては，**表 2.1** に示されるように，電子移動度が Ge, Si よりも小さく，SiC より少し大きい程度である．また，熱伝導率も $0.27\,\text{W}\cdot\text{cm}^{-1}\cdot\text{K}^{-1}$ と SiC, GaN の約 $\frac{1}{10}$ である．高熱伝導率は，半導体を高電力デバイスに応用する場合，発熱を抑える面では重要であるので，低い熱伝導率は $\beta\text{-}Ga_2O_3$ の最大の欠点といえる．しかし，破壊電圧が約 8×10^6 V/cm であり，SiC, GaN よりも 2.5-3 倍高く，高電圧デバイスに適している．したがって，素子の構造を工夫して，発生した熱を内部から排出できれば，パワーデバイスとしての応用が可能になる．融点が SiC, GaN よりも低く，融液成長法により単結晶を育成でき，成長速度が非常にはやい．製造が比較的困難であるが，結晶構造が単斜晶であるために薄膜の成膜の際の基板選定に課題がある．

2.3 半導体材料の作製法

2.3.1 結晶成長とエピタキシー

現在,個別半導体デバイスや集積回路に使用される最も重要な半導体は,Si, GaAs, GaN であろう.本節では,これらの半導体の単結晶を成長させるための技術について説明を行う.単結晶には,バルク単結晶と薄膜単結晶がある.いずれの技術の場合にも,最も重要なことは,不純物を除去して良質な結晶を如何にして作製するかである.バルク単結晶は原料の融液から成長させられる.成長後,スライス・研磨されて,平板状の**ウエハ**(wafer)が作製される.例えば Si では,ウエハの直径は 50-300 mm まで複数あり,厚さは 0.5-1 mm 程度である.ウエハは半導体デバイスを作製するために直接微細加工される場合と,ウエハを基板として,その表面に薄膜単結晶を成長させる場合がある.後者の技術がエピタキシー技術である.本節では,時代ごとに主流となっている優れた方法について説明を行う.

2.3.2 融液からの成長

■チョクラルスキ法

Si を例とするが,他の材料に対しても応用は可能である.バルク結晶成長は,融液の一部分から固化を開始し,ゆっくりと固化させて全体が固化すれば終了である.ただし,得られた結晶の品質に関しては,固化過程に依存する.現在,広く使用されているのは単結晶引き上げ法であり,**チョクラルスキ法**(Czochralski method, **CZ 法**)と呼ばれる.チョクラルスキはポーランドの科学者で,1906 年に本法を発見した.出発原料は珪砂(SiO_2)である.SiO_2 は地殻内に多く含まれている.多数の反応プロセスがあるが,それを一括でまとめると,

$$SiC(固体) + SiO_2(固体) \longrightarrow Si(固体) + SiO(気体) + CO(気体)$$

となる.この段階で得られた Si の純度は 98% 程度である.次に,Si は粉砕後塩酸処理され,

$$Si(固体) + 3HCl(固体) \longrightarrow (300\,℃) \longrightarrow SiHCl_3(気体) + H_2(気体)$$

となり気体の $SiHCl_3$ が得られる.32 ℃ 以下に冷却すると液体になるので,その段階で蒸溜により不純物が取り除かれる.純化された $SiHCl_3$ が水素還元され,

$$SiHCl_3(気体) + H_2(気体) \longrightarrow Si(固体) + 3HCl(固体)$$

2.3 半導体材料の作製法

となり，高純度の Si 多結晶体が得られ，図 2.5 に示されている CZ 法単結晶引き上げ装置に導入される．装置は，回転可能な SiO_2 製のルツボとその加熱炉，回転可能なシャフトに取り付けられた種結晶を引き上げる機構部，Ar 等の結晶成長雰囲気制御部からなる．Si 単結晶を作製するための温度，引き上げ速度，種結晶回転数が制御される．Si 多結晶体をルツボに投入して Si の融点（1412℃）よりも高い温度まで加熱して Si 融液が作られる．適当な方位を持つ Si の種結晶が種結晶回転シャフト

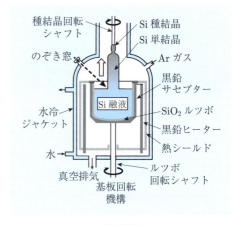

図 2.5

先端のホルダーに取り付けられ，Si 融液に挿入される．種結晶の一部は溶融するが，液面上部の Si は溶けずに種結晶の役割を果たす．種結晶を適切な速度で引き上げると，種結晶に付着した Si 融液は種結晶をテンプレートとして種結晶と同じ構造・方位を持って冷却される．最初の太さは結晶内の格子欠陥を減らすためにわずか 2-3 mm まで絞られ，その後，太くされる．Si 融液および固体への溶解度がドーパントの種類に依存するので，ドーパント毎に添加量を調整する必要がある．CZ 法の最大の欠点は，融液をルツボに入れることによる，ルツボからの不純物の溶出である．

■ フロートゾーン法

今日の半導体研究・産業の礎を築いた最も重要な研究成果の 1 つとして半導体材料の高純度化とドーパントの均一分散技術がある．現在，例えば Si で必要とされる純度は 99.999999999% であるといわれている．すなわち 9 が 11 個並ぶイレブンナイン（eleven nine）の純度である．Ge ではナインナインである．Ge の高純度化は米国のベル研究所のプファン（Pfann）により発明されたゾーンリファイニング法（zone refining）により成された．高純度化後，ドーパントを同じ方法により，所定の濃度で均一に分散することもできた．この発明により，再現性の高いデバイスを作製することが可能になった．この方法で単結晶も育成可能である．これは，ゾーンメルティング法（zone melting，**ZM 法**）と呼ばれる．図 2.6 に ZM 法の装置を模式的に示す．半導体多結晶が入ったボートをヒーターコイルが部分的に巻かれた環状炉中で，ヒーターの範囲内にある半導体が一部溶融状態になるよう

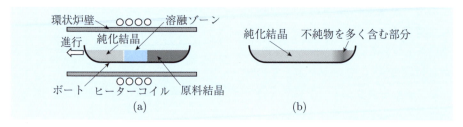

図 2.6

にして，中心方向にゆっくりと移動させる．融液の部分の不純物の溶解度と固化した部分の溶解度が異なり，一部の不純物は溶融部の右側に掃き寄せられて，その結果左側の部分の純度が高くなる．これを，多数回繰り返すことにより，不純物の濃度を100億分の1程度まで減少させることができる．ただし，原料をボートに投入しているため，ボートから原料にその成分が移り，純化に限度があることが欠点である．この欠点を克服した**フロートゾーン法**（floating zone, **FZ法**）の原理が**図2.7**に示されている．種結晶が最下部に取り付けられた高純度Siの多結晶体のロッドが

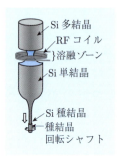

図 2.7

鉛直に設置され回転する．ロッドはArガスで満たされた石英等の容器中に封入されている．成長中は，ロッドの一部は誘導加熱あるいはランプ加熱により融液になっており，融液部は，CZ法と同様に，種結晶の部分から始まって，ロッドの上部まで移動する．融液は表面張力により保持されている．Siは種結晶の方位に倣って下部から成長する．FZ法ではルツボを使用しないのでルツボからの汚染はない．したがって，今日，FZ法は最も純度の高い単結晶成長可能な方法である．しかし，デバイスによってはそれほど高純度を必要としない場合があり，他のより成長速度が大きく，低コストの方法が採用されている．

2.3.3 エピタキシー法

■分子線エピタキシー法

分子線エピタキシー法（Molecular Beam Epitaxy, **MBE**）は，物理気相成長法（Physical Vapour Deposition, **PVD**）の一種である．1970年に，米国のベル研究所の研究者がGaAsの結晶成長法として命名したのが始まりとされている．超高真空下で原料に熱エネルギーを与えて蒸発させ，残留気体と衝突することな

2.3 半導体材料の作製法

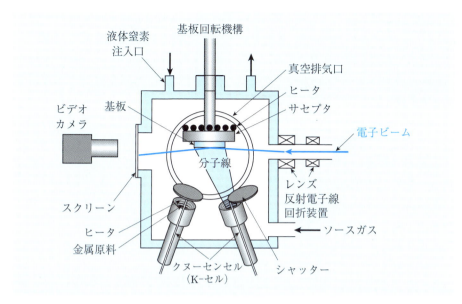

図 2.8

くビーム状で基板に到達させ，基板への吸着と基板加熱による熱エネルギーで成膜する方法である．装置の一例が図 2.8 に示されている．**クヌーセンセル**（**K-セル**（Knudsen cell））と呼ばれる蒸発源に必要な原材料を投入し，各セルに付属しているシャッターの開閉によりビームを交互に変化させて種々の組成を厳密に制御することができる．この際，残留気体分子が基板に極力入射しないように，10^{-8} Pa 程度の超高真空下で行われる．**反射電子線回折**（Reflection High Energy Electron Diffraction, **RHEED**）により膜の成長過程がその場で観察される．単原子層レベルの成膜が可能であり，1層ごとに異なる原子の層を形成して人工格子や合金の作製が可能である．後で述べる MOCVD と比較すると，より高品質の膜を形成することが可能である．原材料の分解反応等の化学反応をともなわないので，成膜温度を MOCVD よりも低くできる場合がある．また，近年，成長速度が改善されている．

■**有機金属化学気相成長法**

有機金属化学気相成長法（Metal Organic Chemical Vapor Deposition, **MOCVD**）では，膜に必要な元素は，適切な蒸気圧力を持つ安定な金属と非金属原子が水素結合等によって結合した化合物（金属錯体）から化学反応により供給される．MOCVD は，基板と格子定数，結晶方位，材質が異なる III-V, II-VI 等

の化合物のヘテロエピタキシャル成長に応用されている．反応化合物は，H_2 や N_2 をキャリアガスとして，蒸気の状態で石英ガラス製反応室に導入される．加熱された基板上で有機物から切り離され，必要な元素が堆積される．この方法の長所は，堆積が基板全体で均一に起こり，加えて，成長速度が非常にはやいということである．欠点は，一般に化合物の毒性が強いこととである．これらの蒸気は**特殊高圧ガス**（アルシン，ジシラン，ジボラン，セレン化水素，ホスフィン，モノゲルマン，モノシラン）に該当するものがあり，装置の安全設計が重要である．

図 2.9 に装置の一例が示されている．GaAs を成長させるためには，例えば Ga 成分として $Ga(CH_3)_3$（トリメチルガリウム，TMGa），$Ga(C_2H_5)_3$（トリエチルガリウム，TEGa）等，As 成分として AsH_3（アルシン），$C_4H_{11}As$（ターシャルブチルアルシン，tBAs）等が使用される．両化学物質は蒸気の形態で反応部に送り込まれる．全反応式は，

$$AsH_3 + Ga(CH_3)_3 \longrightarrow GaAs + 3CH_4$$

である．ドーパントは GaAs がエピタキシャル成長をしている間に添加される．GaAs をはじめとする III-V 化合物半導体に対しては，$Zn(C_2H_5)_2$ 等が典型的な P 型のドーパントであり，SiH_4（シラン）等が典型的な N 型のドーパントである．

■ハイドライド気相エピタキシャル法

ハイドライド気相エピタキシャル法（Hydride Vapor Phase Epitaxy，HVPE）

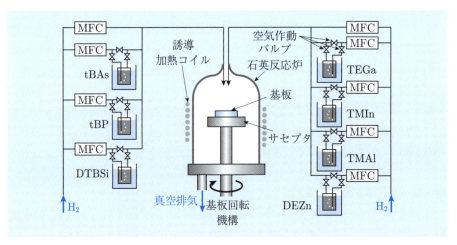

図 2.9

は高い成長速度で厚い膜を形成することができ，比較的成膜コストが低い．数時間で数 100 μm の厚さの GaN を堆積できるので，LED や半導体レーザに使用されている．また，基板を取り除くことにより自立可能な GaN 膜を得ることができる．膜の品質を向上させるための多くの研究が続けられている．

■ミスト化学気相成長法

ミスト化学気相成長法（mist Chemical Vapour Deposition，ミスト CVD）は，主原料および必要なドーパントを含む溶液を超音波等によりミスト化にして，キャリアガスにより反応炉に送り反応させるプロセスからなる．安全性が高く，特殊な部品や真空を必要としないのでコストが低い．蒸気圧の低い原材料を使用する場合には，真空排気を必要とするが，これらの材料を何らかの方法により蒸気化できれば真空排気の必要は無い．一般に温度を高くすると原材料の蒸気圧は高くなるが，それによる反応や，安全性の低下が懸念される．したがって，常温での蒸気化が望まれる．その1つの方法として，溶液に超音波を照射してミスト化する方法がある．他に静電噴霧法がある．ミストは液を構成する分子の集合体であり分子レベルの蒸気ではない．ミストは大気圧中で発生するので，粒径が小さい場合，雲のように重力下でも浮遊することが可能である．さらに，ミスト法や静電噴霧法の非熱的方法の場合には，液滴が温度勾配により，ある一定の方向に輸送されないので，ミストの流れの制御が容易になる．その結果，基板上へ均等にミストを供給することができ，均質な膜が得られる．図 2.10 に成膜装置の1例が示されている．用途としては，真空を必要としないので，Ga_2O_3（酸化ガリウム）等の酸化物の成膜に適していると考えられる．

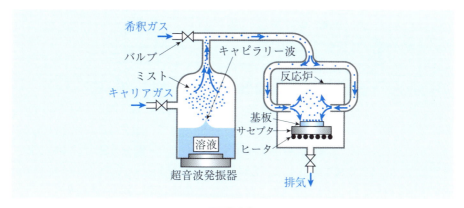

図 2.10

2.3.4 ドーパントの添加

半導体にドーパントを添加することによってその電気的性質を大きく変化させることができる．添加法として，**熱拡散**（thermal diffusion）と**イオン打込**（ion implantation）の2つの方法が重要である．初期のころは熱拡散法が主流であった．熱拡散法では，**拡散源**（diffusion source）として半導体ウエハの表面等にドーパント原子を堆積させるか，ドーパント原子を含む酸化物を近くにおいて加熱し，ドーパント原子が熱拡散により半導体表面から内部方向に入り込むことにより添加される．図2.11に示されているように，深さ方向に，ドーパント原子の濃度が徐々に減少する．ドーパントの分布は，拡散温度と拡散時間により決定され，拡散温度あるいは拡散時間を増加させるほど，ドーパントの分布は均一化する．1970年代に入ると，添加はイオン打込により行われるようになった．ドーパントの濃度は表面からのある深さで最大値を持つ．またドーパントの分布はドーパントイオンの質量とイオンの加速電圧により決定されるので，ドーパント原子を半導体内部に均一に打ち込むことは極めて困難である．したがって拡散法とイオン打込法は互いに相補的である．

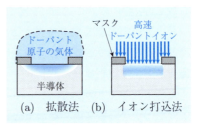

図2.11

Siに拡散法によりドーパントを添加する場合，例えば，P型あるいはN型半導体に変化させる場合には，それぞれ，B（ホウ素（boron））あるいはAs, P（リン（phosphorus））が一般的に使用され，これらの元素は数％までSi内に溶け込む．それぞれの原子を含む拡散源が固体，液体，気体の場合がある．固体の場合には**固相拡散**（solid phase diffusion）といい，それぞれ，BN（窒化ホウ素），As_2O_3, P_2O_5 が，液体の場合には，BBr_3, $AsCl_3$, $POCl_3$ が，気体の場合には B_2H_6, AsH_3, PH_3 等が使用される．図2.12に固相拡散の装置が示されている．拡散源に液体を使用する場合には，図2.12と同様の装置を使用して，固体拡散源を取り除き，必要な元素が有機物に束縛された化合物の溶液として H_2 や N_2 をキャリアガスとして，蒸気の状態で，反応室に導入される．

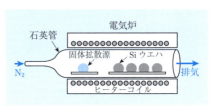

図2.12

2.4 半導体の電気伝導

1.5節で物質の電気伝導の基礎について述べた．実際に使用されているSi等は3次元物質であるので，$E\text{-}\vec{k}$関係は極めて複雑であり取り扱いが難しい．したがって，本質を失わずにより簡素化したモデルを用いて電気伝導の説明を行う．

2.4.1 基 礎 論

図1.26に示されるような1次元の電気伝導の説明に用いた$E\text{-}k$関係は，下に凸な放物線形状を示している．実際の半導体でいえば伝導帯における電子の電気伝導を模式的に表したものである．その際，$E\text{-}k$関係では$k = 0\,\mathrm{rad/m}$で極小値となっている．また，価電子帯のことは一切触れられていない．しかし実際の半導体あるいは金属は価電子帯と伝導帯の両方がある．特に半導体では価電子帯の電子も電気伝導に重要な役割を果たす．伝導電子のEは，kに大きく依存している．3次元の場合，詳細な$E\text{-}\vec{k}$関係をグラフに書くことは困難であるので，以下に，できる限り本質を失うことなく，1次元の$E\text{-}k$関係で説明を行う．

主要な半導体は図2.13に示されるように，$E\text{-}\vec{k}$関係によって**直接遷移型半導体**（direct band gap type semiconductor）と**間接遷移型半導体**（indirect band gap type semiconductor）の2種類に大別される．名前の基になっている前提は，$\vec{k}$-空間の点のうち，価電子の$\vec{k}$に対して，Eが最大値を示すのは大体$\vec{k} = \vec{0}$の点である．すなわち価電子帯の電子のエネルギーEの$\vec{k}$依存性は$\vec{k} = \vec{0}$近傍で上に凸な形をしており$\vec{k} = \vec{0}$で最大値を示すということである．これに対して伝

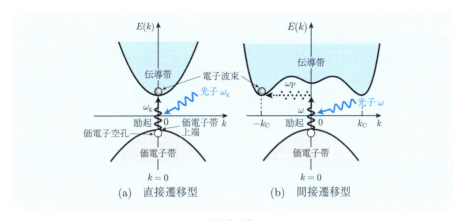

図 2.13

導電子のエネルギーは，$\vec{k}$ に対して複雑な変化を示し，$\vec{k} = \vec{0}$ で極小値かつ最小値を示すものや，極小値を示すが最小値を示さないもの，他の $\vec{k}$ の値で極小値かつ最小値を示すものと様々である．Si は $\vec{k} = \vec{0}$ 以外の値で極小値かつ最小値を示す典型的なものであり，Ge は $\vec{k} = \vec{0}$ で極小値を示すが最小値を示さず，離れた $\vec{k}$ で $\vec{k} = \vec{0}$ での極小値よりわずかに小さいエネルギーの最小値を示す．このような半導体は，図 2.13(b) に示されている間接遷移型半導体である．一方，GaAs は $\vec{k} = \vec{0}$ で極小値かつ最小値を示す典型的なものであり，図 2.13(a) に示されている直接遷移型半導体である．

$T = 0\,\mathrm{K}$ で，半導体にエネルギーギャップ E_g あるいはそれ以上のエネルギーを持つ光を当てると，$\vec{k} = \vec{0}$ の最も高いエネルギーを持つ価電子が高い確率で伝導帯に励起される．この際，伝導帯のどの $\vec{k}$ の位置に励起されるかが問題である．励起される確率の最も高い位置は価電子帯の上端と伝導帯の下端の差が最も小さくなる $\vec{k}$ の位置であるとすると，図 2.13 に示されるように，間接型遷移型と直接遷移型では $\vec{k}$ の位置が異なると考えられる．すなわち，直接遷移型では伝導帯の $\vec{k} = \vec{0}$ の位置に励起される．しかし，間接遷移型では差が最も小さくなる $\vec{k} = \vec{0}$ の位置ではなく，伝導帯の極小かつ最小となる $\vec{k} = \vec{0}$ から離れた $\vec{k}_C$ の位置に励起される．

図 2.13(a) に示されている直接遷移型半導体の場合，E_g は価電子帯の $\vec{k} = \vec{0}$ にある上端と伝導帯の同じく $\vec{k} = \vec{0}$ にある下端とのエネルギー差である．この場合，価電子帯の上端より伝導帯下端のエネルギーの方が高い．E_g と等しいエネルギー $\hbar\omega_g$ を持つ光子がこの半導体に入射すると，光子そのものが持っている波動ベクトルは極めて小さいので，光子が吸収されても価電子帯上端の電子が $\vec{k} = \vec{0}$ の状態を保ったまま伝導帯下端に励起される．一方，図 2.13(b) に示されている間接遷移型半導体の場合，光子が吸収されて価電子が伝導帯に励起されるとき，価電子帯の上端は $\vec{k} = \vec{0}$ であり，励起されて行く先が $\vec{k} = \pm \vec{k}_C \neq \vec{0}$ であるから，波動の運動量が保存されるために角振動数 $\omega_P\,[\mathrm{rad/s}]$ の**フォノン**（phonon）が励起される．したがって，光子の持っていたエネルギーのうち，フォノンの励起のためにエネルギー $\hbar\omega_P$ が余分に必要である．しかし ω_P はフォノンの角振動数であるから光子の角振動数 ω より小さく，このエネルギー $\hbar\omega_P$ は E_g と比較するとはるかに小さい．

以上のことを大体理解した上で，3次元モデルを1次元モデルに簡略化して説明を続ける．直接遷移型の E-$\vec{k}$ 関係は比較的単純であるので，以後直接遷移型半導体をモデル化する．図 2.14 は E-$\vec{k}$ 関係を1次元に簡略化したものである．もち

ろん実際のものとは異なるが，要点を説明するには十分である．図2.14(a)に示されるように価電子帯は4つのバンドからなり伝導帯が1個のバンドからなる．図2.14(b)に示されるように4つの価電子帯のうち，説明の都合上1個に簡略化して説明を行う．

図2.14では，各バンドの形状は放物線で書かれているが，簡略化したモデルの場合でも，kの値が $\frac{\pi}{a}, -\frac{\pi}{a}$ になる時に前述の電子のブラッグ反射が起

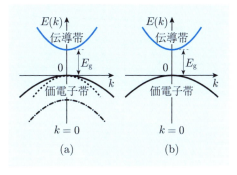

図 2.14

こることも考慮した1次元の E-k 関係は，図2.15に示されるようになる．価電子帯での価電子の速度の向き（符号）は伝導帯での向きと逆になっている．また有効質量は価電子帯の $k = 0$ 近辺では負になっている．

図2.16(a) は $T = 0\,\mathrm{K}$，図2.16(b) は $T > 0\,\mathrm{K}$ の場合の電子波束の状態を示している．$T = 0\,\mathrm{K}$ ではすべての価電子は価電子帯の状態を占有している．温度が高くなると，価電子のうち，伝導帯に近い価電子帯上端の価電子の一部は熱エネルギーにより伝導帯の下端部へ垂直に励起され，共有結合の未結合手（価電子空孔）が励起された価電子と同数生成される．

直接遷移型半導体に $T = 0\,\mathrm{K}$ で外部電界 E_ext を印加した場合の電子波束の状態が図2.17に示されている．E_ext を図に示す向きに印加するときの運動方程式は (1.50) 式で表され，図2.17に示されるように，価電子帯，伝導帯に関係なく電子波束は k が増加する向きに運動する．$k = \frac{\pi}{a}$ に到達した価電子は全反射され，

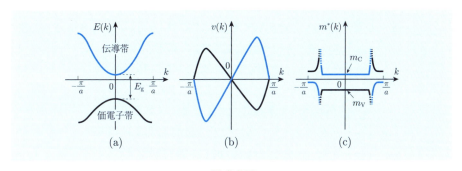

図 2.15

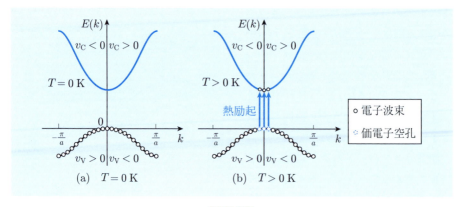

図 2.16

$k = -\frac{\pi}{a}$ を経由して再び k が増加する向きに運動し,これが繰り返される.価電子全体は E_{ext} が印加されても全体的に見れば何の変化も起こっていない.また,$v > 0\,\text{m/s}$ と $v < 0$ の電子の総数は等しいために正味の電流は流れない.

図 2.16(b) に示されているように,$T > 0\,\text{K}$ で,価電子帯上端の価電子空孔(以後,空孔)の濃度を n_{V} とする.E_{ext} を印加しないとき空孔は,図 2.18(a) に示されるように,$k = 0$ およびその近傍に集団を形成している.図 2.18(b) に示されるように,E_{ext} を印加すると価電子は $k > 0$

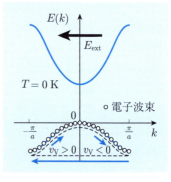

図 2.17

の向きに運動するので,n_{V} 個の空孔は集団を形成したまま $k > 0$ の領域に入り $k = \frac{\pi}{a}$ に達するとブラッグ反射をして $k = -\frac{\pi}{a}$ に移り,再び $k = 0$ に達した後,同じ運動を繰り返す.このときに流れる電流 I_{V} を算定する場合には,空孔の存在が考慮される必要がある.空孔は電荷を持たないので,電流 I_{V} は,電子波束の負の電荷を打ち消すために空孔を正の電荷と考えて,空孔が無い場合の電子波束による電流と,n_{V} 個の空孔の電流を重ね合わせることにより算出される.空孔が無い場合の電子波束による電流は $0\,\text{A}$ であるので,I_{V} は空孔を正の電荷と考えて算出した電流となる.これがいわゆる**正孔**(hole)の名の由来である.この場合 I_{V} は交流電流であるが,空孔の k は時間的に変化するために,I_{V} は空孔の数と空孔の時間ごとの k を用いて原理的に算出することはできるものの実際に算出すること

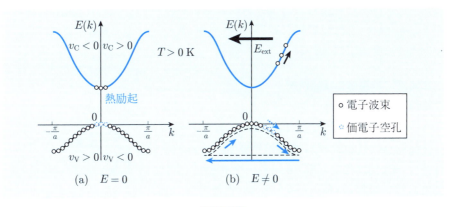

図 2.18

は困難である．次に，伝導帯の n_V 個の伝導電子による電流 I_C も価電子帯の空孔による電流と同様に考えることができる．以上より，$T>0\,\mathrm{K}$ では，E_{ext} を印加することにより流れる全電流 I は I_V と I_C の和となる．なお，I_V と I_C とも E_{ext} と同じ向きに流れることに注意が必要である．

実際には，図 2.19(a) に示されるように，E_{ext} の下で電子波束はフォノン，不純物，格子欠陥等により散乱を受けて運動量を失い，逆向きに k が減少する運動を行う．E_{ext} による運動と散乱による運動が釣り合ったとき，図 2.19(b) に示されるように，電子の波動としての運動は定常状態となる．すなわち，波動ベクトルの時間平均値 $\overrightarrow{k}$ は，$\frac{d\overrightarrow{k}}{dt}=\overrightarrow{0}$ となる．その結果，結晶中に直流電流が流れる．電

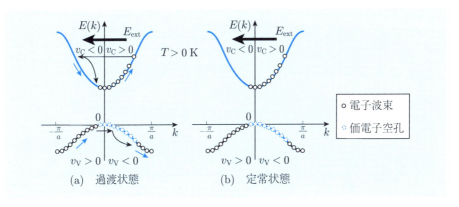

図 2.19

子の波動としての運動は定常状態になったときでも各電子はパウリの排他律に従って, 異なる $(\vec{k}, s)$ を持っている. したがって, 個々の電子の速度は異なっているが, 定常状態では, 電子は見かけ上, 時間に依存しない $\vec{k}$ を持っている.

2.4.2 半導体の状態密度

半導体には, 機能性を発現させるために故意に添加する添加物（不純物）の観点から, **真性半導体**（intrinsic semiconductor, **内因性半導体**）, **不純物半導体**（extrinsic semiconductor, **外因性半導体**）に大別される. 真性半導体は, 電気伝導に影響を与える不純物を全く含まないものをいうが, 不純物を全く含まないことはあり得ないので, 不純物が極めて少ない半導体といった方がよい. 図 2.20 にそのエネルギーバンド図が示されている. 縦軸はエネルギーであり, 横軸は位置と思えばよい. なお, 電子は原子核にクーロン引力で束縛されているのでエネルギーは負である. 3次元半導体の場合, 真性半導体, 不純物半導体の如何に関わらず状態密度は図 2.21 に示されているようになる. D_e は伝導電子の状態密度, D_h は価電子帯の正孔の状態密度である. 伝導帯の電子は $E < E_C$ では占有できる状態が無く, E_C が価電子帯から伝導帯に励起された電子のエネルギーの最小値であるので, 伝導電子の状態密度 D_e は, $E = E_C$ で $0\,\mathrm{J^{-1}m^{-3}}$ であり, E が増加すると増加する. また, 伝導電子と価電子の E-k 関係は上下逆になっているので, D_h も $E = E_V$ で $0\,\mathrm{J^{-1}m^{-3}}$ となり, E が減少すると増加する. 単位体積当たりの D_e は, (1.26) 式を参考にして,

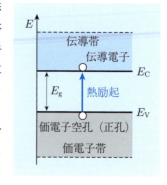

図 2.20

$$D_e = \frac{1}{2\pi^2}\left(\frac{2m_e^*}{\hbar^2}\right)^{\frac{3}{2}}(E-E_C)^{\frac{1}{2}} = \frac{(2m_e^*)^{\frac{3}{2}}}{2\pi^2\hbar^3}(E-E_C)^{\frac{1}{2}} \tag{2.1}$$

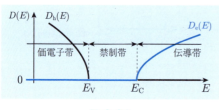

図 2.21

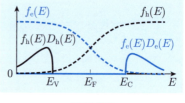

図 2.22

となる．ただし，m_e^* は伝導電子の有効質量である．(2.1) 式は m_e^* が E に依存しない場合に正しいので，E が E_C から増加し第 1 ブリユアンゾーンの端に近づくと (2.1) 式は正しくなくなる．しかし，半導体は伝導電子の数が金属と比較して非常に少ないので，(2.1) 式は正しいとみてよい．また，正孔の単位体積当たりの状態密度 D_h は，

$$D_\mathrm{h} = \tfrac{1}{2\pi^2}\left(\tfrac{2m_\mathrm{h}^*}{\hbar^2}\right)^{\frac{3}{2}}(E_\mathrm{V}-E)^{\frac{1}{2}} = \tfrac{(2m_\mathrm{h}^*)^{\frac{3}{2}}}{2\pi^2\hbar^3}(E_\mathrm{V}-E)^{\frac{1}{2}} \tag{2.2}$$

となる．ただし，m_h^* は価電子帯の正孔の有効質量である．

2.4.3 真性半導体

真性半導体では，図 2.20 に示されるように，$T > 0\,\mathrm{K}$ では，価電子が伝導帯に熱的励起され，伝導帯に伝導電子，価電子帯に正孔が同数生成される．伝導電子と正孔は総称して**キャリア**（carrier）と呼ばれる．伝導帯の底のエネルギー E_C と価電子帯の頂上のエネルギー E_V が $k=0$ のところにあり $E_\mathrm{g} = E_\mathrm{C} - E_\mathrm{V}$ であるとし，$k=0$ の近傍の $E\text{-}k$ 関係が，

$$E = E_\mathrm{C} + \tfrac{\hbar^2 k^2}{2m_\mathrm{e}^*}\quad (E \geq E_\mathrm{C}), \qquad E = E_\mathrm{V} - \tfrac{\hbar^2 k^2}{2m_\mathrm{h}^*}\quad (E \leq E_\mathrm{V}) \tag{2.3}$$

で与えられるとする．伝導電子がエネルギー E の状態を占有する確率はフェルミ-ディラックの分布関数，

$$f_\mathrm{e}(E) = \frac{1}{1+\exp\left(\frac{E-E_\mathrm{F}}{k_\mathrm{B}T}\right)} \tag{2.4}$$

で与えられる．正孔の分布関数は，価電子空孔の存在確率として，(2.4) 式より，

$$f_\mathrm{h}(E) = 1 - f_\mathrm{e}(E) = \frac{1}{1+\exp\left(\frac{E_\mathrm{F}-E}{k_\mathrm{B}T}\right)} \tag{2.5}$$

で与えられる．したがって，伝導電子の濃度 $n\,[\mathrm{m}^{-3}]$ は，(2.1) 式，(2.3) 式，(2.4) 式より，

$$n = \int_{E_\mathrm{C}}^{\infty} D_\mathrm{e}(E) f_\mathrm{e}(E)\,dE = \tfrac{(2m_\mathrm{e}^*)^{\frac{3}{2}}}{2\pi^2\hbar^3}\int_{E_\mathrm{C}}^{\infty}\frac{(E-E_\mathrm{C})^{\frac{1}{2}}}{1+\exp\left(\frac{E-E_\mathrm{F}}{k_\mathrm{B}T}\right)}\,dE \tag{2.6}$$

となり，正孔の濃度 p は，(2.2) 式，(2.3) 式，(2.5) 式より，

$$p = \int_{-\infty}^{E_\mathrm{V}} D_\mathrm{h}(E) f_\mathrm{h}(E)\,dE = \tfrac{(2m_\mathrm{h}^*)^{\frac{3}{2}}}{2\pi^2\hbar^3}\int_{-\infty}^{E_\mathrm{V}}\frac{(E_\mathrm{V}-E)^{\frac{1}{2}}}{1+\exp\left(\frac{E_\mathrm{F}-E}{k_\mathrm{B}T}\right)}\,dE \tag{2.7}$$

となる．図 2.22 に $T > 0\,\mathrm{K}$ に対する $f_\mathrm{e}(E), f_\mathrm{h}(E), f_\mathrm{e}(E)D_\mathrm{e}(E), f_\mathrm{h}(E)D_\mathrm{h}(E)$ の

エネルギー E との関係が示されている．$T = 0\,\mathrm{K}$ であれば n, $p = 0\,\mathrm{m}^{-3}$ である．フェルミエネルギー E_F に対応する**エネルギー準位**（energy level）は，後で示されるように，禁制帯のほぼ中央にあり，もし $E_g \cong 1\,\mathrm{eV}$ であれば $E - E_\mathrm{F} \geq 0.5\,\mathrm{eV}$ となり，高温でなければ $\exp\left(\frac{E-E_\mathrm{F}}{k_\mathrm{B} T}\right) \gg 1$ となるので，このとき n は，(2.6) 式より，

$$n = \frac{(2m_\mathrm{e}^*)^{\frac{3}{2}}}{2\pi^2 \hbar^3}(k_\mathrm{B} T)^{\frac{3}{2}} \exp\left(\frac{E_\mathrm{F}-E_\mathrm{C}}{k_\mathrm{B} T}\right) \frac{\pi^{\frac{1}{2}}}{2} \equiv N_\mathrm{C} \exp\left(\frac{E_\mathrm{F}-E_\mathrm{C}}{k_\mathrm{B} T}\right) \equiv N_\mathrm{C} f_\mathrm{e}(E_\mathrm{C}) \quad (2.8)$$

となる．ただし，

$$N_\mathrm{C} = 2\left(\frac{m_\mathrm{e}^* k_\mathrm{B} T}{2\pi \hbar^2}\right)^{\frac{3}{2}}, \quad f_\mathrm{e}(E_\mathrm{C}) = \exp\left(\frac{E_\mathrm{F}-E_\mathrm{C}}{k_\mathrm{B} T}\right) \quad (2.9)$$

である．同様にして，p は (2.7) 式より，

$$p \equiv N_\mathrm{V} \exp\left(\frac{E_\mathrm{V}-E_\mathrm{F}}{k_\mathrm{B} T}\right) \equiv N_\mathrm{V} f_\mathrm{h}(E_\mathrm{V}) \quad (2.10)$$

となる．ただし，

$$N_\mathrm{V} = 2\left(\frac{m_\mathrm{h}^* k_\mathrm{B} T}{2\pi \hbar^2}\right)^{\frac{3}{2}}, \quad f_\mathrm{h}(E_\mathrm{V}) = \exp\left(\frac{E_\mathrm{V}-E_\mathrm{F}}{k_\mathrm{B} T}\right) \quad (2.11)$$

である．N_C は**伝導帯の有効状態密度**（effective density of state at conduction band），N_V は**価電子帯の有効状態密度**（effective density of state at valence band）と呼ばれる．なお，(2.8) 式，(2.10) 式の導出の詳細については，章末演習問題 2.1 を参照のこと．

■ 例題 2.1（真性半導体のキャリア濃度とフェルミエネルギー）■

真性半導体のキャリア濃度とフェルミエネルギーを求めよ．

【解答】 真性半導体内の伝導電子の濃度 n および正孔の濃度 p の積 np は (2.8) 式-(2.11) 式より，

$$np = N_\mathrm{C} N_\mathrm{V} \exp\left(-\frac{E_\mathrm{C}-E_\mathrm{V}}{k_\mathrm{B} T}\right) = N_\mathrm{C} N_\mathrm{V} \exp\left(-\frac{E_g}{k_\mathrm{B} T}\right) \quad (2.12)$$

となり，その半導体の禁制帯幅 E_g のみで決定される．(2.12) 式は**質量作用の法則**（law of mass action）と呼ばれる．真性半導体では，価電子のみが伝導帯に熱的に励起されるので，真性半導体のキャリア濃度は $n = p \equiv n_\mathrm{i}$ である．したがって，n_i は (2.8) 式-(2.11) 式より，

$$n_\mathrm{i} = (np)^{\frac{1}{2}} = (N_\mathrm{C} N_\mathrm{V})^{\frac{1}{2}} \exp\left(-\frac{E_g}{2k_\mathrm{B} T}\right) = 2\left(\frac{k_\mathrm{B} T}{2\pi \hbar^2}\right)^{\frac{3}{2}} (m_\mathrm{e}^* m_\mathrm{h}^*)^{\frac{3}{4}} \exp\left(-\frac{E_g}{2k_\mathrm{B} T}\right) \quad (2.13)$$

となる．また，フェルミエネルギー E_F は，$\frac{n}{p} = 1$ であるので，(2.8) 式-(2.11) 式より，

$$E_F = \frac{E_C + E_V}{2} + \frac{k_B T}{2} \ln\left(\frac{N_V}{N_C}\right) = \frac{E_C + E_V}{2} + \frac{3k_B T}{4} \ln\left(\frac{m_h^*}{m_e^*}\right) \equiv E_i \tag{2.14}$$

となる．室温では上式の右辺第 1 項目は 2 項目に比してはるかに大きいので，フェルミエネルギー $E_F \equiv E_i$ は禁制帯のほぼ中央に存在する．多くの場合，$m_h^* > m_e^*$ であるので，E_i は，図 2.22 に示されるように，禁制帯の中央より少し高エネルギー側に存在する．

例として Si の場合，

$$E_g = 1.12 \text{ eV} = 1.792 \times 10^{-19} \text{ J}, \quad m_e^* = 0.33 \times 9.1 \times 10^{-31} \text{ kg},$$

$$m_h = 0.53 \times 9.1 \times 10^{-31} \text{ kg}, \quad \hbar = 1.0546 \times 10^{-34} \text{ J} \cdot \text{s}$$

であるので，(2.9) 式，(2.11) 式より，

$$N_C = 4.75 \times 10^{24} \text{ m}^{-3}, \quad N_V = 9.67 \times 10^{24} \text{ m}^{-3}$$

となり，300 K では (2.13) 式より，$n_i = 3.31 \times 10^{15}$ m^{-3} となる． ∎

2.4.4 不純物半導体

Si や Ge は IV 列元素であり，ダイヤモンド構造を持つ．Si のダイヤモンド構造と sp^3 軌道を 2 次元的に見た図 2.23 に示されるように，2 個の価電子が 2 個の Si 原子により共有されている．$T > 0$ K では価電子は価電子帯から伝導帯に熱的に励起され，共有結合から解放されて自由に近い状態となる．今 V 列の元素である P, As, Sb (アンチモン (antimony)) 等のうち，一例として，As をドーパントとして Si に極微量固溶させると，図 2.24 に示されるように，Si の正規位置の一部が As により置き換えられる．Si の電子配置は 1s^{2}2s^{2}2p^{6}3s^{2}3p^2 であり，As の電子配置は 1s^{2}2s^{2}2p^{6}3s^{2}3p^{6}3d^{10}4s^{2}4p^3 であるから，As は共有結合に 4 個の価電子を使っても 1 個余る．この電子は，As の原子核によるクーロン引力によって As の近くにゆるく束縛される．温度が高くなり，熱エネルギーがこのクーロン引力による束縛に打ち勝つと，この電子は束縛状態から開放されて Si 結晶中を動き回れるようになる．この電子は伝導電子に相当する．このように，As は伝導帯に伝導電子を供給するので**ドナー (供与体 (donor))** と呼ばれ，ゆるく束縛される電子はドナー電子，添加されたドーパント原子は**ドナー原子 (donor atom)**，とそれぞれ呼ばれる．また，このような半導体は **N 型半導体 (N-type semiconductor)** と呼ばれる．

次に III 列元素である B, Al, Ga, In 等のうち，一例として，B をドーパントと

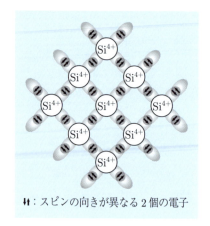

図 2.23　　　　　図 2.24

してSiに極微固溶させると，Siの正規位置の一部がBにより置き換えられる．このとき，BとSiとの共有結合に関与する電子が1個不足して，価電子空孔が生成される．価電子空孔は，価電子を容易に受け入れることができ，**アクセプタ（受容体（acceptor））**と呼ばれる．温度が高くなると価電子帯から電子が励起されてこのアクセプタ準位に入る．これを正孔の立場から見ると，正孔がアクセプタ準位から価電子帯に励起されて，結晶中を動き回ることになる．添加された不純物原子は**アクセプタ原子（acceptor atom）**と呼ばれ，また，このような半導体は**P型半導体（P-type semiconductor）**と呼ばれる．

　N型半導体では，添加したドナー原子から伝導帯に励起されるドナー電子の濃度は最大でドナー原子の濃度 N_D に等しい．したがって，励起される電子の数は温度が高くなると増加するが，ある温度以上ではドナー原子から励起されるドナー電子の数は一定となる温度領域が現れる．この領域は，**飽和領域（saturation region）**あるいはドナー原子からすべてのドナー電子が励起することにちなんで，**出払い領域（exhaustion region あるいは extrinsic region）**と呼ばれる．さらに温度を高くすると，今度は価電子帯から伝導帯に直接熱励起される電子の数が増加するために，伝導電子の数は増加する．しかも，温度に対する増加の割合はドナー原子からの励起割合よりもはるかに大きく，伝導電子の数は温度の上昇とともに急激に増加する．一方，P型半導体では，添加したアクセプタ原子は価電子帯から励起される価電子を受容して負に帯電する．アクセプタ原子に受容されるために価電子帯に生成される正孔の数は最大でアクセプタ原子の数に等しい．したがって，受容

される電子の数は温度が高くなると増加するが，ある温度から上ではアクセプタ原子が受容する価電子の数が一定となる出払い領域が現れる．さらに温度を高くすると，今度は価電子帯から伝導帯に直接熱励起される電子の数が増加するために，正孔の数が急激に増加する．

N 型およびP 型半導体の $T > 0\,\mathrm{K}$ に対する $f_\mathrm{e}(E), f_\mathrm{h}(E), f_\mathrm{e}(E)D_\mathrm{e}(E), f_\mathrm{h}(E)D_\mathrm{h}(E)$ のエネルギー E との関係が図 2.25 に示されている．N 型半導体では，ドナー原子から伝導帯に伝導電子が供給されるので，出払い領域が現れる前の低温では，伝導電子の濃度は真性半導体よりも増加し，フェルミエネルギー E_FN も E_C に近い側に移動する．逆に，P 型半導体では，アクセプタ原子は価電子帯から価電子を伝導帯から伝導電子を捕獲するので，正孔の濃度は真性半導体の場合よりも増加し，伝導電子の濃度は減少する．その結果，フェルミエネルギー E_FP は E_V に近い側に移動する．

真性半導体の場合と同様にして，N 型半導体における伝導電子濃度 n_N，正孔の濃度 p_N およびP 型半導体における伝導電子濃度 n_P，正孔の濃度 p_P を求めると，それぞれ，

$$n_\mathrm{N} = N_\mathrm{C} \exp\left(\frac{E_\mathrm{FN}-E_\mathrm{C}}{k_\mathrm{B}T}\right), \quad p_\mathrm{N} = N_\mathrm{V} \exp\left(\frac{E_\mathrm{V}-E_\mathrm{FN}}{k_\mathrm{B}T}\right) \tag{2.15}$$

$$n_\mathrm{P} = N_\mathrm{C} \exp\left(\frac{E_\mathrm{FP}-E_\mathrm{C}}{k_\mathrm{B}T}\right), \quad p_\mathrm{P} = N_\mathrm{V} \exp\left(\frac{E_\mathrm{V}-E_\mathrm{FP}}{k_\mathrm{B}T}\right) \tag{2.16}$$

となり，質量作用の法則が成立する．これらの濃度には，価電子帯から伝導体への直接熱励起により生成される伝導電子，正孔の濃度が含まれている．出払い領域が現れる前の低温では，N 型半導体では，伝導電子の濃度 n_N は真性半導体の n_i よりもはるかに大きくなり，価電子帯では正孔の濃度 p_N は逆に n_i よりもはるかに小さくなる．すなわち，$n_\mathrm{N}p_\mathrm{N} = n_\mathrm{i}^2$ かつ $n_\mathrm{N} \gg n_\mathrm{i} \gg p_\mathrm{N}$ である．P 型半導体では $p_\mathrm{P}n_\mathrm{P} = n_\mathrm{i}^2$ かつ $p_\mathrm{P} \gg n_\mathrm{i} \gg n_\mathrm{P}$ である．したがって，$n_\mathrm{N}, p_\mathrm{P}$ はそれぞれN 型半導体，P 型半導体の**多数キャリア**（majority carrier）濃度，$p_\mathrm{N}, n_\mathrm{P}$ はそれぞれN 型

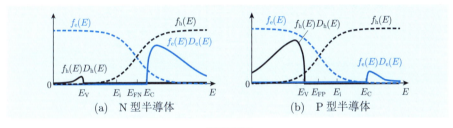

図 2.25

半導体，P 型半導体の**少数キャリア**（minority carrier）濃度と呼ばれる．図 2.26 に，N 型半導体，P 型半導体のエネルギーバンド構造が示されている．

次に，価電子帯から伝導帯への電子の直接熱励起を無視して，フェルミエネルギー E_{FN} を求めてみよう．(2.16) 式では，未知数が E_{FN}, n_N の 2 つなので，E_{FN} を求める場合には，もう 1 つ条件が必要となる．ドナー原子の濃度 N_D は Si 原子の数と比較して格段に少ないために，ドナー原子は希薄であるので，ドナー原子間の相互作用を無視できるとする．このようにドナー電子が束縛されているエネルギー準位を局在準位という．すべての局在準位のエネルギーは同じであるとし，それを E_D とする．単位体積当たり，ドナー原子から電子が n_{ND} 個伝導帯に励起されると，そのドナー原子は正に帯電し，その濃度 N_D^+ は n_{ND} に等しい．そのとき，ドナー原子に束縛されているドナー電子の濃度 n_D は，

$$n_\mathrm{D} = N_\mathrm{D} - n_{\mathrm{ND}} = N_\mathrm{D} - N_\mathrm{D}^+ \tag{2.17}$$

となる．この式は，**電荷中性条件**（charge neutrality condition）でもある．n_D はフェルミ-ディラックのエネルギー分布関数で決定され，

$$n_\mathrm{D} = N_\mathrm{D} f(E_\mathrm{D}) = N_\mathrm{D} \frac{1}{1 + \frac{1}{g_\mathrm{N}} \exp\left(\frac{E_\mathrm{D} - E_{\mathrm{FN}}}{k_\mathrm{B} T}\right)} = N_\mathrm{D} \frac{1}{1 + \frac{1}{2} \exp\left(\frac{E_\mathrm{D} - E_{\mathrm{FN}}}{k_\mathrm{B} T}\right)} \tag{2.18}$$

となる．すなわち，E_{FN} と E_D の準位をドナー電子が占有する割合に相関性がある．なお，$f(E_\mathrm{D})$ 式の分母の $\frac{1}{g_\mathrm{N}} = \frac{1}{2}$ なる因子は，準位が局在化している場合に必要となるもので，**縮退因子**（degeneracy factor）と呼ばれる．N 型半導体では $g_\mathrm{N} = 2$ である．なお，P 型半導体のアクセプタ準位に捕獲されている電子については $g_\mathrm{P} = \frac{1}{4}$ である．(2.15) 式，(2.17) 式，(2.18) 式より E_{FN} を求めると，

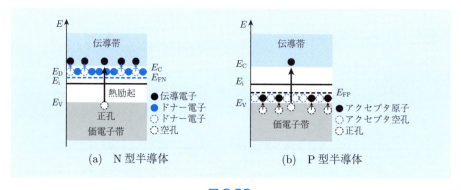

図 2.26

$$E_{\mathrm{FN}} = E_{\mathrm{D}} + k_{\mathrm{B}}T \log_e \left[\left\{ 1 + 8\frac{N_{\mathrm{D}}}{N_{\mathrm{C}}} \exp\left(\frac{E_{\mathrm{C}}-E_{\mathrm{D}}}{k_{\mathrm{B}}T}\right) \right\}^{\frac{1}{2}} - 1 \right] - k_{\mathrm{B}}T \log_e 4 \quad (2.19)$$

となり，E_{FN} は既知の因子より一意に決定される．(2.19) 式の導出の詳細については，章末演習問題 2.4 を参照のこと．例として，Si について (2.19) 式より求められた E_{FN} およびこの E_{FN} を (2.15) 式に代入して求められた n_{ND} が図 2.27 に示されている．なお，縦軸を $E_{\mathrm{FN}} - E_{\mathrm{V}}$ とした．E_{FN} は，$T = 0\,\mathrm{K}$ で E_{D} と一致し，温度が高くなると低くなり，その変化率は，N_{D} が大きくなると緩やかになる．n_{ND} は，温度が高くなると増加するが，出払い領域に達すると一定値となることが示されている．

温度が高くなると，価電子帯から伝導帯への価電子の直接熱励起される伝導電子の濃度が増加し始める．図 2.27(b) に示されるように，高温では出払い領域になり n_{ND} は一定値なるので，伝導電子の直接熱励起の影響が大きくなる．図 2.28 に，直接熱励起を考慮に入れた，伝導電子濃度 n_{N} の温度依存性を示す．n_{N} は，近似的には，(2.13) 式，(2.15) 式より，

$$n_{\mathrm{N}} = n_{\mathrm{ND}} + n_{\mathrm{i}} = N_{\mathrm{C}} \exp\left(\frac{E_{\mathrm{FN}}-E_{\mathrm{C}}}{k_{\mathrm{B}}T}\right) + (N_{\mathrm{C}}N_{\mathrm{V}})^{\frac{1}{2}} \exp\left(-\frac{E_{\mathrm{g}}}{2k_{\mathrm{B}}T}\right) \quad (2.20)$$

となる．図 2.28 に示されるように，n_{ND}-$\frac{1}{T}$ 特性と n_{i}-$\frac{1}{T}$ 特性の交点付近では近似度は低いが，それ以外の温度領域では，質量作用の法則が成立しているとみてよい．高温では $n_{\mathrm{ND}} \ll n_{\mathrm{i}}$ であるので，E_{FN} は真性半導体のフェルミエネルギー E_{i} にほぼ等しい．したがって，図 2.27(a) には示されていないが，E_{FN} は温度が高くなると，E_{i} に漸近し，E_{i} と交わることはない．

ところで，N 型半導体であっても，ドナー原子に加えてアクセプタ原子が添加

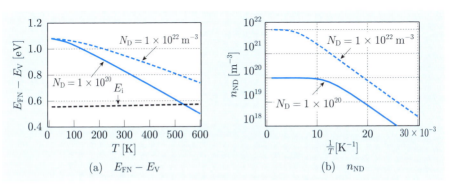

図 2.27

されているもの，あるいは，その逆の場合もある．このような半導体を**補償型半導体**（compensated semiconductor）という．補償型半導体は，1 つの基板から半導体デバイスを作製する場合に重要になる．例えば，N 型半導体にアクセプタ原子を熱拡散あるいはイオン打込により添加することにより，伝導電子の濃度と正孔の濃度を等しくして補償型真性半導体にしたり，アクセプタ原子を過剰に添加して P 型半導体にすることも可能である．

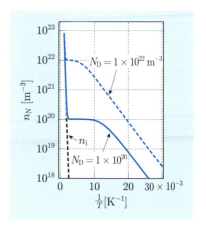

図 2.28

2.4.5 ドリフト電流

半導体内で生じる電気伝導を担うキャリアは波動として振る舞う．キャリアは基本的には，伝導帯における電荷が $-e$，有効質量が正の伝導電子と，価電子帯における電荷が $-e$，有効質量が負の価電子である．電気伝導の観点から価電子の電気伝導への寄与は，価電子の濃度ではなく価電子空孔いわゆる正孔の濃度によって決まることに注意する必要がある．

物質が等方的（方向に関係が無い）で，キャリアの濃度が一様であるとき，電界 $\vec{E}_{\text{ext}}$ の下でのドリフト運動によるドリフト電流密度 $\vec{J}_{\text{drift}}$ は，$\vec{J}_{\text{drift}} = \sigma \vec{E}_{\text{ext}}$ であり，キャリアが 1 種類のとき σ は $\sigma = \frac{e^2 \tau n}{m} = en\mu$ となることは 1.5.2 項で述べられている．量子力学的には，τ [s] は，電子波束が，フォノン，不純物，格子欠陥等の散乱体によりある散乱を受けてから次の散乱を受けるまでの時間の平均値である．全く散乱されなければ τ は無限大である．τ が小さくなると μ は小さくなる．すなわち，電子波束が散乱されると，散乱体が電子波束から運動量を実質受け取るために，電子波束の運動量 $\hbar \vec{k}$ の大きさは小さくなる．その結果，電子は抵抗を感じる．

半導体の場合，等方的である場合には，伝導電子および正孔の 2 種のみが電流密度に寄与するので，$\vec{J}_{\text{drift}}$ は，

$$\vec{J}_{\text{drift}} = \vec{J}_{\text{drifte}} + \vec{J}_{\text{drifth}} = \sigma_{\text{e}} \vec{E}_{\text{ext}} + \sigma_{\text{h}} \vec{E}_{\text{ext}}$$
$$= en_{\text{e}} \mu_{\text{e}} \vec{E}_{\text{ext}} + en_{\text{h}} \mu_{\text{h}} \vec{E}_{\text{ext}} \tag{2.21}$$

となる．ただし，$\vec{J}_{\text{drifte}}, \sigma_{\text{e}}, n_{\text{e}}, \mu_{\text{e}}$ は，それぞれ伝導電子のドリフト電流密度，導電率，濃度，移動度，$\vec{J}_{\text{drifth}}, \sigma_{\text{h}}, n_{\text{h}}, \mu_{\text{h}}$ は，それぞれ正孔のドリフト電流密度，導

2.4 半導体の電気伝導

電率，濃度，移動度である．各キャリアは電荷の符号の如何に関わらず電流が増加するように寄与し，電流が打ち消されることはない．

2.4.6 拡散電流

半導体中に流れる電流としてドリフト電流の他に，キャリア濃度の不均一（濃度勾配）によって生じる**拡散電流**（diffusion current）やキャリアの生成・消滅により流れる電流がある．まず，拡散電流について述べる．キャリアの濃度に勾配があると，その勾配を無くすようにキャリアの移動が生じる．この現象を法則化したのが**フィックの第 1 法則**（Fick first law）である．この法則によると，キャリアの濃度 n の勾配 $\vec{\nabla}n$ により流れる拡散電流密度 $\vec{J}_{\mathrm{dif}}$ は，

$$\vec{J}_{\mathrm{dif}} = -qD_{\mathrm{dif}}\vec{\nabla}n \tag{2.22}$$

となる．ただし，q はキャリアの電荷，$D_{\mathrm{dif}}\,[\mathrm{m}^2\cdot\mathrm{s}^{-1}]$ は**拡散係数**（diffusion coefficient）である．D_{dif} は，半導体が Si のように等方的な場合にはスカラー量であるが，GaN のように 1 つの方向に異方性がある場合にはテンソル量となる．濃度が時間的に変化する非定常状態の場合には，(2.22) 式より，**フィックの第 2 法則**（Fick second law），

$$\frac{\partial n}{\partial t} = -\vec{\nabla}\cdot\vec{J}_{\mathrm{dif}} = -q\vec{\nabla}\cdot\left(-D\vec{\nabla}n\right) \tag{2.23}$$

が使用される．定常状態の場合，$\frac{\partial n}{\partial t} = 0$ であるので，$\vec{J}_{\mathrm{dif}}$ は伝導電子については，(2.22) 式より，

$$\vec{J}_{\mathrm{dife}} = -(-e)D_{\mathrm{dife}}\vec{\nabla}n_{\mathrm{e}} = eD_{\mathrm{dife}}\vec{\nabla}n_{\mathrm{e}} \tag{2.24}$$

となり，正孔については，

$$\vec{J}_{\mathrm{difh}} = -(e)D_{\mathrm{difh}}\vec{\nabla}n_{\mathrm{h}} = -eD_{\mathrm{difh}}\vec{\nabla}n_{\mathrm{h}} \tag{2.25}$$

となる．ただし，$D_{\mathrm{dife}}, D_{\mathrm{difh}}$ は，それぞれ伝導電子，正孔の拡散係数である．金属の場合には，キャリアが金属内にほぼ均一に分布しているので，大きな濃度勾配が生じず拡散電流は無視されるが，半導体の場合には，多数キャリアと少数キャリア濃度が大きく異なることや，光や熱によりキャリアが局所的に生成されるために少数キャリアの濃度勾配が生じやすいので，特に重要な電流である．なお，拡散現象は，粒子が複数種類存在している場合には，それぞれの同一粒子に対してフィックの 2 つの法則が成立する．伝導電子と価電子（正孔）は異種粒子と考えられ，

それぞれに対して法則が適用される.

以上より,電界 $\vec{E}$ およびキャリアの濃度勾配の存在の下で,半導体中で流れる電流の全電流密度 $\vec{J}$ はドリフト電流密度 $\vec{J}_{\text{drift}}$ と拡散電流密度 $\vec{J}_{\text{dif}}$ の和となる.伝導電子については,(2.21) 式,(2.24) 式より,

$$\vec{J}_{\text{e}} = \vec{J}_{\text{drifte}} + \vec{J}_{\text{dife}} = en_{\text{e}}\mu_{\text{e}}\vec{E}_{\text{ext}} + eD_{\text{dife}}\vec{\nabla}n_{\text{e}} \tag{2.26}$$

となり,正孔については,(2.21) 式,(2.25) 式より,

$$\vec{J}_{\text{h}} = \vec{J}_{\text{drifth}} + \vec{J}_{\text{difh}} = en_{\text{h}}\mu_{\text{h}}\vec{E}_{\text{ext}} - eD_{\text{difh}}\vec{\nabla}n_{\text{h}} \tag{2.27}$$

となる.

2.4.7 少数キャリアの連続の方程式

半導体を局部的に加熱あるいは冷却したり,ある波長の光を照射することにより,その部分に伝導電子,正孔の両方が同時に同数**生成**(generation)されたり,光を除くと,生成した伝導電子が価電子帯に遷移して正孔を埋める**再結合**(recombination)により同時に消滅することがある.このとき,伝導電子あるいは正孔が不純物半導体の多数キャリアである場合には元々濃度が大きいので,伝導電子・正孔対が生成されたとしても濃度の増加は相対的に極めて少ない.しかし,少数キャリアである場合には,生成あるいは再結合が生じる部分の伝導電子あるいは正孔の濃度が大きく変化することがあるために拡散電流が流れる.半導体中のある閉じた領域 D における 1 秒間のキャリア数の変化率と領域 D から 1 秒間に流出あるいは流入するキャリア数の和は,領域 D 内で生成・消滅するキャリア数に等しい.これは,**連続の方程式**(equation of continuity)と呼ばれる.連続の方程式を電荷と電流密度で表現すると,3 次元では,

$$\frac{\partial q \iiint_{\text{D}} n\, dv}{\partial t} + \iint_{\text{D}} \vec{J} \cdot d\vec{S} = q\iiint_{\text{D}} G\, dv - q\iiint_{\text{D}} R\, dv \tag{2.28}$$

となる.ただし G, R はそれぞれ領域 D 内で 1 秒間に生成,消滅する単位体積当たりのキャリア数であり,それぞれ**生成速度(生成割合)**(generation rate),**再結合速度(再結合割合)**(recombination rate)と呼ばれる.再結合は,熱平衡状態において何らかの理由によりキャリアが過剰に生じ熱平衡状態からずれると,熱平衡状態へ復帰させるために過剰に生じた少数キャリアを消滅させる現象である.(2.28) 式では分かりにくいので,1 次元の場合を考えてみよう.**図 2.29** に示されるように,半導体の断面形状が長方形で断面積が $S\,[\text{m}^2]$ の無限長の 4 角柱であるとする.

半導体の長さ方向を x 軸とし，$x = x$ と $x+dx$ の厚さ dx 部分を領域 D とすると，(2.28) 式は，

$q\frac{\partial n(x)}{\partial t} + \frac{J(x+dx)-J(x)}{dx}$
$= q\frac{\partial n(x)}{\partial t} + \frac{dJ(x)}{dx} = q(G-R)$ (2.29)

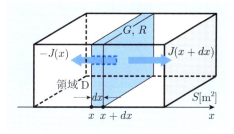

図 2.29

となる．P 型半導体中の少数キャリアである伝導電子については，(2.29) 式より，

$$-e\frac{\partial n_{\rm P}(x)}{\partial t} + \frac{dJ_{\rm e}(x)}{dx} = -e(G_{\rm e} - R_{\rm e}) \tag{2.30}$$

となり，N 型半導体中の正孔については，

$$e\frac{\partial p_{\rm N}(x)}{\partial t} + \frac{dJ_{\rm h}(x)}{dx} = e(G_{\rm h} - R_{\rm h}) \tag{2.31}$$

となる．電界の強さが一様であれば，伝導電子について，(2.30) 式に (2.26) 式を代入すると，

$$\frac{\partial n_{\rm P}(x)}{\partial t} - \mu_{\rm e} E_{\rm ext}\frac{dn_{\rm P}(x)}{dx} - D_{\rm e}\frac{d^2 n_{\rm P}(x)}{dx_2} - G_{\rm e} + R_{\rm e} = 0 \tag{2.32}$$

となる．同様にして，正孔について，(2.31) 式に (2.27) 式を代入すると，

$$\frac{\partial p_{\rm N}(x)}{\partial t} + \mu_{\rm h} E_{\rm ext}\frac{dp_{\rm N}(x)}{dx} - D_{\rm h}\frac{d^2 p_{\rm N}(x)}{dx^2} - G_{\rm h} + R_{\rm h} = 0 \tag{2.33}$$

となる．ただし，$G_{\rm e}, G_{\rm h}$ はそれぞれ領域 D 内で 1 秒間に単位体積当たりに生成される伝導電子，正孔の数である．また，$R_{\rm e}, R_{\rm h}$ はそれぞれ領域 D 内で 1 秒間に単位体積当たりに再結合により消滅する伝導電子，正孔の数である．その場合，伝導帯から価電子帯に直接落ち込む**直接再結合**（direct recombination）と，再結合中心を経由して価電子帯に落ち込む**間接再結合**（indirect recombination）の 2 通りの経路がある．少数キャリアは生成された瞬間に消滅するのではなく，伝導電子と正孔が出会って結合するまでに，ある時間を要する．その数が $\frac{1}{e}$ になる時間 $\tau_{\rm e}$ が**少数キャリアの寿命**（life time of minority carrier）と呼ばれる．P 型半導体中の伝導電子の再結合速度 $R_{\rm e}$ は，

$$R_{\rm e} = \frac{n_{\rm P}(x) - n_{\rm Peq}}{\tau_{\rm e}} \tag{2.34}$$

である．ただし，$n_{\rm Peq}$ は熱平衡状態における少数キャリア濃度であり，$n_{\rm P}(x) -$

n_{Peq} はその過剰分である．同様にして，N 型半導体中の正孔の再結合速度 R_h は，

$$R_\text{h} = \frac{p_\text{N}(x) - p_{\text{Neq}}}{\tau_\text{h}} \tag{2.35}$$

である．ただし，p_{Neq} は熱平衡状態における少数キャリア濃度であり，$p_\text{N}(x) - p_{\text{Neq}}$ はその過剰分である．(2.32) 式-(2.35) 式より，

$$\frac{\partial n_\text{P}(x)}{\partial t} - \mu_\text{e} E_{\text{ext}} \frac{dn_\text{P}(x)}{dx} - D_\text{e} \frac{d^2 n_\text{P}(x)}{dx^2} - G_\text{e} + \frac{n_\text{P}(x) - n_{\text{Peq}}}{\tau_\text{e}} = 0 \tag{2.36}$$

$$\frac{\partial p_\text{N}(x)}{\partial t} + \mu_\text{h} E_{\text{ext}} \frac{dp_\text{N}(x)}{dx} - D_\text{h} \frac{d^2 p_\text{N}(x)}{dx^2} - G_\text{h} + \frac{p_\text{N}(x) - p_{\text{Neq}}}{\tau_\text{h}} = 0 \tag{2.37}$$

となる．定常状態では，$\frac{\partial n_\text{P}(x)}{\partial t} = \frac{\partial p_\text{N}(x)}{\partial t} = 0$ であるので，(2.36) 式，(2.37) 式はそれぞれ，

$$D_\text{e} \frac{d^2 n_\text{P}(x)}{dx^2} + \mu_\text{e} E_{\text{ext}} \frac{dn_\text{P}(x)}{dx} + G_\text{e} - \frac{n_\text{P}(x) - n_{\text{Peq}}}{\tau_\text{e}} = 0 \tag{2.38}$$

$$D_\text{h} \frac{d^2 p_\text{N}(x)}{dx^2} - \mu_\text{h} E_{\text{ext}} \frac{dp_\text{N}(x)}{dx} + G_\text{h} - \frac{p_\text{N}(x) - p_{\text{Neq}}}{\tau_\text{h}} = 0 \tag{2.39}$$

となり，x に関する 2 階の線形微分方程式が得られる．適切な境界条件を与えてこれらの微分方程式を解くことにより，キャリアの分布 $n_\text{P}(x), p_\text{N}(x)$ が得られる．例として，N 型半導体の $x = 0$ の位置においてのみ少数キャリアである正孔を供給し，定常状態でその濃度が $p_\text{N}(0) = p_{\text{N0}}$ となっているとき，任意の位置における正孔濃度を算出してみよう．$x \neq 0$ で $G_\text{h} = 0$ とし，境界条件として，$x = +\infty$ で $p_\text{N}(+\infty) = p_{\text{Neq}}$ とする．また，多数キャリアである伝導電子により抵抗が小さいために，少数キャリアに濃度勾配が生じても半導体内で電位差はほとんど生じないので，半導体内の E_{ext} は 0 V/m としてよい．以上の条件で，$x \geq 0$ の領域において (2.39) 式を解くと，$x > 0$ の任意の位置における $p_\text{N}(x)$ は，

$$p_\text{N}(x) = e^{-\frac{1}{L_\text{h}} x} (p_{\text{N0}} - p_{\text{Neq}}) + p_{\text{Neq}} \tag{2.40}$$

となる．ただし，$L_\text{h} = (\tau_\text{h} D_\text{h})^{\frac{1}{2}}$ であり，**拡散長** (diffusion length) と呼ばれる．L_h は，$x = 0$ の位置から正孔の濃度が P_{N0} の $\frac{1}{e}$ となる位置までの距離である．(2.40) 式の導出の詳細については，章末演習問題 2.5 を参照のこと．

2.5 半導体デバイス

2.5.1 半導体デバイス概論

1947 年の点接触型トランジスタの発明以来，社会の変革や技術革新の要には半導体デバイスの発展がある．半導体デバイスの研究は今後の科学技術の発展の中では最も重要なものの 1 つであるといえるであろう．本節では，多くの種類からなる半導体デバイスのうちから，その構造が最も単純であり，半導体デバイスの動作を理解するうえで最も好適であると思われる，**PN 接合ダイオード**（PN junction diode）から始まり，それを応用した**バイポーラトランジスタ**（Bipolar Junction Transistor, **BJT**），また，**電界効果トランジスタ**（Field Effect Transistor, **FET**）に絞って説明を行う．

2.5.2 PN 接合ダイオード

PN 接合ダイオードは P 型半導体と N 型半導体を原子レベルで接合した 2 端子デバイスである．PN 接合ダイオードは，光のエネルギーを電気エネルギーに変換する**太陽電池**（solar cell）や，逆に，電気エネルギーを光のエネルギーに変換する発光ダイオードや半導体レーザに応用されている．PN 接合ダイオードには，同じ半導体，例えば P 型および N 型 Si の PN ホモ接合ダイオードと，異なる半導体，例えば P 型 Si および N 型 Ge の PN ヘテロ接合ダイオードがある．接合は単に P 型および N 型の半導体を接触させるだけでは不十分であり，原子のサイズ以上の隙間があってはならない．そのため，P 型 Si 基板の表面から As や P 等のドナーとなる V 列の元素を熱拡散法やイオン打込法で添加し，一部を N 型化することにより PN 接合を形成する方法を用いる必要がある．すなわち，2.2.4 項で述べた補償型半導体を形成する方法である．実際に作製される PN 接合では，不純物の濃度分布は接合部では急峻ではないが，解析上は急峻として取り扱われる（**階段近似**（step-junction approximation）という）．本項では，理解しやすい PN ホモ接合ダイオード（以後，PN 接合ダイオード）について説明を行う．

■ **PN 接合ダイオード空乏層**

接合に用いる P 型，N 型半導体は，断面積が $S\,[\mathrm{m}^2]$ の一様な太さを持ち，図 2.30 に示されるように，半導体の長さ方向を x 軸とし，接合面の位置を $x = 0$ とする．$x \leq 0$ の領域が P 型であり，$x \geq 0$ の領域が N 型である．接合面の両側に，**空乏層**（depletion layer）と呼ばれる領域（$-x_\mathrm{P} \leq x \leq x_\mathrm{N}$）が形成される．空乏層は P 型半導体と N 型半導体を接合すると自然に形成される．PN 接合ダイ

オードの動作において，空乏層が重要な役割を果たす．まず，P 型，N 型導体では多数キャリアはそれぞれ正孔，伝導電子であるので，それらを接合すると，多数キャリア濃度に急激な濃度勾配があるために，P 型から N 型へと正孔が拡散し，N 型から P 型へと伝導電子が拡散する．多数キャリ

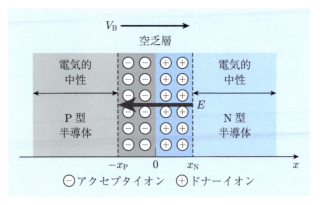

図 2.30

アが相手方の半導体に流入すると，相手方の多数キャリアと再結合が起こり，流入した多数キャリアは相手方の領域で消滅する．しかし，この現象が続けば，いずれ，多数キャリアはすべて消滅する筈であるが，実際にはそうはならない．キャリアは電荷を持っている．例えば，P 型半導体の多数キャリアである正孔が N 型半導体に流入するとき，正確にいえば N 型半導体の価電子が P 型半導体に流入するとき，P 型半導体の接合部付近では価電子が流入するために正孔が不足する．さらに p_P と n_P の積を一定にするようにアクセプタ原子が価電子を捕獲するために，アクセプタ原子は負に帯電する．N 型半導体の多数キャリアである伝導電子が P 型半導体に流入するとき，正に帯電したドナーイオンは不動であるので取り残される．その結果，図 2.30 に示されるように，接合部付近において $-x_P \leq x \leq 0$ の領域は負に帯電し，$0 < x \leq x_N$ の領域は正に帯電し，それ以外は中性となる．また，正の電荷と負の電荷量の大きさは等しい．空乏層の名前の由来は，キャリアが不足している層であることである．

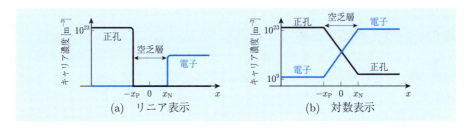

図 2.31

キャリア分布の模式図が図 2.31 に示されている．図 2.31(a) は縦軸がリニア表示，図 2.31(b) は対数表示である．図 2.31(a) に示されるキャリアは，空乏層中では存在しないように見えるが，対数表示では伝導電子，正孔の濃度は直線的に変化する．各線の空乏層の両端との 2 つの交点は，それぞれの領域の多数キャリアおよび少数キャリアの濃度になる．図 2.32 に示されるように電荷が分布すると，正の電荷と負の電荷量の大きさは等

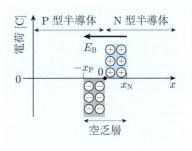

図 2.32

しいので，空乏層内でのみ電界 E_B が発生し，双方に向かって拡散してゆくキャリアを元に戻す向きにクーロン力を及ぼし，キャリアの拡散運動に制動がかかり，拡散が抑えられる．拡散力とクーロン復元力が釣り合った状態で定常状態に落ち着き，図 2.31 に示されるようなキャリア分布は一見変化しなくなる．しかし，電流で表現すれば，電子および正孔によるそれぞれの拡散電流とドリフト電流が互いに大きさが等しく向きが逆になる状態で定常状態に落ち着く．また，空乏層に電界が発生するために，電位の分布は後に示すように空乏層内で大きな変化が生じ，空乏層の両端で電位差 V_B が生じる．V_B は**拡散電位**（diffusion voltage）あるいは**内部電位**あるいは**内蔵電位**（builtin voltage）と呼ばれる．ここでは，内部電位という．V_B により，PN 接合ダイオードの機能が発現するのである．

■**内部電位と空乏層容量**

空乏層では拡散電流とドリフト電流が釣り合っているので，(2.26) 式，(2.27) 式より

$$J_e = J_{\text{drifte}} + J_{\text{dife}} = e n_e(x) \mu_e E(x) + e D_e \frac{dn_e(x)}{dx} = 0 \tag{2.41}$$

$$J_h = J_{\text{drifth}} + J_{\text{difh}} = e n_h(x) \mu_h E(x) - e D_h \frac{n_h(x)}{dx} = 0 \tag{2.42}$$

となり，

$$E(x) = \frac{D_e}{\mu_e} \frac{1}{n_e(x)} \frac{dn_e(x)}{dx} = \frac{D_h}{\mu_h} \frac{1}{n_h(x)} \frac{dn_h(x)}{dx} \tag{2.43}$$

となる．V_B は，$V_B = -\int_{x=-x_P}^{x_N} E(x)\,dx$ であるので，(2.43) 式より，

$$V_B = -\frac{D_h}{\mu_h} \int_{x=-x_P}^{x_N} \frac{1}{n_h(x)} \frac{dn_h(x)}{dx}\,dx = -\frac{D_h}{\mu_h} \int_{p_P}^{p_N} \frac{1}{n_h(x)}\,dn_h(x) = \frac{D_h}{\mu_h} \ln\left(\frac{p_P}{p_N}\right) \tag{2.44}$$

となる．ただし，$n_\mathrm{h}(-x_\mathrm{P}) = p_\mathrm{P}$，$n_\mathrm{h}(x_\mathrm{N}) = p_\mathrm{N}$ を用いた．ところで，D_h と μ_h および D_e と μ_e の間にはアインシュタインの関係 $D_\mathrm{h} = \frac{\mu_\mathrm{h} k_\mathrm{B} T}{e}$ および $D_\mathrm{e} = \frac{\mu_\mathrm{e} k_\mathrm{B} T}{e}$ が成立するので，(2.43) 式，(2.44) 式より，

$$V_\mathrm{B} = \frac{k_\mathrm{B} T}{e} \ln\left(\frac{p_\mathrm{P}}{p_\mathrm{N}}\right) = \frac{k_\mathrm{B} T}{e} \ln\left(\frac{n_\mathrm{N}}{n_\mathrm{P}}\right) \tag{2.45}$$

となり，V_B は両半導体中における少数キャリアに対する多数キャリアの濃度の比が大きいほど大きくなる．(2.45) 式より，

$$p_\mathrm{P} = p_\mathrm{N} \exp\left(\frac{eV_\mathrm{B}}{k_\mathrm{B} T}\right), \quad n_\mathrm{N} = n_\mathrm{P} \exp\left(\frac{eV_\mathrm{B}}{k_\mathrm{B} T}\right) \tag{2.46}$$

となり，多数キャリアとしての濃度が相手方の少数キャリアの濃度から V_B を介して得られる．

次に空乏層内での電界および電位分布をポアソンの方程式を用いて求めてみよう．1 次元では，ポアソンの方程式は，

$$\frac{d^2 V(x)}{dx^2} = -\frac{\rho(x)}{\varepsilon} \tag{2.47}$$

である．ただし，$V(x)$ は電位，$\rho(x)$ は電荷密度，ε は半導体の誘電率であり，Si では約 $11\varepsilon_0$ である．ただし，ε_0 は真空の誘電率（8.854×10^{-12} F/m）である．$-x_\mathrm{P} \leq x \leq 0$ の領域の負に帯電したアクセプタイオンの濃度を N_A [m^{-3}]，$0 < x \leq x_\mathrm{N}$ の領域の正に帯電したドナーイオンの濃度を N_D [m^{-1}] とする．空乏層以外では，抵抗が非常に低いので，$E(x < -x_\mathrm{P}), E(x > x_\mathrm{N}) \cong 0$ V/m とすると，(2.47) 式より，

$$E(x) = -\frac{eN_\mathrm{A}}{\varepsilon}(x + x_\mathrm{P}), \quad -x_\mathrm{P} \leq x \leq 0 \tag{2.48}$$

$$E(x) = \frac{eN_\mathrm{D}}{\varepsilon}(x - x_\mathrm{N}), \quad 0 < x \leq x_\mathrm{N} \tag{2.49}$$

となる．$V(x)$ は空乏層両端および $x = 0$ で連続かつ $V(-x_\mathrm{P}) = 0$（電位の基準点），$V(x_\mathrm{N}) = V_\mathrm{B}$ とすると，(2.48) 式，(2.49) 式より，

$$V_\mathrm{B} = \frac{eN_\mathrm{A}}{2\varepsilon} x_\mathrm{P}^2 + \frac{eN_\mathrm{D}}{2\varepsilon} x_\mathrm{N}^2 \tag{2.50}$$

となる．(2.50) 式より，

$$V(x) = \frac{eN_\mathrm{A}}{2\varepsilon}(x + x_\mathrm{P})^2, \quad -x_\mathrm{P} \leq x \leq 0 \tag{2.51}$$

$$V(x) = -\frac{eN_{\mathrm{D}}}{2\varepsilon}(x-x_{\mathrm{N}})^2 + \frac{e}{2\varepsilon}\left(N_{\mathrm{A}}x_{\mathrm{P}}^2 + N_{\mathrm{D}}x_{\mathrm{N}}^2\right),$$
$$0 < x \le x_{\mathrm{N}} \tag{2.52}$$

となる．(2.48) 式，(2.49) 式，(2.51) 式，(2.52) 式を図示すると図 2.33 のようになる．(2.48) 式-(2.52) 式の導出については，章末演習問題 2.6 を参照のこと．

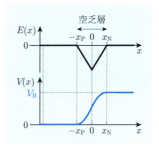

図 2.33

■ 例題 2.2（空乏層幅）

PN 接合ダイオードの空乏層幅 w [m] を求めよ．

【解答】
$$w = x_{\mathrm{P}} + x_{\mathrm{N}} \tag{2.53}$$

である．電荷中性条件より，正の電荷と負の電荷量の大きさは等しいので，
$$N_{\mathrm{A}}x_{\mathrm{P}} = N_{\mathrm{D}}x_{\mathrm{N}} \tag{2.54}$$

となる．(2.50) 式，(2.54) 式より，
$$x_{\mathrm{P}}^2 = \frac{2\varepsilon}{e}V_{\mathrm{B}}\frac{1}{N_{\mathrm{A}}+N_{\mathrm{D}}}\frac{N_{\mathrm{D}}}{N_{\mathrm{A}}}, \quad x_{\mathrm{N}}^2 = \frac{2\varepsilon}{e}V_{\mathrm{B}}\frac{1}{N_{\mathrm{A}}+N_{\mathrm{D}}}\frac{N_{\mathrm{A}}}{N_{\mathrm{D}}} \tag{2.55}$$

となる．したがって，(2.53) 式，(2.55) 式より，
$$w \equiv \left(\frac{2\varepsilon}{e}V_{\mathrm{B}}\frac{1}{N_{\mathrm{A}}+N_{\mathrm{D}}}\frac{N_{\mathrm{D}}}{N_{\mathrm{A}}}\right)^{\frac{1}{2}} + \left(\frac{2\varepsilon}{e}V_{\mathrm{B}}\frac{1}{N_{\mathrm{A}}+N_{\mathrm{D}}}\frac{N_{\mathrm{A}}}{N_{\mathrm{D}}}\right)^{\frac{1}{2}} = \left\{\frac{2\varepsilon V_{\mathrm{B}}}{e}\left(\frac{1}{N_{\mathrm{A}}}+\frac{1}{N_{\mathrm{D}}}\right)\right\}^{\frac{1}{2}} \tag{2.56}$$

となる．(2.56) 式より，w は V_{B} の平方根に比例して広くなる． ■

■ PN 接合ダイオードのエネルギーバンド

PN 接合ダイオードのエネルギーバンド図が図 2.34 に示されている．空乏層内では電子および正孔によるそれぞれの拡散電流とドリフト電流が互いに大きさが等しく向きが逆であり，正味の電流が 0 A で定常状態になっているので，P 型領域のフェルミエネルギー E_{FP} と N 型領域の E_{FN} は一致している．したがって，PN 接合ダイオードの両端子間の電位差は 0 V である．エネルギーが空乏層内で勾配を持つのは電界によるものである．太陽電池は光照射により余分な電子・正孔対が生成されるために熱平衡状態が破れ，電子・正孔の濃度が変化するためにフェルミエネルギーに差が生じ，それが起電力となって PN 接合ダイオードの両端子間の電位差が生じる．光を照射し続ければ，電子・正孔の生成と消滅が釣り合って定常状

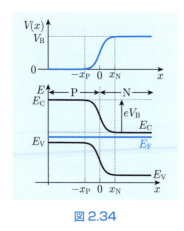
図 2.34

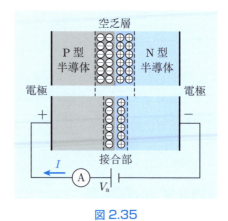
図 2.35

態となり起電力が発生し続け，光の照射をやめれば起電力は 0 V となる．

次に，外部回路を接続し，PN 接合ダイオードの両端子間に直流バイアス電圧 V_a を印加した場合を考える．この場合 V_a は同じ大きさであっても正負の 2 通りの印加の仕方がある．図 2.35 に示されるように，P 型半導体を基準として N 型半導体に負の電圧を印加する．これを $V_a > 0$ とする．V_a の印加により図に示す向きに電流 I [A] が流れる．$V_a > 0$ のときの直流バイアス電圧は**順方向バイアス**（forward bias voltage）と呼ばれる．また，$V_a < 0$ のときの直流バイアス電圧は**逆方向バイアス**（reverse bias voltage）と呼ばれる．$V_a > 0$ のときとは逆向きに電流 I が流れる．次に，I が V_a とどのような関係があるかを調べてみよう．

■**順方向バイアス電圧印加時のエネルギーバンド**

$V_a > 0$ を印加すると，P 型領域の空乏層近傍の多数キャリアである正孔は正の電荷を持つのでクーロン力により全体的に N 型方向に移動し，そのとき，外部回路から P 型側の電極を介して正孔が**注入**（injection）される．N 型領域の空乏層についても同様の理由で，N 型側の電極を介して電子が注入され空乏層の境界面は P 型側に移動する．その結果，図 2.35 に示されるように，空乏層幅は $V_a > 0$ の印加により狭くなる．$V_a > 0$ の印加時の空乏層の両端の位置をそれぞれ，$x = x_N(V_a)$, $x = -x_P(V_a)$ とする．$V_a > 0$ が印加

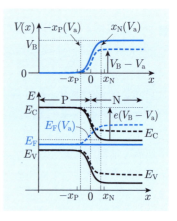
図 2.36　順方向の場合

されると、図 2.36 に示されるように、P 型側の方が電位が N 型側よりさらに V_a だけ高くなるので、内部電位は V_B から $V_\mathrm{B} - V_\mathrm{a}$ となり減少する。このとき、w は (2.56) 式より、

$$w(V_\mathrm{a}) = \left\{ \frac{2\varepsilon(V_\mathrm{B}-V_\mathrm{a})}{e}\left(\frac{1}{N_\mathrm{A}} + \frac{1}{N_\mathrm{D}}\right) \right\}^{\frac{1}{2}} \tag{2.57}$$

となり、狭くなる。

■順方向バイアス電圧印加時の少数キャリア濃度分布

(2.47) 式より、$V_\mathrm{a} = 0$ のとき、P 型側の多数キャリアとしての正孔濃度 p_P と N 型側の少数キャリアとしての正孔濃度 p_N をそれぞれ $p_\mathrm{P0}, p_\mathrm{N0}$ とし、伝導電子についても同様に $n_\mathrm{N0}, n_\mathrm{P0}$ とする。バイアス電圧 $V_\mathrm{a} > 0$ が印加されると、例えば、P 型側の多数キャリアである正孔の一部が $V_\mathrm{a} > 0$ の印加により発生する電界により空乏層を通過して N 型側の空乏層の端に到達し、さらに空乏層より奥の N 型内部 $(x > x_\mathrm{N}(V_\mathrm{a}))$ に注入される。その結果、N 型内部の正孔の濃度が増加し、熱平衡状態からずれる。ずれが小さく熱平衡状態に近い状態（準熱平衡状態）であり、N 型側の少数キャリアとしての正孔濃度 $p_\mathrm{N}(V_\mathrm{a})$ が (2.46) 式の V_B を $V_\mathrm{B} - V_\mathrm{a}$ で置き換えることにより得られるとすると、

$$p_\mathrm{N}(V_\mathrm{a}) = p_\mathrm{P} \exp\left\{-\frac{e(V_\mathrm{B}-V_\mathrm{a})}{k_\mathrm{B}T}\right\} = p_\mathrm{N0} \exp\left(\frac{eV_\mathrm{a}}{k_\mathrm{B}T}\right) > p_\mathrm{N0}$$

となる。同様にして、P 型側の少数キャリアとしての伝導電子濃度 $n_\mathrm{P}(V_\mathrm{a})$ は、

$$n_\mathrm{P}(V_\mathrm{a}) = n_\mathrm{N} \exp\left\{-\frac{e(V_\mathrm{B}-V_\mathrm{a})}{k_\mathrm{B}T}\right\} = n_\mathrm{N0} \exp\left(\frac{eV_\mathrm{B}}{k_\mathrm{B}T}\right) > n_\mathrm{P0}$$

となり、$p_\mathrm{N}(V_\mathrm{a}), n_\mathrm{P}(V_\mathrm{a})$ はそれぞれ、$p_\mathrm{N0}, n_\mathrm{P0}$ よりも大きくなる。増加した少数キャリアは空乏層からさらに N 型 $(x > x_\mathrm{N}(V_\mathrm{a}))$ あるいは P 型 $(x < -x_\mathrm{P}(V_\mathrm{a}))$ の奥に進行するに従い拡散と再結合により減少し、それらの濃度はそれぞれ $p_\mathrm{N0}, n_\mathrm{P0}$ に漸近してゆく。キャリアの新たな生成は無いので、$p_\mathrm{N}(x), n_\mathrm{P}(x)$ は $G_\mathrm{h} = 0$, $G_\mathrm{e} = 0$ として (2.38) 式、(2.39) 式の微分方程式を解くことにより求められる。境界条件として、$x = x_\mathrm{N}(V_\mathrm{a})$ で $p_\mathrm{N} = p_\mathrm{P} \exp\left(-e\frac{V_\mathrm{B}-V_\mathrm{a}}{k_\mathrm{B}T}\right)$, $x = -x_\mathrm{P}(V_\mathrm{a})$ で $n_\mathrm{P} = n_\mathrm{N} \exp\left(-e\frac{V_\mathrm{B}-V_\mathrm{a}}{k_\mathrm{B}T}\right)$, $x = +\infty$ で $p_\mathrm{N}(+\infty) = p_\mathrm{N0}$, $x = -\infty$ で $n_\mathrm{P}(-\infty) = n_\mathrm{P0}$, 空乏層外の電界 E は $0\,\mathrm{V/m}$ とすると、以下のようになる。

$$p_\mathrm{N}(x) = (p_\mathrm{N}(x_\mathrm{N}(V_\mathrm{a})) - p_\mathrm{N0}) e^{-\frac{1}{L_\mathrm{h}}(x - x_\mathrm{N}(V_\mathrm{a}))} + p_\mathrm{N0}, \quad x \geq x_\mathrm{N}(V_\mathrm{a}) \tag{2.58}$$

$$n_\mathrm{P}(x) = (n_\mathrm{P}(-x_\mathrm{P}(V_\mathrm{a})) - n_\mathrm{P0}) e^{\frac{1}{L_\mathrm{e}}(x + x_\mathrm{P}(V_\mathrm{a}))} + n_\mathrm{P0}, \quad x \leq -x_\mathrm{P}(V_\mathrm{a}) \tag{2.59}$$

(2.58) 式、(2.59) 式の導出の詳細については、章末演習問題 2.5 を参照のこと。

■ 例題 2.3（キャリア濃度，内部電位，空乏層幅，拡散長）■

SiのPN接合ダイオードにおいて，300Kで真性キャリア密度 $n_\mathrm{i} = 1.45 \times 10^{16}\,\mathrm{m}^{-3}$，ドーパントの濃度をそれぞれ，$N_\mathrm{D} = 1.0 \times 10^{23}\,\mathrm{m}^{-3}$，$N_\mathrm{A} = 5.0 \times 10^{22}\,\mathrm{m}^{-3}$ とし，それらがすべてイオン化しているとする．このとき，p_P，n_P，n_N，p_N，内部電位 V_B および $V_\mathrm{a} = 0$，$+0.3\,\mathrm{V}$ の場合の空乏層幅 w を求めよ．また，少数キャリアとしての伝導電子の拡散係数を $D_\mathrm{e} = 3.46 \times 10^{-3}\,\mathrm{m}^2/\mathrm{s}$，寿命を $\tau_\mathrm{e} = 1 \times 10^{-6}\,\mathrm{s}$，正孔の拡散係数を $D_\mathrm{h} = 1.23 \times 10^{-3}\,\mathrm{m}^2/\mathrm{s}$，寿命を $\tau_\mathrm{h} \approx 1 \times 10^{-6}\,\mathrm{s}$ としたときの正孔および電子の拡散長 L_h，L_e を求めよ．

【解答】 ドーパントがすべてイオン化しているので

$$p_\mathrm{P} = N_\mathrm{A} = 1.0 \times 10^{23}\,m^{-3}, \quad n_\mathrm{P} = \frac{n_\mathrm{i}^2}{p_\mathrm{P}} = \frac{n_\mathrm{i}^2}{1.0} \times 10^{23} = 2.1 \times 10^9\,\mathrm{m}^{-3}$$

$$n_\mathrm{N} = N_\mathrm{D} = 5.0 \times 10^{22}\,\mathrm{m}^{-3}, \quad p_\mathrm{N} = \frac{n_\mathrm{i}^2}{5.0} \times 10^{22} = 4.21 \times 10^9\,\mathrm{m}^{-3}$$

である．内部電位 V_B は (2.45) 式より，

$$V_\mathrm{B} = \frac{k_\mathrm{B}T}{e}\ln\left(\frac{p_\mathrm{P}}{p_\mathrm{N}}\right) = \frac{1.38054 \times 10^{-23} \times 300}{1.6 \times 10^{-19}}\ln\left(\frac{1.0 \times 10^{23}}{4.21 \times 10^9}\right) \cong 0.797\,\mathrm{V}$$

となる．また (2.57) 式より，バイアス電圧 $V_\mathrm{a} = 0\,\mathrm{V}$ のときの空乏層幅は $w = 1.71 \times 10^{-7}\,\mathrm{m}\,(0.171\,\mu\mathrm{m})$ であり，$V_\mathrm{a} = +0.3\,\mathrm{V}$ の場合 $w = 1.35 \times 10^{-7}\,\mathrm{m}\,(0.135\,\mu\mathrm{m})$ となり，V_a が高くなるとともに狭くなってゆく．正孔および電子の拡散長

$$L_\mathrm{h} = (\tau_\mathrm{h} D_\mathrm{h})^{\frac{1}{2}}, \quad L_\mathrm{e} = (\tau_\mathrm{e} D_\mathrm{e})^{\frac{1}{2}}$$

は，それぞれ

$$L_\mathrm{h} \approx 3.5 \times 10^{-5}\,\mathrm{m}\,(\approx 35\,\mu\mathrm{m}), \quad L_\mathrm{e} \approx 5.9 \times 10^{-5}\,\mathrm{m}\,(\approx 59\,\mu\mathrm{m})$$

となる．　■

例題2.3で求められた諸数値を用いて，(2.58) 式，(2.59) 式よりバイアス電圧 $V_\mathrm{a} = 0, 0.1, 0.2, 0.3\,\mathrm{V}$ に対して算出された少数キャリア濃度 $p_\mathrm{N}(x)$ および $n_\mathrm{P}(x)$ と x の関係が**図2.37**に示されている．空乏層は無いように見えるが存在する．少数キャリアの寿命を $1\,\mu\mathrm{s}$ と仮定すると，少数キャリアは空乏層からかなりの距離まで消滅せずに存在できることが分かる．また伝導電子の方が正孔よりも拡散係数が大きいために，より長い距離まで存続が可能である．V_a が増加すると空乏層端の少数キャリア濃度 $p_\mathrm{N}(x_\mathrm{N}(V_\mathrm{a}))$ および $n_\mathrm{P}(-x_\mathrm{P}(V_\mathrm{a}))$ は劇的に大きくなることが分かる．これが後に述べるように，V_a が正の場合，V_a の増加により電流が急激に増加する理由である．

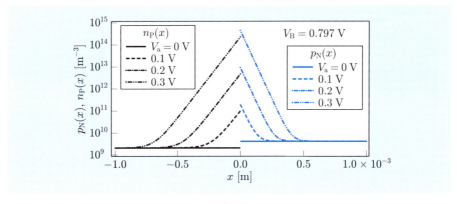

図 2.37

■順方向バイアス電圧印加時の少数キャリアによる電流密度

次に，V_a 印加により，$x = x_N(V_a), x = -x_P(V_a)$ で注入された少数キャリアによる電流密度を求めてみよう．空乏層以外の領域では電界は 0 V/m とみなせるので，これらの領域では電流密度は各少数キャリアの濃度勾配によるものである．N 型領域に注入された正孔の濃度 $p_N(x)$ および P 型領域に注入された伝導電子の濃度 $n_P(x)$ はそれぞれ，(2.58) 式，(2.59) 式に与えられているので，正孔および伝導電子による電流密度 $J_h(x), J_e(x)$ はそれぞれ，

$$J_h(x) = -eD_h \frac{dp_N(x)}{dx}$$
$$= \frac{eD_h p_{N0}}{L_h} \left(\exp\left(\frac{eV_a}{k_B T}\right) - 1 \right) \exp\left(-\frac{1}{L_h}(x - x_N(V_a))\right), \quad x \geq x_N(V_a) \quad (2.60)$$

$$J_e(x) = eD_e \frac{dn_P(x)}{dx}$$
$$= \frac{eD_e n_{P0}}{L_e} \left(\exp\left(\frac{eV_a}{k_B T}\right) - 1 \right) \exp\left(\frac{1}{L_e}(x + x_P(V_a))\right), \quad x \leq -x_P(V_a) \quad (2.61)$$

となる．$J_h(x), J_e(x)$ は x に対して一定ではなく，空乏層端からの距離が大きくなるに従い小さくなり，0 A/m² に漸近する．$V_a = 0.1, 0.2, 0.3$ V に対する $J_h(x), J_e(x)$ と x の関係が図 2.38 に示されている．V_a のわずかな増加に対して電流密度が大きく変化することが分かる．

■順方向バイアス電圧印加時に流れる電流密度

$V_a > 0$ の印加により，N 型側の空乏層の端から正孔が注入されると，熱平衡状態が非熱平衡状態に移行する．熱平衡状態では N 型領域では伝導電子の濃度 n_N と正孔濃度 p_N の積が $n_N p_N = n_i^2$, $n_N \gg p_N$ なる関係を満たしている．しかし，

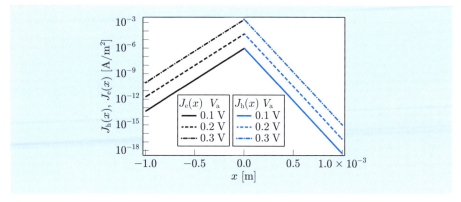

図 2.38

元々正孔濃度が小さいので，新たに正孔が注入されると p_N が無視できないくらい増加し，関係 $n_\mathrm{N} p_\mathrm{N} = n_\mathrm{i}^2$ が満たされなくなる．その結果，正孔濃度を元の濃度に戻して熱平衡状態にするために，多数キャリアである伝導電子が，過剰に生じた正孔と再結合する．もちろんこのとき伝導電子の濃度も減少するので，この減少を補填すべく外部に接続された直流電源から N 型領域の電極を通って，伝導電子が N 型領域に注入される．この電子の流れも電流であり，その電流密度は**電子再結合電流密度**（electron recombination current density）$J_\mathrm{inje}(x)$ と呼ばれる．

実際に流れる電流の電流密度は，$J_\mathrm{h}(x)$ と電子再結合電流密度 $J_\mathrm{inje}(x)$ の和となり，後に示されるように x に依存せず一定の電流密度 J_consth となる．$J_\mathrm{h}(x)$ と $J_\mathrm{inje}(x)$ は，向きが同じで，P 型領域から N 型領域に流れる．次に，J_consth を求めよう．$V_\mathrm{a} > 0$ を印加し続けると定常状態に落ち着くので，キャリア濃度分布や電流は時間に依存しなくなる．また，空乏層以外の N 型領域内では電界は 0 V/m であり，さらにキャリアの生成はないとしているので，このとき位置 x $(> x_\mathrm{N}(V_\mathrm{a}))$ と $x + dx$ の間の領域に同時に流れ込む少数キャリアである正孔と，伝導電子の補填のために注入される伝導電子について連続の式 (2.38) 式，(2.39) 式はそれぞれ，

$$-D_\mathrm{h} \frac{d^2 p_\mathrm{N}(x)}{dx^2} + R_\mathrm{h} = 0, \quad -D_\mathrm{e} \frac{d^2 n_\mathrm{Ninj}(x)}{dx^2} + R_\mathrm{e} = 0 \qquad (2.62)$$

となる．$R_\mathrm{e}, R_\mathrm{h}$ はそれぞれ 1 秒間に空乏層以外の N 型領域内で単位体積当たりに再結合により消滅するキャリアの数であり，$R_\mathrm{h} = R_\mathrm{e}$ であるので，(2.62) 式より，

$$-D_\mathrm{h} \frac{d^2 p_\mathrm{N}(x)}{dx^2} = -D_\mathrm{e} \frac{d^2 n_\mathrm{Ninj}(x)}{dx^2} \qquad (2.63)$$

となる．(2.63) 式を書き換えると，

$$\frac{d}{dx}\left\{eD_\mathrm{h}\frac{dp_\mathrm{N}(x)}{dx}+(-eD_\mathrm{e})\frac{dn_\mathrm{Ninj}(x)}{dx}\right\}=\frac{d}{dx}\left(J_\mathrm{h}(x)+J_\mathrm{inje}(x)\right)=0$$

となるので，

$$J_\mathrm{h}(x)+J_\mathrm{inje}(x)=一定\equiv J_\mathrm{consth}(V_\mathrm{a}>0)$$

となる．ところで $x=x_\mathrm{N}(V_\mathrm{a})$ において再結合が始まるので，$J_\mathrm{inje}(x_\mathrm{N}(V_\mathrm{a}))=0$ A/m^2 である．したがって，(2.60) 式より，

$$J_\mathrm{consth}(V_\mathrm{a}>0)=J_\mathrm{h}(x_\mathrm{N}(V_\mathrm{a}))=\frac{eD_\mathrm{h}p_\mathrm{N0}}{L_\mathrm{h}}\left\{\exp\left(\frac{eV_\mathrm{a}}{k_\mathrm{B}T}\right)-1\right\} \tag{2.64}$$

となる．よって，正孔の注入により外部回路に流れる電流は SJ_consth [A]($V_\mathrm{a}>0$) となる．なお，空乏層にも P 型側の正孔による電流が，電流密度 $J_\mathrm{consth}(V_\mathrm{a}>0)$ で流れる．さらに P 型 ($-x_\mathrm{P}(V_\mathrm{a})$) 内にも電流密度 $J_\mathrm{consth}(V_\mathrm{a}>0)$ で電流が流れる．この電流は，P 型側から流れ出した正孔を補填するために，価電子が伝導帯に励起されることにより，伝導帯で過剰に生じた伝導電子が P 型側電極を通して外部回路に流れ出す電流に相当する．したがって，その電流は $SJ_\mathrm{consth}(V_\mathrm{a}>0)$ に等しい．

同様にして，N 型領域から空乏層を通り P 型領域に伝導電子が注入される場合も，**正孔再結合電流密度**（hole recombination current density）$J_\mathrm{injh}(x)$ の電流が P 型側電極から流れ込む．すなわち，価電子が P 型側電極を通って外部回路に流れ出す．この場合も (2.64) 式と同様に

$$J_\mathrm{e}(x)+J_\mathrm{injh}(x)=J_\mathrm{conste}(V_\mathrm{a}>0) \tag{2.65}$$

となる．$x=-x_\mathrm{P}$ において再結合が始まるので $x=-x_\mathrm{P}$ では $J_\mathrm{injh}(-x_\mathrm{P}(V_\mathrm{a}))=0$ A/m^2 であり，(2.62) 式，(2.65) 式より，

$$J_\mathrm{conste}(V_\mathrm{a}>0)=J_\mathrm{e}(-x_\mathrm{P})=\frac{eD_\mathrm{e}n_\mathrm{P0}}{L_\mathrm{e}}\left\{\exp\left(\frac{eV_\mathrm{a}}{k_\mathrm{B}T}\right)-1\right\} \tag{2.66}$$

となる．正孔の注入の場合と同様に，伝導電子の注入によりダイオード全体に一定の電流密度 $J_\mathrm{conste}(V_\mathrm{a}>0)$ の電流が流れる．

以上より，PN 接合ダイオードに $V_\mathrm{a}>0$ を印加するとき，ダイオード全体に流れる電流密度 $J(V_\mathrm{a})$ は $J_\mathrm{consth}(V_\mathrm{a}>0)$ および $J_\mathrm{conste}(V_\mathrm{a}>0)$ の和となり，その向きは P 型領域から空乏層を通って N 型領域に流れる．$J(V_\mathrm{a}>0)$ は (2.64) 式，(2.66) 式より，

$$J(V_{\mathrm{a}} > 0) = J_{\mathrm{consth}}(V_{\mathrm{a}} > 0) + J_{\mathrm{conste}}(V_{\mathrm{a}} > 0)$$

$$= \frac{eD_{\mathrm{h}}p_{\mathrm{N0}}}{L_{\mathrm{h}}} \left\{ \exp\left(\frac{eV_{\mathrm{a}}}{k_{\mathrm{B}}T}\right) - 1 \right\} + \frac{eD_{\mathrm{e}}n_{\mathrm{P0}}}{L_{\mathrm{e}}} \left\{ \exp\left(\frac{eV_{\mathrm{a}}}{k_{\mathrm{B}}T}\right) - 1 \right\}$$

$$= \left(\frac{eD_{\mathrm{h}}p_{\mathrm{N0}}}{L_{\mathrm{h}}} + \frac{eD_{\mathrm{e}}n_{\mathrm{P0}}}{L_{\mathrm{e}}} \right) \left\{ \exp\left(\frac{eV_{\mathrm{a}}}{k_{\mathrm{B}}T}\right) - 1 \right\}$$

$$\equiv J_F \left\{ \exp\left(\frac{eV_{\mathrm{a}}}{k_{\mathrm{B}}T}\right) - 1 \right\} \ [\mathrm{A/m^2}] \tag{2.67}$$

となる．外部回路に流れる電流は $I = SJ(V_{\mathrm{a}} > 0)$ [A] となる．

■逆方向バイアス電圧印加時のエネルギーバンド

次に，P 型半導体を基準として N 型半導体に正のバイアス電圧を印加する．すなわち，$V_{\mathrm{a}} < 0$ である．この場合，$V_{\mathrm{a}} > 0$ のときと逆向きに電流が流れる．P 型領域の空乏層近傍の多数キャリアである正孔は正の電荷を持つので P 型領域の空乏層の境界面は P 型電極側に移動する．N 型領域の空乏層についても同様の理由で N 型電極側に移動し，その結果，図 2.39 に示されるように，空乏層幅 w は広くなり，P 型側と N 型側の内部電位の差は V_{B} から $V_{\mathrm{B}} + |V_{\mathrm{a}}|$ となる．w は (2.56) 式より，

$$w(V_{\mathrm{a}}) = \left\{ \frac{2\varepsilon(V_{\mathrm{B}}+|V_{\mathrm{a}}|)}{e} \left(\frac{1}{N_{\mathrm{A}}} + \frac{1}{N_{\mathrm{D}}} \right) \right\}^{\frac{1}{2}} \tag{2.68}$$

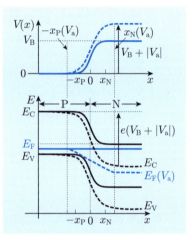

図 2.39　逆方向の場合

となる．

■逆方向バイアス電圧印加時の少数キャリアの濃度分布

バイアス電圧 $V_{\mathrm{a}} < 0$ が印加されるとき，N 型側および P 型側のそれぞれの少数キャリアとしての正孔の濃度 $p_{\mathrm{N}}(V_{\mathrm{a}})$ および伝導電子の濃度 $n_{\mathrm{P}}(V_{\mathrm{a}})$ が，順方向バイアス電圧のときの (2.48) 式の V_{B} を $V_{\mathrm{B}} - V_{\mathrm{a}} = V_{\mathrm{B}} + |V_{\mathrm{a}}|$ で置き換えることにより得られるとすると，

$$p_{\mathrm{N}}(V_{\mathrm{a}}) = p_{\mathrm{P}} \exp\left\{ -\frac{e(V_{\mathrm{B}}+|V_{\mathrm{a}}|)}{k_{\mathrm{B}}T} \right\} = p_{\mathrm{N0}} \exp\left(-\frac{e|V_{\mathrm{a}}|}{k_{\mathrm{B}}T} \right) < p_{\mathrm{N0}} \tag{2.69}$$

$$n_{\mathrm{P}}(V_{\mathrm{a}}) = n_{\mathrm{N}} \exp\left\{ -\frac{e(V_{\mathrm{B}}+|V_{\mathrm{a}}|)}{k_{\mathrm{B}}T} \right\} = n_{\mathrm{P0}} \exp\left(-\frac{e|V_{\mathrm{a}}|}{k_{\mathrm{B}}T} \right) < n_{\mathrm{P0}} \tag{2.70}$$

となる．$p_{\mathrm{N}}(V_{\mathrm{a}})$ は，$V_{\mathrm{a}} > 0$ の場合，p_{N0} よりも大きいが，$V_{\mathrm{a}} < 0$ の場合，$|V_{\mathrm{a}}|$ が増加すると 0 m^{-3} に近づく．$n_{\mathrm{P}}(V_{\mathrm{a}})$ についても同様である．空乏層以外の領域では電界の強さは 0 V/m と近似してきたので，この領域のキャリアにはクーロン力

2.5 半導体デバイス

は働かない．しかし，空乏層端近く，例えば N 型領域の空乏層端では，多数キャリアである伝導電子に働くクーロン力は空乏層幅が広がる向きに働くが，正孔には逆向きに働く．その結果，$x = x_\mathrm{N}(V_\mathrm{a})$ 近傍の正孔は空乏層内に掃き出され，正孔濃度は減少し，その濃度に勾配が発生する．その結果，正孔濃度分布は $V_\mathrm{a} > 0$ の場合の分布を上下に反転したようになる．同様にして，P 型領域の空乏層端における伝導電子の分布も $V_\mathrm{a} > 0$ の場合の分布を上下に反転したようになる．正孔が空乏層側に掃き出されると，正孔濃度の減少を補填するために，価電子が伝導帯に励起され価電子帯に正孔が生成されるが，伝導帯では伝導電子が過剰になるので，過剰伝導電子が N 型領域を通り，電極を経由して直流バイアス電源に吸い込まれる．この電子による電流は，$V_\mathrm{a} > 0$ 印加の場合のような電子再結合電流ではなく，逆に電子正孔対を生成することにより流れる電流であることに注意が必要である．キャリア生成があり，キャリア再結合が無い場合には，(2.38) 式，(2.39) 式より，

$$D_\mathrm{h} \frac{d^2 p_\mathrm{N}(x)}{dx^2} - \frac{p_\mathrm{N}(x) - p_\mathrm{N0}}{\tau_\mathrm{genh}} = 0, \quad D_\mathrm{e} \frac{d^2 n_\mathrm{P}(x)}{dx_2} - \frac{n_\mathrm{P}(x) - n_\mathrm{P0}}{\tau_\mathrm{gene}} = 0 \tag{2.71}$$

となる．ただし $\tau_\mathrm{genh}, \tau_\mathrm{gene}$ はそれぞれ正孔，伝導電子の生成時定数である．(2.71) 式の第 1 式の左辺 2 項目の負符号は，$p_\mathrm{N}(x) - p_\mathrm{N0} \leq 0$ であるので，正孔を補填すること，すなわち正孔が増加する現象が起こることを示している．(2.71) 式の第 2 式の負符号についても同様である．(2.71) 式は形式的には $V_\mathrm{a} > 0$ 印加の場合と同じであるので，(2.71) 式の解は，(2.58) 式，(2.59) 式を参考にすると，

$$\begin{aligned}p_\mathrm{N}(x) &= (p_\mathrm{N}(x_\mathrm{N}(V_\mathrm{a})) - p_\mathrm{N0}) e^{-\frac{1}{L_\mathrm{genh}}(x - x_\mathrm{N}(V_\mathrm{a}))} + p_\mathrm{N0}, \\ x &\geq x_\mathrm{N}(V_\mathrm{a}) = x \geq x_\mathrm{N}(-|V_\mathrm{a}|)\end{aligned} \tag{2.72}$$

$$\begin{aligned}n_\mathrm{P}(x) &= (n_\mathrm{P}(-x_\mathrm{P}(V_\mathrm{a})) - n_\mathrm{P0}) e^{\frac{1}{L_\mathrm{gene}}(x + x_\mathrm{P}(V_\mathrm{a}))} + n_\mathrm{P0}, \\ x &\leq -x_\mathrm{P}(V_\mathrm{a}) = x \leq -x_\mathrm{P}(-|V_\mathrm{a}|)\end{aligned} \tag{2.73}$$

となる．ただし，$L_\mathrm{genh} = (\tau_\mathrm{genh} D_\mathrm{h})^{\frac{1}{2}}, L_\mathrm{gene} = (\tau_\mathrm{gene} D_\mathrm{e})^{\frac{1}{2}}$ である．

例題 2.3 の諸数値を用いると，$V_\mathrm{a} < 0$ 印加の場合，$V_\mathrm{a} = -1\,\mathrm{V}$ のときの全空乏層幅は $w = 2.56 \times 10^{-7}\,\mathrm{m}\ (0.256\,\mu\mathrm{m})$，$V_\mathrm{a} = -5\,\mathrm{V}$ のとき $4.60 \times 10^{-7}\,\mathrm{m}\ (0.460\,\mu\mathrm{m})$ となり，V_a の増加とともに広くなってゆく．正孔および電子の $L_\mathrm{genh}, L_\mathrm{gene}$ をそれぞれ $3.5 \times 10^{-5}\,\mathrm{m}\ (35\,\mu\mathrm{m}), 5.9 \times 10^{-5}\,\mathrm{m}\ (59\,\mu\mathrm{m})$ としたときの V_a に対して算出した少数キャリア濃度 $p_\mathrm{N}(x)$ および $n_\mathrm{P}(x)$ の位置 x との関係が図 2.40 に示されている．空乏層端では少数キャリア濃度は非常に小さいことが分かる．$V_\mathrm{a} > 0$ 印加の場合と比較して，$|V_\mathrm{a}|$ が増加しても $p_\mathrm{N}(x_\mathrm{N}(V_\mathrm{a}))$ および $n_\mathrm{P}(-x_\mathrm{P}(V_\mathrm{a}))$ には大

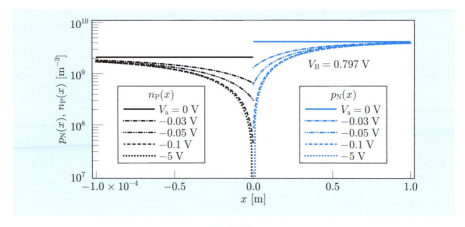

図 2.40

きな変化がないことが分かる.

■逆方向バイアス電圧印加時に流れる電流密度

掃き出された少数キャリアである正孔および伝導電子による電流密度 $J_h(x)$, $J_e(x)$ は,$V_a > 0$ 印加の場合と同様にして,(2.72) 式,(2.73) 式よりそれぞれ,

$$J_h(x) = -eD_h \frac{dp_N(x)}{dx} = \frac{eD_h p_{N0}}{L_{hgen}} \left(\exp\left(-\frac{e|V_a|}{k_B T}\right) - 1 \right) \exp\left(-\frac{1}{L_{hgen}}(x - x_N(V_a))\right),$$
$$x \geq x_N(V_a) \tag{2.74}$$

$$J_e(x) = eD_e \frac{dn_P(x)}{dx} = \frac{eD_e n_{P0}}{L_{egen}} \left(\exp\left(\frac{-e|V_a|}{k_B T}\right) - 1 \right) \exp\left(\frac{1}{L_{egen}}(x + x_P(V_a))\right),$$
$$x \leq -x_P(V_a) \tag{2.75}$$

となる.$\exp\{-\frac{|eV_a|}{k_B T}\} - 1 < 0$ であるので,$J_h(x), J_e(x)$ の符号は負となり,電流の向きは $V_a > 0$ 印加の場合と逆向きになり N 型領域から P 型領域に向かって流れる.V_a に対する $J_h(x), J_e(x)$ と x の関係が図 2.41 に示されている.$V_a > 0$ の印加の場合と同様に,$J_h(x), J_e(x)$ は,空乏層端からの距離が大きくなるに従い小さくなり,0 A/m² に漸近する.$|V_a|$ の増加に対して,同じ位置における電流密度がほとんど変化しないことが分かる.N 型領域の $x \geq x_N$ において,正孔の掃き出しにより流れる全電流密度は,電子正孔対を生成することにより,過剰に生じた伝導電子が N 型側の電極から流れ出す**伝導電子生成電流密度**(conduction electron generation current density)$J_{gene}(x)$ と図 2.41 に示される正孔による電流密度 $J_h(x)$ の和となる.この 2 つの電流密度は向きが同じで,N 型領域から P 型領域に

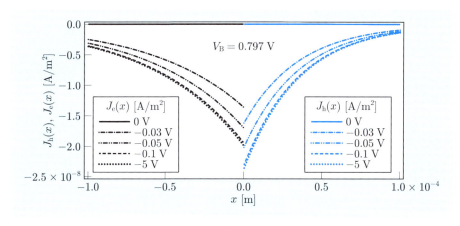

図 2.41

流れる．$J_\mathrm{h}(x)$ は x が増加すると $0\,\mathrm{A/m^2}$ に漸近するので，実際に外部回路に流れる電流は $J_\mathrm{gene}(+\infty)$ のみである．$x \geq x_\mathrm{N}$ において，位置 x と $x + dx$ の領域に同時に流れ込む少数キャリアである正孔と，その濃度の減少の補填のために流れる伝導電子について連続の式は，

$$-D_\mathrm{e}\frac{d^2 n_{\mathrm{Ngen}}(x)}{dx^2} + G_\mathrm{e} = 0, \quad -D_\mathrm{h}\frac{d^2 p_\mathrm{N}(x)}{dx^2} + G_\mathrm{h} = 0 \qquad (2.76)$$

となる．G_e, G_h はそれぞれ 1 秒間にこの領域内で単位体積当たりに価電子の伝導帯への励起により生成されるキャリア数であるので，$G_e = G_\mathrm{h}$ である．したがって，(2.76) 式より，

$$\frac{d}{dx}\left(-eD_\mathrm{e}\frac{dn_{\mathrm{Ngen}}(x)}{dx} + eD_\mathrm{h}\frac{dp_\mathrm{N}(x)}{dx}\right) = \frac{d}{dx}\left(J_\mathrm{gene}(x) + J_\mathrm{h}(x)\right) = 0$$

となり，$J_\mathrm{gene}(x) + J_\mathrm{h}(x) = $ 一定 $\equiv J_\mathrm{consth}(V_\mathrm{a} < 0)$ となる．$x = x_\mathrm{N}$ において $J_\mathrm{h}(x)$ が最大となり，しかも $J_\mathrm{gene}(x_\mathrm{N})$ であるので，(2.74) 式より，

$$J_\mathrm{consth}(V_\mathrm{a} < 0) = J_\mathrm{h}(x_\mathrm{N}) = \frac{eD_\mathrm{h}p_{N0}}{L_\mathrm{genh}}\left\{\exp\left(\frac{-e|V_\mathrm{a}|}{k_\mathrm{B}T}\right) - 1\right\} \qquad (2.77)$$

となる．したがって，外部回路に流れる電流は $SJ_\mathrm{consth}(V_\mathrm{a} < 0)$ となる．同様にして，P 型領域の $x \leq -x_\mathrm{P}$ において，伝導電流の掃き出しにより流れる全電流密度は，電子正孔対を生成することにより，過剰に生じた正孔が P 型側の電極から流れ出す**正孔生成電流密度**（hole generation current density）$J_\mathrm{genh}(x)$ と図 2.41 に示される正孔による電流密度 $J_\mathrm{e}(x)$ の和となり，$J_\mathrm{genh}(x) + J_\mathrm{e}(x) = $ 一定 $\equiv J_\mathrm{conste}$

となるので，(2.75) 式より，

$$J_{\text{conste}}(V_\text{a} < 0) = J_\text{e}(-x_\text{P})$$
$$= \frac{eD_\text{e}n_\text{P0}}{L_\text{gene}}\left\{\exp\left(\frac{-e|V_\text{a}|}{k_\text{B}T}\right) - 1\right\} \tag{2.78}$$

となる．

以上より，PN 接合ダイオードに $V_\text{a} < 0$ を印加するとき，ダイオード全体に流れる電流密度 $J(V_\text{a})$ は，(2.77) 式，(2.78) 式より，

$$J(V_\text{a} < 0) = \left(\frac{eD_\text{h}p_\text{N0}}{L_\text{hgen}} + \frac{eD_\text{e}n_\text{P0}}{L_\text{egen}}\right)\left\{\exp\left(-\frac{e|V_\text{a}|}{k_\text{B}T}\right) - 1\right\}$$
$$\equiv J_R\left\{\exp\left(-\frac{e|V_\text{a}|}{k_\text{B}T}\right) - 1\right\} \text{ [A/m}^2\text{]} \tag{2.79}$$

となる．また，外部回路に流れる全電流は $I = SJ(V_\text{a} < 0)$ となる．順方向バイアスの場合と異なるのは，$V_\text{a} > 0$ のとき，少数キャリアの寿命が関与するが，$V_\text{a} < 0$ のとき，電子正孔対の生成時間が関与することである．

■ **PN 接合に流れる電流密度とバイアス電圧の関係**

以上より，$V_\text{a} > 0$ および $V_\text{a} < 0$ のとき (2.67) 式，(2.79) 式より求められた電流密度 $J(V_\text{a} > 0), J(V_\text{a} < 0)$ をまとめて $J(V_\text{a})$ と表し，$|J(V_\text{a})|$-V_a 関係を**図 2.42** に示す．順方向，逆方向バイアスの場合で，流れる電流の大きさは桁違いに異なることが分かる．

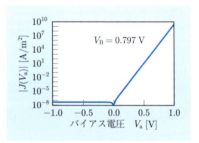

図 2.42

なお，PN 接合に直流バイアス $V_\text{a} > 0$ を印加したとき，空乏層の $x = x_\text{N}$ にある端から N 型半導体内部へ注入された正孔が，伝導電子と再結合するときに，禁制帯幅のエネルギーに相当する光を放出するので，その効率を高めることにより発光ダイオードとして使用することが可能である．さらに，放出される光の位相を揃えることにより，レーザ光のような減衰しにくい光を放出させることも可能であり，両者は，現在実用化されている．

■ **空乏層の静電容量とバイアス電圧の関係**

空乏層はキャリア濃度が小さく，しかも空乏層以外では，抵抗が非常に低いので，ダイオードは，近似的に，空乏層を誘電体とし空乏層を除く半導体を電極とする静電容量 C [F] のコンデンサとみることができる．(2.55) 式より，P 型領域の空乏層内の負電荷 Q_P および N 型領域の空乏層内の正電荷の総量 Q_N はそれぞれ，

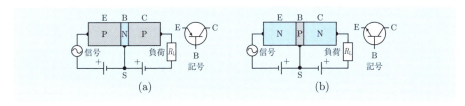

図 2.43

$$Q_P = -eSx_P N_A = -eS\left(\frac{2\varepsilon V_B}{e}\frac{N_A N_D}{N_A + N_D}\right)^{\frac{1}{2}}$$
$$Q_N = eSx_N N_D = eS\left(\frac{2\varepsilon V_B}{e}\frac{N_A N_D}{N_A + N_D}\right)^{\frac{1}{2}} = -Q_P \tag{2.80}$$

である．今，Q_P, Q_N が空乏層の両端に蓄積されていると近似すると，C は，(2.80) 式より，

$$C \cong \frac{Q_N}{V_B} = eS\left(\frac{2\varepsilon}{eV_B}\frac{N_A N_D}{N_A + N_D}\right)^{\frac{1}{2}} \tag{2.81}$$

となる．N 型領域に対して P 型領域に正あるいは負の直流バイアス電圧（bias voltage）V_a を印加すると，C は V_a に対して，(2.81) 式より，

$$C(V_a) = eS\left\{\frac{2\varepsilon}{e(V_B - V_a)}\frac{N_A N_D}{N_A + N_D}\right\}^{\frac{1}{2}} \tag{2.82}$$

のように変化する．また，逆方向バイアス $V_a < 0$ では電流は小さい．したがって，PN 接合ダイオードは，逆方向バイアスに対して**可変容量ダイオード**（variable capacitance diode，バリキャップ）として機能し，実用化されている．

2.5.3　バイポーラトランジスタ

　PN 接合ダイオードにもう 1 つ接合を加え，2 個の PN 接合を形成すると接合型バイポーラトランジスタ（BJT）になる．BJT の元となる点接触型トランジスタは，1947 年に発明され，その後より動作が安定な接合型トランジスタが発明された．接合の仕方には 2 種類あり，PNP および NPN である．図 2.43(a), (b) に，それぞれの PNP-BJT，NPN-BJT の構造，信号増幅回路例，BJT 記号が示されている．**エミッタ**（emitter, E）および**コレクタ**（collector, C）と呼ばれる型が同じ半導体に挟まれた，真ん中の型の異なる半導体はベース（base, B）と呼ばれる．BJT は基本的には 3 端子素子である．

　BJT の主たる応用として，信号増幅とスイッチングがある．本節では，まず信

号増幅について説明を行う．図 2.43(a) に示されている PNP バイポーラトランジスタについては，信号増幅回路例として，それぞれの接合に独立に直流バイアス電源が接続されている基本的な回路である．エミッタとベースの接合では，エミッタがベースに対して順方向に直流バイアス電圧（$V_{\mathrm{aEB}} > 0$）が印加されており，コレクタとベースの接合では，コレクタがベースに対して逆方向に直流バイアス電圧（$V_{\mathrm{aCB}} < 0$）が印加されている．$V_{\mathrm{aEB}} > 0, V_{\mathrm{aCB}} < 0$ であるから，エミッタからベースに少数キャリアとしての正孔が注入される．ベースの厚みは，注入されたそれぞれの少数キャリアの大部分がベースを通り抜けるように薄く作られている．例えば，注入された正孔の大部分がベースを通り抜けてコレクタに到達すると，$V_{\mathrm{aCB}} < 0$ であるから，さらに，正孔はコレクタに引き込まれ，コレクタ側の電極を通して外部回路に流れ込むことにより回路に電流が流れる．ところで，$V_{\mathrm{aEB}} > 0, V_{\mathrm{aCB}} < 0$ であるからエミッタ–ベース接合は低抵抗であり，ベース–コレクタ接合は高抵抗である．したがって，コレクタに引き込まれた正孔が，接合を通過して P 型半導体の内部を通過できるように高い V_{aCB} が印加されている．そこで，V_{aEB} に加えて，図 2.43(a) に示されているように信号電源を直流バイアス電源に直列に接続する（重畳する）と，エミッタからベースに注入される正孔は信号電圧により変調される．したがって，正孔が高抵抗であるベース–コレクタ接合を通過するとき，信号電圧はエミッタ–ベース接合を通過するときよりも大きくなり，信号が増幅されることになる．ただし，V_{aCB} の大きさをある値以上に大きくしても，注入される正孔の数はほとんど変化しないので，正孔電流は多少減少し，増幅はされない．したがって，外部回路に接続された負荷抵抗 R_{L} の両端の電位差はあまり変化しないので，実用上，増幅された信号電圧を取り出すのは困難である．その原因は，図 2.43(a) に示されている直流バイアス電源の接続法および電圧の増幅に注目していたからである．そこで，電流に注目してみよう．図 2.43(a) に示されている回路では，エミッタからベースに注入された正孔の一部は，ベースの N 型半導体中の伝導電子と再結合して消滅する．このとき，伝導電子の減少を補填するために，外部回路から点 S を通ってベースに伝導電子が流れ込むが，それによる電流は正孔電流よりもはるかに小さくベースから点 S に向かって流れ出す．信号を重畳すると，その電流に信号による電流が重畳される．ところで，視点を電流に移せば，コレクタから流れ出した電流（コレクタ電流）は，ベースから流れ出した電流（ベース電流）よりもはるかに大きいので，ベース電流からみれば，コレクタ電流は増幅されたことになる．しかし，図 2.43(a) に示されている回路で，コレクタ電流の一部は，点 S を通って，ベースに流れ込み，ベ

ース電流に重畳される．そこで，点Sに，コレクタ側の回路を接続しない方法で，バイアス電圧を印加すればよいことが分かる．そこで，図2.44に示されているように，点Tにコレクタ側の直流バイアス電圧V_{aCE}を印加する場合を検討しみよう．エミッタからベースに注入された正孔の一部はベースから流れ出し，残りの大部分はベースからコレクタを通過して負荷を経由して点Tに到達する．点Tにおいて，ベースから流れ出した正孔と合流して再びエミッタに流入する．伝導電子の注入についても同様の結果となる．したがって，正孔と伝導電子の注入により流れる電流として，図2.44に示されているように，点Tからベースに向かって流れる電流をI_E，ベースから流れ出す電流をI_B，コレクタから流れ出す電流をI_Cとすると，

$$I_E - I_B = I_C$$

となり，$I_C = \alpha I_E$ とすると，

$$I_C = \frac{\alpha}{1-\alpha} I_B \equiv \beta I_B \equiv h_{fe} I_B$$

となる．αは1より若干小さいだけなので，$\beta \gg 1$となり，ベースに流れる微小信号電流がβ倍増幅されてコレクタ信号電流となり，負荷R_Lに流れ，信号電圧として取り出されることになる．例えば，$\alpha = 0.99$とすれば，

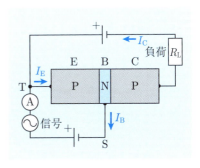

図2.44

$h_{fe} = 99$となる．視点を変えることにより優位な結果が得られる典型的な例である．NPN バイポーラトランジスタについても，伝導電子について，同様の動作をする．

図2.43では，点Sがバイアス回路の共通点となっており，ベースに接続されているので，**ベース接地回路**（common base circuit）と呼ばれ，図2.44では，点Tがバイアス回路の共通点となっており，エミッタに接続されているので，**エミッタ接地回路** (common emitter circuit）と呼ばれる．

なお，図2.45に示されるPNP-BJTを用いたエミッタ接地回路のI_C-V_{aCE}の関係より，V_{aCE}が変化してもI_Cが一定になる活性モード領域で，V_{aCE}を設定して，直流バイアス電

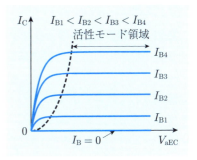

図2.45

圧 V_{aBE} を高くして I_B を流すと I_C が増加し，コレクタ-エミッタ間の等価抵抗 $R_{eff} = \frac{V_{aCE}}{I_C} [\Omega]$ が小さくなる．すなわち，トランジスタは，電気的に R_{eff} を変化させることができる**可変抵抗素子**（variable resistor）である．これが名前の由来でもある．また，$I_B = 0\,\mathrm{A}$ では $I_C = 0\,\mathrm{A}$ であり，かなり R_{eff} は大きくなる．一方，I_B を大きくして，

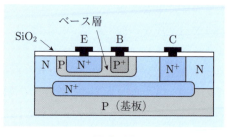

図 2.46

しかも活性モード領域より低い V_{aCE} に動作点を設定すると R_{eff} が十分小さくなれば，スイッチとして応用可能であり，実用化もされている．

BJT では，厚さが薄いベースがエミッタとコレクタで挟まれているので作製が困難であることが予想される．熱拡散法でドーパントを添加する場合，急峻な濃度勾配を得ることは不可能である．しかし，2.3.3 項で説明を行ったエピタキシー法を用いることにより，急峻な濃度勾配を持つ半導体基板の表面に新しい半導体層を作製することが可能である．図 2.46 に，多くの素子が集積化した**集積回路**（Integrated Circuit, IC）に用いられる NPN-BJT の構造の一例が示されている．P 型 Si 基板の上に BJT が作製され，Al 等の 3 つの金属電極端子がすべて上面に形成されている．このような構造は**プレーナ型**（planar type）と呼ばれ，集積回路に適した構造である．各素子は，表面上に Al 等により形成されたエミッタ，コレクタ，ベース電極から Al 等のリード線で配線される．なお，P$^+$ あるいは N$^+$ は高濃度のドーパントを添加した低抵抗の P 型あるいは N 型半導体であり，P 型 Si と電極材料との間に生じる**接触抵抗**（contact resistance）と呼ばれる付加的な抵抗を低くするために挿入される．このような接触は**オーミック接触**（ohmic contact）と呼ばれる．

2.5.4　電界効果トランジスタ

1920 年代に発明された**電界効果トランジスタ**（FET）は，1950 年代に製造技術の進歩により，より低コストで製作可能であることが分かり，現在は多くの分野で使用されている．BJT はベース，エミッタ，コレクタからなるが，FET は，ドレイン（drain），ソース（source），ゲート（gate）からなる，基本 3 端子素子であるが，4 端子素子もある．BJT と同様に，素子の抵抗を電気的に変化できる素子であるが，その方法が異なる．現在，最も代表的な FET は MOSFET であり，

ゲートの材料に金属，絶縁体には SiO_2 が用いられたため，**金属-酸化物-半導体電界効果トランジスタ**（Metal Oxide Semiconductor Field Effect Transistor）から，**MOSFET** といわれるようになった．現在ではゲートに，金属の代わりに高濃度のドーパントを添加した高導電率の多結晶 Si が用いられているが，現在でも MOSFET と呼ばれている．他の種類の FET として，ヘテロ FET（HFET），金属-半導体接合 FET（MESFET），接合型 FET（JFET）等がある．

■ **FET の基本動作原理**

現在，MOSFET がよく用いられているが，動作原理を理解するためには接合型 FET（JFET）の方が適していると考えられる．抵抗は，電流路の長さ L [m] に比例し断面積 S [m^2] に反比例する．2.5.2 項で述べたように，PN 接合ダイオードでは，バイアス電圧 V_a により空乏層の幅すなわち，電流路の長さで抵抗を変化させることができる．しかし，2 端子素子であるため

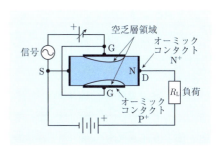

図 2.47

に，電気信号を増幅することはできない．BJT のエミッタ接地回路では，ベースを電流路に直列に挿入して，信号電圧により空乏層幅を変化させ信号電流を増幅している．もし，空乏層を電流路に並列に挿入し，その幅を電気信号で変化できれば，断面積 S が変化し，その結果，抵抗が変化するので，電流を制御することが可能になるであろう．このような電流経路は**チャンネル**（channel）と呼ばれる．**図 2.47** に示されるように，チャンネルが N 型半導体であり，側面に P$^+$ 半導体を接合して P$^+$N 接合を形成し，逆方向バイアス電圧を印加すると，2.5.2 項で説明したように，空乏層幅を大きく変化させることができる．その結果，チャンネルの断面積が変化し，チャンネルの抵抗が変化する．この電極は水路の水門と似た働きをするのでゲート電極（G）と呼ばれる．P$^+$N 接合に逆バイアス電圧を印加する場合，片方の端子は**図 2.47** に示されるように，ソース電極（S，源という意味）に接続される．S はチャンネルに伝導電子を送り込む役割を果たす．このとき G は，チャンネルを流れる電流が流れ込まないようにチャンネルと絶縁されている必要があるが，空乏層が絶縁の役割を果たす．このようにしてチャンネル中を流れた伝導電子はドレイン電極（D）から排出され，外部回路に電流が流れる．S, D と金属リード線の間の接触抵抗を小さくするために N$^+$ 半導体が接合されている．G と D には空乏層が直列に接続されているので，電流は非常に小さい．すなわち，

BPJと異なり，ゲートに印加される電圧でチャンネルの抵抗が制御されるので電界効果トランジスタと呼ばれている．しかし，図2.47に示される構造の欠点として，空乏層は絶縁抵抗がそれほど大きくないので，GとSの間に電流が流れ，GとDの間に信号電圧を入力するときは，素子としての入力抵抗が大きくできないことがある．また，集積化にも適さない．そこで，Gとチャンネルの間に，絶縁物を挿入する方法が考えられる．それがMOSFETの基本構造である．

■ MOSFET

図2.48にMOSFETの4つの基本構造およびそれぞれの記号を示す．大きく分けて，ゲート電圧 $V_{aSG} = 0\,\mathrm{V}$ のときチャンネルが形成されないエンハンスメント型FET（enhancement-type FET，**EFET**）および $V_{aSG} = 0\,\mathrm{V}$ のときでもチャンネルが形成されているデプレション型FET（depletion-type FET，**DFET**）がある．図2.48では端子が4つあり，端子B（body）はそれぞれの基板の下部にある．したがって，Bを使用する場合にはFETは4端子素子となる．使用しないとき，BはSとショートされている．Gには，絶縁層である SiO_2 を挟んで，N^+ あるいは P^+Si が用いられている．例えば，図2.48(a)は，基板にP型Siが，D, S, G, Bに N^+Si が用いられており**エンハンスメント型NチャンネルMOSFET**（**ENFET**），図2.48(b)は，基板にN型Siが，D, S, G, Bに P^+Si が用いられており**エンハンスメント型PチャンネルMOSFET**（**EPFET**）と呼ばれる．ここでは，主に，ENFETについて説明を行う．

ENFETでは，Gは N^+Si および SiO_2 の2層からなるが，基板のPと SiO_2 の

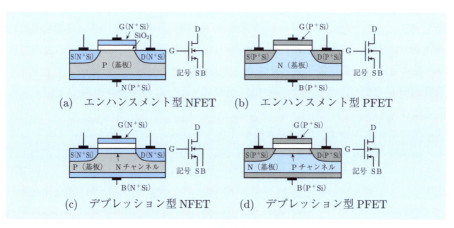

(a) エンハンスメント型NFET　　(b) エンハンスメント型PFET

(c) デプレッション型NFET　　(d) デプレッション型PFET

図2.48

界面における電荷分布が MOSFET の最も重要な
ポイントである．図 2.49 に示されるように，ゲー
ト電圧 V_{aSG}（S を基準とした G 電圧）を印加す
る．このときの，V_{aSG} に対する，N$^+$Si/SiO$_2$/P
の 2 つの界面におけるエネルギーバンドおよび
電荷分布が図 2.50 に示されている．N$^+$Si はド
ナー原子が高濃度添加されているので，フェルミ
レベル E_{FN}^+ は室温でも E_C に近いところにある．

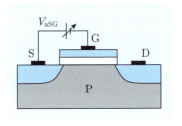

図 2.49

一方，P 基板のフェルミレベル E_{FP} は E_{FN}^+ よりも低いので，図 2.50(a) に示さ
れるように，$V_{aSG} = 0\,\mathrm{V}$ のとき，すなわち，S と G を等電位にすると，E_{FP} と
E_{FN}^+ が一致するまで，伝導電子が N$^+$Si から外部回路を通って P 基板に移動し，P
基板の多数キャリアである正孔と再結合して SiO$_2$/P の接合部に空乏層が形成され
る．また，N$^+$Si/SiO$_2$ 接合部に，伝導電子が N$^+$Si から P 基板に移動した同じ数
の正電荷が蓄積される．このとき，N$^+$Si の伝導電子濃度は大きいので，伝導電子
が一部移動してもバンドの曲がりはほとんど生じない．次に，G に負の電圧を印
加するとき（$V_{aSG} < 0\,\mathrm{V}$），P 基板の正孔が SiO$_2$/P の接合部に引き寄せられるが，
SiO$_2$ が絶縁体であるために，N$^+$Si まで移動できず接合部に蓄積されるので，図
2.50(b) に示されるように，P 基板のバンドは接合部で上に曲がる．次に，G に
正の電圧を印加するとき（$V_{aSG} > 0\,\mathrm{V}$），PN 接合の逆バイアス電圧印加と同様に，
SiO$_2$/P の接合部に $V_{aSG} = 0\,\mathrm{V}$ のときよりも広い空乏層が形成される．このとき，
正孔の不足を補填するために，価電子が伝導帯に励起され，少数キャリアである伝

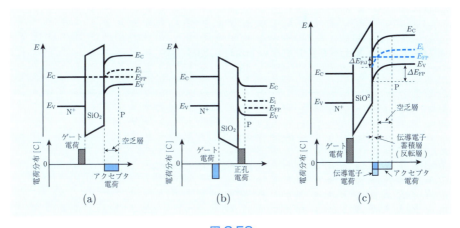

図 2.50

導電子が生成される．この伝導電子は SiO$_2$/P の接合部に存在する界面準位に捕獲されて，数十 ms 掛けて定常状態に至る．この状態は，**図 2.50(c)** に示されるように，E_{FP} が E_{FN}^+ よりも高いので，不安定であるが，結果として，SiO$_2$/P の接合部に伝導電子の蓄積層が形成される．この蓄積層は SiO$_2$/P の接合部近傍に**反転層**（inversion layer）と呼ばれる補償型 N 型半導体層を形成する．したがって，S，D の N$^+$Si とはオーミック接合を形成するので，S と D 間にバイアス電圧を印加すると電流が流れる．ちなみに，SiO$_2$/P の接合部が P 型半導体のままであれば，S および D の N$^+$Si と P 基板の接合部には 2 つの PN 接合が形成され，互いに逆極性となっているために S と D 間にバイアス電圧を印加しても電流は流れない．

ところで，**図 2.50(a)** に示されるように，$V_{aSG} = 0\,\mathrm{V}$ のときでも，SiO$_2$/P の接合部に反転層が形成されているが，E_{FP} が E_i に近い位置にある場合，すなわち，SiO$_2$/P の接合部では，真性半導体に近い状態になっているときは，キャリア密度が極めて小さいために，S と D 間にバイアス電圧を印加しても大きな電流は流れない．S と D 間に**閾値電圧**（threshold voltage）V_{aSGT} と呼ばれるバイアス電圧を印加したときに大きな電流は流れ始める．V_{aSGT} を明確に定義するのは困難であるが，一般的な定義の 1 つとして，接合部における伝導電子濃度が P 基板の正孔濃度と等しくなるときの V_{aSG} であると定義される．すなわち，**図 2.50(a)** に示されるように，接合部におけるフェルミエネルギー E_{FPJ} と真性フェルミエネルギー E_{iJ} の差 $\Delta E_{FiJ} = E_{FPJ} - E_{iJ}$ が，P 基板内部バンドと接合部のバンドのエネルギー差 ΔE_{FP} との間に，

$$\Delta E_{FiJ} = \tfrac{1}{2}\Delta E_{FP} \tag{2.83}$$

となる関係が成立するときの V_{aSG} であると定義される．

■ 例題 2.4（MOSFET のゲート電圧の閾値）■

(2.83) 式を導出せよ．ただし，近似として，$N_C = N_V$ とする．

【解答】 接合部から十分離れた P 型基板中の伝導電子の濃度は，

$$p_P = N_V \exp\left(-\frac{E_{FP}-E_V}{k_B T}\right) \tag{2.84}$$

である．また SiO$_2$/P の接合部における，伝導電子の濃度は，

$$n_P = N_C \exp\left(-\frac{E_{CJ}-E_{FPJ}}{k_B T}\right) \tag{2.85}$$

である．ただし，E_{FPJ}, E_{CJ} は，それぞれ接合部におけるフェルミエネルギー，伝導帯下

端のエネルギーである．(2.84) 式より，

$$p_\mathrm{P} = N_\mathrm{V} \exp\left(-\frac{E_\mathrm{FP}-E_\mathrm{V}}{k_\mathrm{B}T}\right) = N_\mathrm{V} \exp\left(-\frac{E_\mathrm{FP}+\frac{E_\mathrm{C}-E_\mathrm{V}}{2}-\frac{E_\mathrm{C}+E_\mathrm{V}}{2}}{k_\mathrm{B}T}\right)$$
$$\cong N_\mathrm{V} \exp\left\{-\frac{E_\mathrm{FP}-E_\mathrm{i}+\frac{E_\mathrm{C}-E_\mathrm{V}}{2}}{k_\mathrm{B}T}\right\} \tag{2.86}$$

となる．また，(2.85) 式より，

$$n_\mathrm{P} = N_\mathrm{C} \exp\left(-\frac{E_\mathrm{CJ}-E_\mathrm{FPJ}}{k_\mathrm{B}T}\right) = N_\mathrm{C} \exp\left(-\frac{E_\mathrm{iJ}-E_\mathrm{FPJ}+E_\mathrm{CJ}-E_\mathrm{iJ}}{k_\mathrm{B}T}\right)$$
$$\cong N_\mathrm{C} \exp\left(-\frac{-\Delta E_\mathrm{FiJ}+\frac{E_\mathrm{CJ}-E_\mathrm{VJ}}{2}}{k_\mathrm{B}T}\right) \tag{2.87}$$

となる．$p_\mathrm{p} = n_\mathrm{p}$ および $N_\mathrm{C} = N_\mathrm{V}$ とすると，(2.86) 式，(2.87) 式，$E_\mathrm{C}-E_\mathrm{V} = E_\mathrm{CJ}-E_\mathrm{VJ}$ より，

$$\Delta E_\mathrm{FiJ} = E_\mathrm{i} - E_\mathrm{FP} \tag{2.88}$$

となる．ところで，$\Delta E_\mathrm{FP} = E_\mathrm{i} - E_\mathrm{FP} + \Delta E_\mathrm{FiJ}$ であるから，(2.88) 式より，

$$\Delta E_\mathrm{FiJ} = \tfrac{1}{2} \Delta E_\mathrm{FP}$$

となる． ■

ENFET の G に正電圧 V_aSG，N チャンネルの伝導電子濃度が十分大きくなるように S に対して D に正の電圧 V_aSD を印加したときの様子が図 2.51 に示されている．S から伝導電子が低い障壁 E_B [J] を乗り越えてチャンネルに入り，V_aSD によりチャンネル内で，D から S に向かう向きのチャンネル方向の電界によりドリフト運動を行い，D において低い障壁 $-E_\mathrm{B}$ を下って D に入り，外部回路にドレイン電流 I_D として流れる．V_aSG を正の向きに高くしてゆくとチャンネル内に蓄積される伝導電子の濃度が大きくなって，チャンネルの抵抗が低くなり，より大きな I_D が流れる．なお，図 2.51 に示されているように，S から D に向かって空乏層幅とチャンネルの幅が大きくなってゆく．これは V_aSD により，チャンネル内の電位に勾配が生じるためにバンド

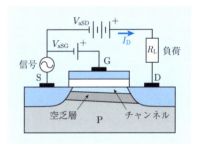

図 2.51

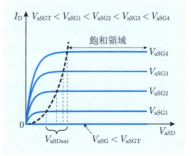

図 2.52

に曲がりが生じるためである．図 2.52 に各 V_{aSG} に対する I_D と V_{aSD} の関係が示されている．各 V_{aSG} に対して V_{aSD} が増加するとチャンネルは抵抗と同等であるので I_D は V_{aSD} に比例して増加する．しかし，V_{aSD} のある値を超えると I_D は一定となる．すなわち，V_{aSD} が高くなるとチャンネルの抵抗は V_{aSD} に比例して大きくなる．この原因は，前述のように，V_{aSD} が印加されるとチャンネル内に電位の勾配が生じバンドに曲がりが生じるが，V_{aSD} が高くなると，電位の勾配が S 付近ではほぼ一定であるが D に近づくと勾配が大きくなるからである．電界は電位の勾配であるから，S 付近の電界は V_{aSD} が高くなっても，一定となり，伝導電子のドリフト速度も一定となるために，電流も一定となる．電流の連続性から，I_D は S 付近の電流で決定され，その結果，V_{aSD} が高くなっても I_D は一定となる．図 2.52 に示されているように I_D が一定となり始める V_{aSD} は飽和ソース–ドレイン電圧（V_{aSDsat}）と呼ばれる．一方，V_{aSG} が高くなると，チャンネルの抵抗は低くなるので I_D は増加するが，やはり V_{aSDsat} 以上で一定となる．

なお，デプレッション型 FET では，$V_{aSG} = 0\,\text{V}$ でもチャンネルが形成され，正の V_{aSD} を印加すると有限の I_D が流れる．したがって，電流が流れないようにチャンネルから反転層を消滅させる必要がある．

2 章の演習問題

☐ **2.1** (2.8) 式と (2.10) 式を導出せよ．

☐ **2.2** 100 g の Si に Sb を 3.0×10^{-6} g 添加し一様化した，N 型 Si を作製した．以下の問いに答えよ．

(a) Si 中の Sb の濃度を求めよ．

(b) 300 K における抵抗率を求めよ．

ただし，Sb は 300 K で完全にイオン化していると仮定する．電子の移動度 μ_e の値を表 2.1 より読み取れ．また，Si の密度は $2.3290\,\text{g}\cdot\text{cm}^{-3}$，Sb の原子量は 127.76，アボガドロ数は 6.02×10^{23} である．

☐ **2.3** Si に 1 ppm（parts per million，百万分の 1）のドナー原子 $5.0 \times 10^{22}\,\text{m}^{-3}$ を添加して作製された N 型半導体における伝導電子と正孔の濃度比を求めよ．

☐ **2.4** (2.19) 式を導出せよ．

☐ **2.5** (2.40) 式を導出せよ．

☐ **2.6** (2.48) 式 -(2.52) 式を導出せよ．

第3章

誘電体材料

　誘電体材料は量子力学を用いなくてもその性質が理解できるので，取り組みやすい分野である．本章では，電気磁気学で得た知識をベースとして誘電体を理解できるように配慮した．構成としては，まず，誘電体の性質の基礎的な事項について説明し，次に誘電体のうちで，極めて有効な働きをする強誘電体について，ランダウの現象論的理論を用いてそのメカニズムを説明する．これにより，誘電的な性質の最も基本的な事項を理解することができよう．後半は，誘電体のデバイスへの応用として重要である圧電体，焦電体，電気絶縁体について説明を行う．

3.1 誘電体の性質

3.1.1 電気双極子

　誘電体は，真空中における **電気双極子**（electrical dipole）と呼ばれる正と負の点電荷の対の集合体である．まず，真空中における電気双極子による静電界について考えてみよう．図 3.1 に示されるように，xyz 座標の z 軸上の点 Q_1 ($\vec{r}_{Q_1} = \left(0, 0, \frac{d}{2}\right)$) ($d > 0$)，$Q_2$ ($\vec{r}_{Q_2} = \left(0, 0, -\frac{d}{2}\right)$) にそれぞれ点電荷 q [C]，$-q$ が置かれ，電気双極子を形成している．このとき点 P ($\vec{r}_P = (x, y, z)$) における電位 $V(P)$ は，$d \ll |\vec{r}|_P$ のとき，

$$V(P) \cong \frac{1}{4\pi\varepsilon_0} \frac{\vec{r}_P \cdot q\vec{d}}{r_P^3} \equiv \frac{1}{4\pi\varepsilon_0} \frac{\vec{r}_P \cdot \vec{p}}{r_P^3} \ [\mathrm{V}] \tag{3.1}$$

である．ただし，$\vec{d}$ は点 Q_2 から Q_1 に向かうベクトルである．$\vec{p} \equiv q\vec{d}$ [C·m] は **電気双極子モーメント**（electrical dipole moment）と呼ばれ，大きさは $|q|d$，方向は2つの電荷を通る直線，向きは負の電荷から正の電荷に向かうベクトルである．電界の強さ $\vec{E}(P)$ [V/m] は $\vec{E}(P) = -\vec{\nabla}_P V(P)$ を用いて (3.1) 式より求められ，

$$\vec{E}(P) \cong \frac{1}{4\pi\varepsilon_0} \frac{3(\vec{r}_P \cdot \vec{p})\vec{r}_P - r_P^2 \vec{p}}{r_P^5} \tag{3.2}$$

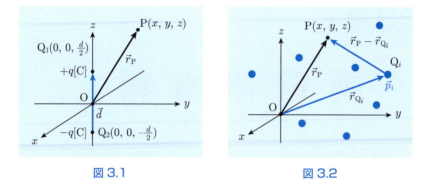

図 3.1　　　　　　　　図 3.2

となる．ただし，$\vec{\nabla}_P = \left(\frac{\partial}{\partial x}, \frac{\partial}{\partial y}, \frac{\partial}{\partial z}\right)$ である．なお，(3.1) 式，(3.2) 式の導出の詳細については，章末演習問題 3.1，3.2 を参照のこと．図 3.2 に示されているように，誘電体中に電気双極子が N（$\gg 1$）個存在する場合は，原点 O を電気双極子以外の位置に定めるのが便利である．原点 O からみた i 番目の電気双極子のモーメントは $\vec{p}_i$，その位置は，原点 O を始点として電気双極子の 2 個の電荷の中点 Q_i を終点とする位置ベクトル $\vec{r}_{Q_i}$ で表される．このとき，点 P における，誘電体中の全電気双極子による電位 $V(P)$ は，(3.1) 式に重ね合わせの理を用いると，

$$V(P) \cong \sum_{i=1}^{N} \frac{1}{4\pi\varepsilon_0} \frac{(\vec{r}_P - \vec{r}_{Q_i}) \cdot \vec{p}_i}{|\vec{r}_P - \vec{r}_{Q_i}|^3} \tag{3.3}$$

となり，電界 $\vec{E}(P)$ は (3.2) 式より，

$$\vec{E}(P) \cong \frac{1}{4\pi\varepsilon_0} \sum_{i=1}^{N} \frac{3(\vec{r}_P - \vec{r}_{Q_i})(\vec{r}_P - \vec{r}_{Q_i}) \cdot \vec{p}_i - |\vec{r}_P - \vec{r}_{Q_i}|^2 \vec{p}_i}{|\vec{r}_P - \vec{r}_{Q_i}|^5} \tag{3.4}$$

となる．しかし，N は極めて大きな数であるために，実際に (3.3) 式，(3.4) 式を計算することは困難である．誘電体の大きさと比較して 1 つの電気双極子の大きさが極めて小さいとき，電気双極子が誘電体中で離散的ではなく連続的に分布しているとみなして，(3.4) 式の和を積分に置き換えても不確かさはわずかであると考えられる．図 3.3 に示されているように，点 Q を含む微小体積要素 $dv(Q)$ 内の電気双極子モーメント $d\vec{p}(Q)$ は，$d\vec{p}(Q) = \vec{P}(Q) dv(Q)$ である．ただし，$\vec{P}(Q)$ [C/m^2] は点 Q における**分極**（polarization）と呼ばれる．(3.3) 式の $\vec{p}_i$ を $d\vec{p}(Q)$ と置き換えて，和を体積積分とし，積分範囲を誘電体全体とすると，$V(P)$ は，

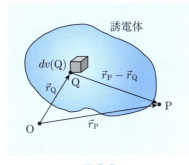

図 3.3

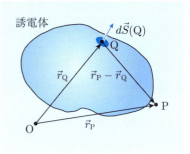

図 3.4

$$V(\mathrm{P}) \cong \iiint_{\text{誘電体}} \frac{1}{4\pi\varepsilon_0} \frac{(\vec{r}_\mathrm{P}-\vec{r}_\mathrm{Q})\cdot d\vec{p}(\mathrm{Q})}{|\vec{r}_\mathrm{P}-\vec{r}_\mathrm{Q}|^3} = \frac{1}{4\pi\varepsilon_0} \iiint_{\text{誘電体}} \frac{(\vec{r}_\mathrm{P}-\vec{r}_\mathrm{Q})\cdot \vec{P}(\mathrm{Q})}{|\vec{r}_\mathrm{P}-\vec{r}_\mathrm{Q}|^3}\,dv(\mathrm{Q})$$

$$= \frac{1}{4\pi\varepsilon_0} \iiint_{\text{誘電体}} \vec{P}(\mathrm{Q}) \cdot \vec{\nabla}_\mathrm{Q}\frac{1}{|\vec{r}_\mathrm{P}-\vec{r}_\mathrm{Q}|}\,dv(\mathrm{Q})$$

$$= \frac{1}{4\pi\varepsilon_0} \iiint_{\text{誘電体}} \left\{ \vec{\nabla}_\mathrm{Q} \cdot \left(\frac{\vec{P}(\mathrm{Q})}{|\vec{r}_\mathrm{P}-\vec{r}_\mathrm{Q}|} \right) - \frac{\vec{\nabla}_\mathrm{Q}\cdot\vec{P}(\mathrm{Q})}{|\vec{r}_\mathrm{P}-\vec{r}_\mathrm{Q}|} \right\}\,dv(\mathrm{Q}) \quad (3.5)$$

となる．$\vec{P}(\mathrm{Q})$ が誘電体中で一様であれば $\vec{\nabla}_\mathrm{Q} \cdot \vec{P}(\mathrm{Q}) = 0$ であり，さらに，ガウスの定理より，(3.5) 式は，

$$V(\mathrm{P}) = \frac{1}{4\pi\varepsilon_0} \iint_{\text{誘電体表面}} \frac{\vec{P}(\mathrm{Q})}{|\vec{r}_\mathrm{P}-\vec{r}_\mathrm{Q}|} \cdot d\vec{S}(\mathrm{Q}) \quad (3.6)$$

となり，$\vec{P}(\mathrm{Q})$ が誘電体中で一様であれば，誘電体表面上の面積分に置き換えられる．図 3.4 に示されるように，(3.6) 式の右辺の点 Q は誘電体表面上の点であり，$d\vec{S}(\mathrm{Q})$ は点 Q における面に垂直で外向きの微小面積ベクトルである．ここで，$\vec{P}(\mathrm{Q}) \cdot \vec{n}(\mathrm{Q}) = \sigma(\mathrm{Q})$ として $\sigma(\mathrm{Q})\,[\mathrm{C/m^2}]$ を定義すると，$\sigma(\mathrm{Q})$ は点 Q における表面電荷密度を表す．ただし，$\vec{n}(\mathrm{Q})$ は点 Q における外向きの単位法線ベクトルであり，$d\vec{S} = dS\vec{n}(\mathrm{Q})$ である．$\vec{P}(\mathrm{Q})$ が誘電体表面において外向きであればその符号は正，内向きであれば負である．以上より，(3.6) 式は，

$$V(\mathrm{P}) = \frac{1}{4\pi\varepsilon_0} \iint_{\text{誘電体表面}} \frac{\sigma(\mathrm{Q})}{|\vec{r}_\mathrm{P}-\vec{r}_\mathrm{Q}|}\,dS(\mathrm{Q}) \quad (3.7)$$

となり，$\vec{E}(\mathrm{P})$ は，

$$\vec{E}(\mathrm{P}) = -\vec{\nabla}_\mathrm{P}V(\mathrm{P}) = \frac{1}{4\pi\varepsilon_0} \iint_{\text{誘電体表面}} \sigma(\mathrm{Q}) \frac{\vec{r}_\mathrm{P}-\vec{r}_\mathrm{Q}}{|\vec{r}_\mathrm{P}-\vec{r}_\mathrm{Q}|^3}\,dS(\mathrm{Q}) \quad (3.8)$$

となる．

■ 例題 3.1（電気双極子のポテンシャルエネルギー）■

一様な外部電界 $\vec{E}_{\text{ext}}$ 中の電気双極子モーメント $\vec{p}$ のポテンシャルエネルギーを求めよ．

【解答】 図 3.5 に示されるように，電気双極子の中点を原点 O とする空間座標系を設定する．電気双極子を形成する大きさが等しく符号が逆である距離 d [m] 離れた 2 個の点電荷に対して，$\vec{E}_{\text{ext}}$ によりクーロン力が働く．正，負の点電荷に働くクーロン力をそれぞれ $\vec{F}_+$ [N]，$\vec{F}_-$ とすると，$\vec{F}_+ = q\vec{E}_{\text{ext}}$，$\vec{F}_- = -q\vec{E}_{\text{ext}}$ となるため，電気双極子に並進力は働かず，図 3.5 に示されるように，自由度は原点 O を中心とした $\vec{E}_{\text{ext}}$ および $\vec{p}$ を含む平面上で回転および正，負の点電荷間の距離の変化となる．簡単化のために，回転は可能であるが，正，負の点電荷間の距離は変化しないとする．今，$\vec{E}_{\text{ext}}$ により $\vec{p}$ に回転のトルクが働き $-d\theta$ [rad] だけ回転すると，それぞれの点電荷は中点 O を中心とする半径 $\frac{d}{2}$ [m] の円の円周に沿って $-\frac{d}{2}d\theta$ だけ変位する．そのとき $\vec{E}_{\text{ext}}$ がなす仕事 dW [J] は，

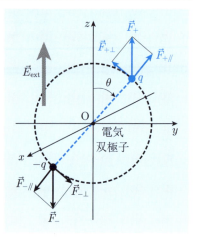

図 3.5

$$dW = -\left(-\frac{d}{2}d\theta\,\vec{\theta}_+ \cdot \vec{F}_+ - \frac{d}{2}d\theta\,\vec{\theta}_- \cdot \vec{F}_-\right) = dq\left|\vec{E}_{\text{ext}}\right|\sin\theta\,d\theta = |\vec{p}|\left|\vec{E}_{\text{ext}}\right|\sin\theta\,d\theta$$

となる．ただし $\vec{\theta}_+$ および $\vec{\theta}_-$ はそれぞれ正および負の点電荷の位置での θ 軸方向（円の接線方向）の単位ベクトルである．したがって θ が θ_1 から θ_2 まで回転すると $\vec{E}_{\text{ext}}$ が行う仕事 W は，

$$W = \int_{\theta=\theta_1}^{\theta_2} |\vec{p}|\left|\vec{E}_{\text{ext}}\right|\sin\theta\,d\theta = -|\vec{p}|\left|\vec{E}_{\text{ext}}\right|[\cos\theta]_{\theta=\theta_1}^{\theta_2}$$
$$= -\vec{p}_2 \cdot \vec{E}_{\text{ext}} + \vec{p}_1 \cdot \vec{E}_{\text{ext}} \tag{3.9}$$

となる．ただし $\vec{p}_1$ および $\vec{p}_2$ は θ がそれぞれ θ_1 および θ_2 のときの $\vec{p}$ である．$\theta_1 = 0$ rad のとき $\vec{p}_1 \cdot \vec{E}_{\text{ext}} = 0$ J であるので，$\theta_1 = 0$ rad をポテンシャルエネルギーの基準とすると，$\vec{p} = \vec{p}_2$ のときの W は $\vec{p}$ のポテンシャルエネルギー U になり，$U = -\vec{p}_2 \cdot \vec{E}_{\text{ext}}$ となる．より一般的に解釈すると，$\vec{E}_{\text{ext}}$ 中の $\vec{p}$ のポテ

ンシャルエネルギー U は $U = -\vec{p}\cdot\vec{E}_{\text{ext}} = -|\vec{p}||\vec{E}_{\text{ext}}|\cos\theta$ となり，U は $\theta = 0$ rad のとき最も小さい値になる．実際の場合，電気双極子は熱エネルギーにより，回転あるいは振動しており，$\vec{E}_{\text{ext}}$ により $\vec{p}$ を同じ向きに揃える力は働くが，熱振動によって抑制され，ある θ で定常状態になる．熱エネルギーによる回転あるいは振動は方向・向きは，無秩序であるため，$\vec{E}_{\text{ext}}$ により $\vec{p}$ の平均値は $\vec{E}_{\text{ext}}$ と平行になり，その大きさは $\vec{E}_{\text{ext}}$ に依存する．$\vec{E}_{\text{ext}}$ の強さが強くなると $\vec{p}$ の平均値の大きさは大きくなり，θ は 0 rad に近づくと考えられる． ∎

以上のように，$\vec{E}_{\text{ext}}$ により通常の誘電体中の分極 $\vec{P}$ の平均値は $\vec{E}_{\text{ext}}$ と平行になる．そうすると，図 3.6 に示されるように，誘電体の左側の表面に負の電荷が現れ，右側には正の電荷が現れ，その表面電荷密度 σ は $\vec{P}\cdot\vec{n}$ で与えられる．全表面電荷は誘電体内の点 P において電界 $\vec{E}_1(\text{P})$ を形成する．$\vec{E}_1(\text{P})$ は $\vec{E}_{\text{ext}}$ とは方向が同じで向きが逆になる．その意味で $\vec{E}_1(\text{P})$ は**反分極電界**あるいは**反電界の強さ**（depolarization electric field strength）

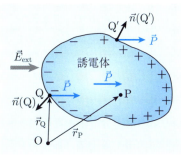

図 3.6

（以後，反電界）と呼ばれる．そのとき，誘電体内の表面を除く任意の点における巨視電界 $\vec{E}(\text{P})$ は $\vec{E}_{\text{ext}}$ と $\vec{E}_1(\text{P})$ を重ね合わせたものとなり，

$$\vec{E}(\text{P}) = \vec{E}_{\text{ext}} + \vec{E}_1(\text{P}) \tag{3.10}$$

となる．一般的に，$\vec{E}(\text{P})$ の大きさは $\vec{E}_{\text{ext}}$ よりも小さくなる．誘電体中の電気双極子を形成する電荷は，外部電界ではなく $\vec{E}(\text{P})$ を平均的に感じている．まず，誘電体は電気双極子の離散的な集合体であるが，近似として，連続的であると仮定する．このとき，誘電体内の電界は，**巨視電界**あるいは**巨視電界の強さ**（macroscopic electric field strength，以後，巨視電界）と呼ばれる．

$\vec{E}(\text{P})$ の解析的な解が得られる例は極めて少ない．$\vec{E}_{\text{ext}}$ が一様であり，また誘電体内で分極が一様であるとき，比較的容易に解が得られる例を示すと，

① 誘電体球：

$$\vec{E}(\text{P}) = \vec{E}_{\text{ext}} + \vec{E}_1(\text{P}) = \vec{E}_{\text{ext}} - \frac{\vec{P}}{3\varepsilon_0} \tag{3.11}$$

② 誘電体円柱：$\vec{E}_{\text{ext}}$ が中心軸と平行，垂直な場合，それぞれ，

$$\vec{E}(\mathrm{P}) = \vec{E}_{\mathrm{ext}}, \quad \vec{E}(\mathrm{P}) = \vec{E}_{\mathrm{ext}} - \frac{\vec{P}}{2\varepsilon_0} \tag{3.12}$$

③誘電体平板：$\vec{E}_{\mathrm{ext}}$ が平板面と平行，垂直な場合，それぞれ，

$$\vec{E}(\mathrm{P}) = \vec{E}_{\mathrm{ext}}, \quad \vec{E}(\mathrm{P}) = \vec{E}_{\mathrm{ext}} - \frac{\vec{P}}{\varepsilon_0}$$

となる．

3.1.2 誘電体の誘電率

ガウスの定理より，誘電体中の点 Q における巨視的電界 $\vec{E}(\mathrm{Q})$ の発散 $\vec{\nabla}\cdot\vec{E}(\mathrm{Q})$ は，点 Q における電荷密度の総和 $\rho(\mathrm{Q})$ に比例し，

$$\vec{\nabla}\cdot\vec{E}(\mathrm{Q}) = \frac{\rho(\mathrm{Q})}{\varepsilon_0} \tag{3.13}$$

となる．点 Q の電荷密度 $\rho(\mathrm{Q})$ に寄与する電荷としては，伝導電子等の並進運動のように移動可能な**自由電荷**（free electric charge，**真電荷**（true electric charge）とも呼ばれる）と並進運動しない電気双極子の電荷（体積分極電荷）に分けられる．自由電荷の電荷密度を $\rho_{\mathrm{F}}(\mathrm{Q})$，分極電荷の電荷密度を $\rho_{\mathrm{P}}(\mathrm{Q})$ と表すと，(3.13) 式は，

$$\vec{\nabla}\cdot\vec{E}(\mathrm{Q}) = \frac{\rho(\mathrm{Q})}{\varepsilon_0} = \frac{\rho_{\mathrm{F}}(\mathrm{Q}) + \rho_{\mathrm{P}}(\mathrm{Q})}{\varepsilon_0} \tag{3.14}$$

となる．今までの議論では，誘電体中の点 Q における分極 $\vec{P}(\mathrm{Q})$ が場所によらず一定であると仮定して，$\vec{\nabla}_{\mathrm{Q}}\cdot\vec{P}(\mathrm{Q}) = 0$ であるとした．ここでは，この条件を考慮せず，より一般的に $\vec{\nabla}_{\mathrm{Q}}\cdot\vec{P}(\mathrm{Q}) \equiv -\rho_{\mathrm{P}}(\mathrm{Q})$ として，(3.14) 式に代入して整理すると，$\vec{\nabla}\cdot\left(\varepsilon_0\vec{E}(\mathrm{Q}) + \vec{P}(\mathrm{Q})\right) = \frac{\rho_{\mathrm{F}}(\mathrm{Q})}{\varepsilon_0}$ となる．そこで，

$$\varepsilon_0\vec{E}(\mathrm{Q}) + \vec{P}(\mathrm{Q}) \equiv \vec{D}(\mathrm{Q}) \tag{3.15}$$

として**電束密度**（electric flux density）$\vec{D}(\mathrm{Q})\,[\mathrm{C/m^2}]$ を定義すると，$\vec{\nabla}\cdot\vec{D}(\mathrm{Q}) = \rho_{\mathrm{F}}(\mathrm{Q})$ となる．すなわち，$\vec{D}(\mathrm{P})$ の発散は自由電荷によるものであり，分極電荷は寄与しない．等方的な誘電体内の点 Q における分極 $\vec{P}(\mathrm{Q})$ が誘電体内の $\vec{E}(\mathrm{Q})$ に比例すると仮定すると，(3.15) 式より，

$$\begin{aligned}\vec{D}(\mathrm{Q}) &\equiv \varepsilon_0\vec{E}(\mathrm{Q}) + \vec{P}(\mathrm{Q}) = \varepsilon_0\vec{E}(\mathrm{Q}) + \chi\vec{E}(\mathrm{Q}) = (\varepsilon_0 + \chi)\vec{E}(\mathrm{Q})\\ &\equiv \varepsilon\vec{E}(\mathrm{Q})\end{aligned} \tag{3.16}$$

となる．ただし，χ は**電気感受率**（electric susceptibility）と呼ばれる．χ は，一般的には電界に依存するが，ここでは簡単のために電界に依存せず一定の値を持つとする．また，(3.16) 式で定義される $\varepsilon = \varepsilon_0 + \chi$ [F/m] は**誘電率**（dielectric constant, permittivity）と呼ばれる．静電界では誘電率 ε は真空の誘電率 ε_0 よりも大きい．交流電界では誘電率は複素数で $\varepsilon^* = \varepsilon' - j\varepsilon''$ となり，**複素誘電率**（complex permittivity）と呼ばれる．ε^* を ε_0 で除した $\frac{\varepsilon^*}{\varepsilon_0} \equiv \varepsilon_r^* = \varepsilon_r' - j\varepsilon_r''$ は**複素比誘電率**（relative complex permittivity）と呼ばれる．実部 ε' は場合によっては ε_0 よりも小さくなったり，負になったりすることもある．

3.1.3 局 所 電 界

巨視電界は電気磁気学における誘電体中の平均化された電界である．しかし，電気双極子は有限な大きさを持っているために，厳密にいえば，誘電体中の電界は一様ではなく微細な強弱を持っている．このように場所により微細な変化を考慮した電界の強さ $\vec{E}_{\mathrm{loc}}$ は**局所電界の強さ**（local electric field strength，以後，**局所電界**）と呼ばれる．(3.4) 式で表される電界が局所電界に相当する．(3.4) 式の和を積分で置き換えた時点で，微細変化は失われる．しかし，誘電体中の電気双極子の個数は膨大であり，実際に (3.4) 式を用いて計算することは困難である．そこで，厳密ではないが，誘電体中のある点 P の局所電界を求める簡便な方法として，点 P より遠く離れた誘電体中の電気双極子による電界への寄与 $\vec{E}_2(\mathrm{P})$ は，巨視電界と同様に求め，点 P 近傍の電気双極子による電界 $\vec{E}_3(\mathrm{P})$ を厳密に求める方法がある．それによると，点 P における $\vec{E}_{\mathrm{loc}}(\mathrm{P})$ は，

$$\vec{E}_{\mathrm{loc}}(\mathrm{P}) \cong \vec{E}_{\mathrm{ext}} + \vec{E}_1(\mathrm{P}) + \vec{E}_2(\mathrm{P}) + \vec{E}_3(\mathrm{P}) \tag{3.17}$$

となる．点 P を中心とする半径 $a \cong 10\left|\vec{d}\right|$ の球内では離散的であるとし，その外側では連続的と考えればよい．この球は**ローレンツ球**（Lorentz sphere）と呼ばれる．球の外側の誘電体による電界 $\vec{E}_2(\mathrm{P})$ は，**図 3.7** に示されるように，ローレンツ球を，誘電体から取り除いた後に残る空洞の内表面上の表面電荷による電界になる．$\vec{E}_2(\mathrm{P})$ は，**ローレンツ空洞電界**（Lorentz cavity electric field strength）と呼ばれる．

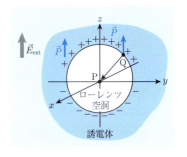

図 3.7

■ 例題 3.2（ローレンツ空洞電界）

ローレンツ空洞電界 $\vec{E}_2(\mathrm{P})$ を求めよ．

【解答】 図 3.7 に示されているように，外部電界 $\vec{E}_{\mathrm{ext}}$ を印加したときに，同じ方向・向きに分極 $\vec{P}$ が一様に生じるとすると，点 P を中心とした半径 $a\,[\mathrm{m}]$ のローレンツ空洞の表面に表面電荷が誘起される．図 3.7 に示されるように，空間座標を定める．

$$\vec{r}_{\mathrm{P}} = (0,0,0), \quad \vec{r}_{\mathrm{Q}} = (a\sin\theta\cos\varphi, a\sin\theta\sin\varphi, a\cos\theta)$$

$$\sigma = \vec{P}\cdot\vec{n}\,(\mathrm{Q}) = (0,0,P)\cdot(\sin\theta\cos\varphi, \sin\theta\sin\varphi, \cos\theta)$$

$$= P\cos\theta$$

$$dS = a^2\sin\theta\,d\theta d\varphi$$

であるので，$\vec{E}_2$ は，(3.8) 式より，

$$\vec{E}_2(\mathrm{P}) = \frac{1}{4\pi\varepsilon_0} \iint_{\substack{\text{ローレンツ}\\\text{空洞内表面}}} \sigma(\mathrm{Q}) \frac{\vec{r}_{\mathrm{P}}-\vec{r}_{\mathrm{Q}}}{|\vec{r}_{\mathrm{P}}-\vec{r}_{\mathrm{Q}}|^3} dS(\mathrm{Q})$$

$$= \frac{1}{4\pi\varepsilon_0} \int_{\theta=0}^{\pi}\int_{\varphi=0}^{2\pi} P\cos\theta \frac{(-a\sin\theta\cos\varphi, -a\sin\theta\sin\varphi, -a\cos\theta)}{a^3} a^2\sin\theta\,d\theta d\varphi$$

$$= -\frac{1}{4\pi\varepsilon_0} P(0,0,1)\int_{\theta=0}^{\pi}\cos^2\theta\sin\theta\,d\theta\int_{\varphi=0}^{2\pi}d\varphi$$

$$= -\frac{1}{4\pi\varepsilon_0} 2\pi P(0,0,1)\int_{\theta=1}^{-1} t^2 dt = \frac{\vec{P}}{3\varepsilon_0} \tag{3.18}$$

となる． ■

$\vec{E}_3(\mathrm{P})$ を求めるためには，ローレンツ空洞内に存在する電気双極子に関する情報が必要であるので，誘電体に応じて個別に計算する必要がある．もし，$\vec{E}_3(\mathrm{P}) = \vec{0}$ となるとき，$\vec{E}_{\mathrm{loc}}(\mathrm{P})$ は，(3.17) 式，(3.18) 式より，

$$\vec{E}_{\mathrm{loc}}(\mathrm{P}) = \vec{E}_{\mathrm{ext}}(\mathrm{P}) + \vec{E}_1(\mathrm{P}) + \vec{E}_2(\mathrm{P}) + \vec{E}_2(\mathrm{P})$$

$$= \vec{E}_{\mathrm{ext}}(\mathrm{P}) + \vec{E}_1(\mathrm{P}) + \frac{\vec{P}}{3\varepsilon_0} \tag{3.19}$$

となる．さらに，誘電体の形状が球の場合には，(3.11) 式，(3.19) 式より，

$$\vec{E}_{\mathrm{loc}}(\mathrm{P}) = \vec{E}_{\mathrm{ext}}(\mathrm{P}) - \frac{\vec{P}}{3\varepsilon_0} + \frac{\vec{P}}{3\varepsilon_0}$$

$$= \vec{E}_{\mathrm{ext}}(\mathrm{P}) \tag{3.20}$$

となり，局所電界は外部電界の強さに等しくなる．

3.1.4 誘電体の巨視的，微視的電界理論

$\vec{p} \neq \vec{0}$ となる電気双極子モーメントが生じる原因は種々ある．今，$\vec{p}$ が，それが存在している点での局所電界 $\vec{E}_{\text{loc}}$ に対して，

$$\vec{p} = \alpha \vec{E}_{\text{loc}} \tag{3.21}$$

となる場合を考える．ただし，比例係数 α は**分極率**（polarizability）と呼ばれる．$\vec{E}_{\text{loc}}$ は場所により異なるが，結晶のように原子が空間的周期性を持って規則正しく配列している場合には，$\vec{E}_{\text{loc}}$ も同じ周期性を持って変化していると考えられる．

■ 例題 3.3（分極率と誘電率）■

(3.16) 式，(3.19) 式，(3.21) 式が成立する一様な誘電体の誘電率を求めよ．ただし，電気双極子の濃度を $n\,[\text{m}^{-3}]$ とする．

【解答】 外部電界 $\vec{E}_{\text{ext}}$ が一様であり，かつ反分極電界の強さ $\vec{E}_1$ も一様であれば，いずれの電気双極子にも同じ $\vec{E}_{\text{loc}}$ が作用していると考えられる．したがって，(3.21) 式より，

$$\vec{P} = n\alpha \vec{E}_{\text{loc}} \tag{3.22}$$

となる．(3.19) 式が成立するので $\vec{E}_3(\text{P}) = 0$ である．(3.19) 式，(3.22) 式より，

$$\vec{P} = n\alpha \vec{E}_{\text{loc}} = n\alpha \left(\vec{E}_{\text{ext}} + \vec{E}_1 + \frac{\vec{P}}{3\varepsilon_0} \right)$$
$$= n\alpha \left(\vec{E} + \frac{\vec{P}}{3\varepsilon_0} \right)$$

となり，これを $\vec{P}(\text{P})$ について解くと，

$$\vec{P} = n\alpha \vec{E}_{\text{loc}}(\text{P})$$
$$= \frac{n\alpha}{1 - \frac{n\alpha}{3\varepsilon_0}} \vec{E} \tag{3.23}$$

となる．したがって，誘電率 ε は，(3.16) 式，(3.23) 式より，

$$\varepsilon = \varepsilon_0 + \chi$$
$$= \varepsilon_0 + \frac{n\alpha}{1 - \frac{n\alpha}{3\varepsilon_0}} \tag{3.24}$$

となる． ■

(3.24) 式を α について解くと，

$$\alpha = \frac{3\varepsilon_0}{n} \frac{\varepsilon - \varepsilon_0}{\varepsilon + 2\varepsilon_0} \tag{3.25}$$

となる．(3.25) 式で与えられる α と ε の間の関係式は**クラウジウス–モソッティの関係式**（Clausius-Mossotti relation）と呼ばれる．ただし，条件として誘電体が一様でありかつ $\vec{E}_3(P) = 0$ である．クラウジウス–モソッティの関係式の意義は，前述の条件を満足するときに，微視的な量である分極率 α と巨視的な量である誘電率 ε の間の関係を表すということである．

3.1.5　交流外部電界に対する電気双極子の応答

電気双極子は，$\vec{p}$ が外部電界 $\vec{E}_{\text{ext}}$ を印加して初めて生じるものや，分子や物質そのものが，生来，電気双極子を持っているものがある．このような電気双極子は**永久双極子**（permanent dipole）と呼ばれる．例として，図 3.8 に示されている水分子が典型的な例である．電気双極子は水分子を構成する 2 つの水素原子と 1 つの酸素原子に起因し，水素が正に帯電し，酸素は負に帯電する．電荷が 3 個あるが 2 個の H^+-$\frac{1}{2}O^-$ が約 $104.5°$ の角度をなしているために，2 個の双極子モーメントの和として大きい永久双極子モーメント持ち，静電界での誘電率は真空の誘電率の約 80 倍程度大きい．図 3.9 に示されている典型的な強誘電体である $BaTiO_3$（**チタン酸バリウム**（barium titanate））では，$\vec{E}_{\text{ext}}$ を印加せずとも正電荷と負電荷の重心が一致しておらず，平均的にゼロでない電気双極子モーメントを持っているものもある．

■**配向分極**

水分子のように永久双極子モーメントを持つ分子が多数集まって液体を形成している極性液体の場合について，静電界および交流電界への応答を考えてみよう．外部静電界 $\vec{E}_{\text{ext}}$ が $0\,\text{V/m}$ の場合，分子の電気双極子モーメント $\vec{p}$ はあらゆる方向に等方的に向いている．例題 3.1 より，$\vec{E}_{\text{ext}}$ の下では分子の並進運動は生じず，低周波では回転運動のみが生じ，平均的に $\vec{p}$ を $\vec{E}_{\text{ext}}$ の方向・向きに揃えよ

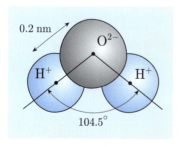

図 3.8

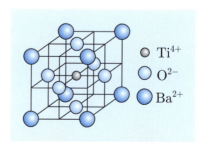

図 3.9

うとする．このような分極を，**配向分極**（orientational polarization）という．一方，外部交流電界 $\vec{E}_\text{ext}$ の下では，低周波では静電界と同じように，$\vec{p}$ は平均的に $\vec{E}_\text{ext}$ の方向・向きに揃えようとするが，周波数が高くなると，周りの分子による**粘性力**（viscus force）により $\vec{E}_\text{ext}$ の方向の変化に追随できなくなる．これによる配向分極の周波数依存性を理論化したものが**デバイの理論**（P. Debye theory）であり，デバイ（P. Debye）により 1929 年に提唱された．

配向分極による分極率 α_ori は，章末演習問題 3.4 を参照すると，

$$\alpha_\text{ori} = \frac{p^2}{3k_\text{B}T} \frac{1}{1+j\omega\tau_\text{relax}} \tag{3.26}$$

である．ただし，τ_relax は**誘電緩和時間**（dielectric relaxation time）と呼ばれ，$\vec{E}_\text{ext}$ の印加を止めた直後から，無秩序な状態に戻るまでの時定数である．α_ori は ω に依存し，(3.26) 式に示されている α_ori-ω 関係は α の**周波数分散式**（frequency dispersion equation）と呼ばれる．α_ori は，温度が高くなると熱運動が激しくなるために小さくなる．$\tau_\text{relax} = 10^{-4}$ s とした α_ori の周波数依存性の 1 例が，**図 3.10** に示されている．α_ori の実部 $\text{Re}(\alpha_\text{ori})$ は，低周波では一定で $\frac{p^2}{3k_\text{B}T}$ であるが，周波数が高くなると τ_relax の逆数に近い周波数で減少し始め，最終的には $0\,\text{F/m}$ に収束する．一方，α_ori の虚部である $-\text{Im}(\alpha)$ は $\text{Re}(\alpha)$ が $\frac{p^2}{3k_\text{B}T}$ が半分となる周波数で最大値を持つ．虚部が大きくなることは，永久双極子が外部電界からエネルギーを吸収して摩擦のようなメカニズムで熱に変えていることを示している．このような分極率の周波数依存性は極性液体の他に，極性液体でない溶媒中の極性分子や氷のような永久双極子分子の結晶固体においても観察される．固体の場合，極性分子が回転するときの媒質の粘性が液体よりも大きいので，τ_relax は液体よりも大きくなる．

極性液体に，交流電界を印加しましたとき，クラウジウス–モソッティの関係式 (3.25) 式が成立すると仮定すると，(3.26) 式より，

$$\frac{\varepsilon^*_\text{ori}(\omega)-\varepsilon_0}{\varepsilon^*_\text{ori}(\omega)+2\varepsilon_0} = \frac{n}{3\varepsilon_0}\frac{p^2}{3k_\text{B}T}\frac{1}{1+j\omega\tau_0} \equiv A\frac{1}{1+j\omega\tau_0} \tag{3.27}$$

となる．ただし，$\varepsilon^*_\text{ori}(\omega)$ は極性液体の複素誘電率である．(3.27) 式を $\varepsilon^*_\text{ori}(\omega)$ について解くと，

$$\varepsilon^*_\text{ori}(\omega) = \varepsilon_0 + \frac{\varepsilon_\text{ori0}-\varepsilon_0}{1+j\omega\tau}$$

となる．ただし，$\varepsilon_\text{ori0} = \varepsilon_0 \frac{1+2A}{1-A}, \tau = \tau_\text{relax}\frac{\varepsilon_\text{ori0}+2\varepsilon_0}{3\varepsilon_0}$ である．

■イオン分極

イオン分極(ionic polarization)は，**変位分極**(displacement polarization)の1種である．外部電界 $\vec{E}_{\text{ext}}$ をイオン結晶に印加すると，正，負イオンには，それぞれ局所電界 $\vec{E}_{\text{loc}}^+, \vec{E}_{\text{loc}}^-$ が作用する．これにより正，負イオンが局所電界の方向に，互いに逆向きにそれぞれ r^+, r^- [m] 変位するとする．変位に対する復元力はフックの法則に従うと仮定すると，局所電界による各イオンの運動方程式は，

$$\text{正イオン}: m^+ \frac{d^2 r^+}{dt^2} + m^+ \gamma^+ \frac{dr^+}{dt} + c^+ r^+ = +e E_{\text{loc}0}^+ \exp(j\omega t) \tag{3.28}$$

$$\text{負イオン}: m^- \frac{d^2 r^-}{dt^2} + m^- \gamma^- \frac{dr^-}{dt} + c^- r^- = -e E_{\text{loc}0}^- \exp(j\omega t) \tag{3.29}$$

となる．ただし，m^+, m^- はそれぞれ正，負イオンの質量，γ^+, γ^- はそれぞれ正，負イオンの減衰定数，c^+, c^- はそれぞれ正，負イオンの復元力の比例係数である．(3.28)式，(3.29)式を r^+, r^- について解くと，それぞれ，

$$r^+ = \frac{\frac{e}{m^+}}{\{(\omega_0^+)^2 - \omega^2\} + j\gamma^+ \omega} E_{\text{loc}}^+, \quad r^- = \frac{-\frac{e}{m^-}}{\{(\omega_0^-)^2 - \omega^2\} + j\gamma^- \omega} E_{\text{loc}}^- \tag{3.30}$$

となる．ただし，

$$(\omega_0^+)^2 = \frac{c^+}{m^+}, \quad (\omega_0^-)^2 = \frac{c^-}{m^-}$$

である．正，負イオンの双極子モーメント p^+, p^- は，それぞれ，

$$p^+ = er^+, \quad p^- = -er^-$$

である．したがって，正，負イオンの局所電界が 0 V/m のときのそれぞれの位置

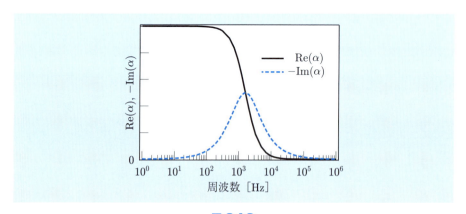

図 3.10

からの変位を分極とみなすと，各分極率 $\alpha_{\text{ion}}^+(\omega), \alpha_{\text{ion}}^-(\omega)$ は，(3.30) 式よりそれぞれ，

$$\alpha_{\text{ion}}^+(\omega) = \frac{\frac{e^2}{m^+}}{\{(\omega_0^+)^2 - \omega^2\} + j\gamma^+\omega}, \quad \alpha_{\text{ion}}^-(\omega) = \frac{\frac{e^2}{m^-}}{\{(\omega_0^-)^2 - \omega^2\} + j\gamma^-\omega} \tag{3.31}$$

となる．また正，負イオンの濃度を同じ n とすると，分極 $P_{\text{ion}}(\omega)$ は，

$$\begin{aligned}
P_{\text{ion}}(\omega) &= n\left(p^+ + p^-\right) \\
&= ne^2 \left\{ \frac{\frac{1}{m^+}}{\{(\omega_0^+)^2 - \omega^2\} + j\gamma^+\omega} E_{\text{loc}}^+ + \frac{\frac{1}{m^-}}{\{(\omega_0^-)^2 - \omega^2\} + j\gamma^-\omega} E_{\text{loc}}^- \right\}
\end{aligned}$$

となる．(3.31) 式に示す分極率の周波数依存性は，**ローレンツ型**（Lorentz-type）の共鳴型となり，例えば，(3.31) 式より $\omega_0^+ = 1 \times 10^{10}$ rad/s, $\gamma^+ = 1 \times 10^{10}$ rad/s とすると，図 3.11 に示されているように，$\omega = \omega_0^+$ で鋭い電磁波にエネルギーを吸収する吸収ピークを示す．その鋭さは減衰定数 γ^+ の大きさに依存し，それが小さいほど，吸収ピークは鋭くなる．一方，配向分極は，**緩和型**（relaxation-type）といい，吸収ピークはローレンツ型と比較して，なだらかである．

イオン分極とよく似た周波数分散を示す分極に，**電子分極**（electronic polarization）がある．電子分極とは，原子中の電子が原子核と電荷が異符号であるために，電界を印加すると，互いに逆向きに変位して生じる電気双極子によるものである．詳細は章末演習問題 3.5 を参照のこと．電子分極はすべての物質で生じる．

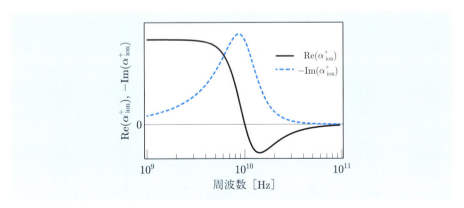

図 3.11

3.2 強誘電体材料

3.2.1 強誘電体

固体の誘電体の中には，外部電界 $\vec{E}_\text{ext}$ が 0 V/m であっても，ある領域（分域という）で**自発分極**（spontaneous polarization）と呼ばれる電気双極子モーメントがすべて同じ方向・向きを向いている分極が生じているものがある．このような物質は**強誘電体**（ferroelectric material）と呼ばれる．英語名は**強磁性体**（ferromagnetic material）からきたものである．強磁性体と同様に，**分域構造**（domain

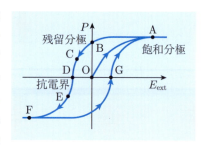

図 3.12

structure）を持ち，図 3.12 に示されているように，分極 P-E_ext 曲線は，強磁性体のようなヒステリシス現象を示す．原点 O の状態から E_ext を印加すると，E_ext が全分域の電気双極子モーメントを E_ext の向きに揃えようとする偶力を与えるので，P は，徐々に増加する．すべての分域の電気双極子モーメントが E_ext の向きを向くと，それ以上 P は増加しないので，一定となる（A 点）．これは**飽和分極**（saturated polarization）と呼ばれる．次に，E_ext の強さを弱くすると P は減少するが，$E_\text{ext} = 0$ V/m になっても原点 O には戻らない現象が生じる（B 点）．そのときの分極は**残留分極**（residual polarization）と呼ばれる．E_ext が逆向きに強くなると，ある電界の強さ E_C で初めて $P = 0$ C/m^2 となる（D 点）．この E_C は**抗電界**（elucidated electric field strength）と呼ばれる．さらに逆向きに E_ext が強くなると P は一定となり飽和する（F 点）．次に，E_ext の強さを弱くしてゆくと，$E_\text{ext} = 0$ V/m のときにも残留分極が観察され，さらに増加させると $P = 0$ C/m^2 となり（G 点），さらに増加させると飽和する（A 点）．以降はこの繰り返しとなる．

ある温度で強誘電体であっても，温度を高くすると，ある温度で強誘電性が失われる．このとき，固体のまま結晶の構造が変化する．このような現象は**強誘電性相転移**（ferroelectric phase transition）あるいは，そのとき構造が変化することから**構造相転移**（structure phase transition）と呼ばれ，構造の変化はわずかである．構造相転移の最も顕著な特徴の 1 つは，相転移に際して生じる原子の動きが極めてわずかであっても，転移の前後で明らかに対称性の変化が生じるということである．

強誘電性現象は，1920年頃，**ロッシェル塩**（酒石酸カリウムナトリウム，NaK$(C_4H_4O_6) \cdot 4H_2O$）に対して，初めて発見されたといわれている．ロッシェル塩は，3.3.2項に述べるように，1800年代にすでに高い圧電性を持つことが知られていた．ロッシェル塩の誘電率は温度とともに変化し，0℃を境にして2点の温度（$-18, 24$℃）で最大値がε_0の数千倍に達する．

3.2.2 強誘電体のランダウの理論

本項では，古典的な方法ではあるが，電気的仕事を取り扱えるギブズの自由エネルギーGを用いて強誘電性を見事に説明する理論について説明を行う．この方法は，ロシアの物理学者ランダウ（L. D. Landau）によって導入された極めて簡潔で，含蓄のある理論である．

簡単のために1次元の場合を考える．分極Pは均一であるとする．1次元方向に外部電界E_{ext}を印加する．Gは温度T, E_{ext}, Pを変数とする関数となる．例題3.1より，E_{ext}の下で単位長さ当たりの電気双極子のポテンシャルエネルギーは$-E_{\text{ext}}P$である．また，Tを一定とする．Gの具体的なP依存性が不明であるので，GをPで級数展開し，各Pの各べきの係数を検討する．Pの符号を変えてもGは変化しないとすると，P^2で級数展開できる．無限級数の場合，P^2が大きくなるとGは発散するので，有限級数（多項式）である．本質が明らかとなるようなP^2の最大べきをP^6とすると，Gは，

$$G(E_{\text{ext}}, P) = -E_{\text{ext}}P + g_0 + \tfrac{1}{2}g_2 P^2 + \tfrac{1}{4}g_4 P^4 + \tfrac{1}{6}g_6 P^6 \tag{3.32}$$

となる．係数g_0-g_6はTのみに依存する．まず，$g_6 < 0$とするとP^2が大きくなったときに$G(E_{\text{ext}}, P)$は多項式であっても，安定方向である負方向に限り無く大きくなり，やがて自発的に$-\infty$Jに発散するが，これは不適であるので，少なくとも$g_6 > 0$である．次に，$g_4 > 0$のときは$g_6 > 0$であるのでP^6の項は本質に関わる寄与をしないのでP^4の項までとして，

$$G(E_{\text{ext}}, P) = -E_{\text{ext}}P + g_0 + \tfrac{1}{2}g_2 P^2 + \tfrac{1}{4}g_4 P^4 \tag{3.33}$$

としてもよい．熱平衡状態では$dG(E_{\text{ext}}, P) = 0$である．$G(E_{\text{ext}}, P)$は2変数の関数であるが，$E_{\text{ext}}$は一定であるとすると，熱平衡状態では$\frac{dG(P)}{dP} = 0$である．また，自発分極を取り扱うので，$E_{\text{ext}} = 0$V/mとする．$\frac{dG(P)}{dP} = 0$を満たす$P$が$P = 0 \equiv P_{\text{N}}$のときは，個々の電気双極子モーメントがすべて無秩序な方向を向いていることを意味し，常誘電的状態（今後，**常誘電相**（paraelectric phase））で

ある．一方，$P \neq 0$ ($P \equiv P_S$) のときは電気双極子モーメントがすべてある方向・向きを向いていることを意味し，強誘電的状態（今後，**強誘電相**（ferroelectric phase））である．与えられた温度に対して，$G(P = P_N = 0)$ と $G(P = P_S)$ の小さい方が安定相である．次に，g_4 の符号を分けて考える．

① $g_4 > 0$ のとき，(3.33) 式より，$\frac{dG(P)}{dP} = P(g_2 + g_4 P^2) = 0$ となり，$P = 0$ および $P^2 = -\frac{g_2}{g_4}$ がこの式の解となる．$P = 0$ は g_2 の符号によらず解となる．一方，$P^2 = -\frac{g_2}{g_4}$ は $g_2 < 0$ のとき $P^2 > 0$ となり，$P = 0$ とともに妥当な解であり，$g_2 > 0$ のとき $P^2 < 0$ となり不適な解となるので，妥当な解は $P = 0$ のみである．したがって，$g_2 > 0$ のときは $P = P_N = 0$ となり，常誘電相が安定解となる．以上より，$g_2 < 0$ のときは $P = 0$ と $P^2 = -\frac{g_2}{g_4}$ の 2 つの解が存在するので，どちらの解が安定相になるかを判定する必要がある．まず，(3.33) 式より，$G(P = 0) = g_0$ である．また，

$$\begin{aligned}G\left(P = -\frac{g_2}{g_4}\right) &= g_0 + \tfrac{1}{2}g_2 P^2 + \tfrac{1}{4}g_4 P^4 \\ &= g_0 + \tfrac{1}{2}g_2\left(-\frac{g_2}{g_4}\right) + \tfrac{1}{4}g_4\left(-\frac{g_2}{g_4}\right)^2 \\ &= g_0 - \tfrac{1}{4}\frac{g_2^2}{g_4} < g_0\end{aligned}$$

となり，強誘電相が安定相となり，$P_S^2 = -\frac{g_2}{g_4}$ である．なお，G について，P^6 の項を考慮しても同様の結果となる．

実際の強誘電体は温度を変化させると低温で強誘電相，ある温度（T_0 とする）以上では常誘電相となること，すなわち，強誘電性相転移が起きることが知られているので，g_2 を温度に対応させて，

$$g_2 = B(T - T_0), \quad B > 0 \tag{3.34}$$

とするのが適切である．強誘電相が安定なとき，P_S^2 は $T = T_0$ 近傍でその温度特性は，(3.34) 式より，$P_S^2 = -\frac{g_2}{g_4} = -\frac{B}{g_4}(T - T_0)$ となり，温度の 1 次関数となる．G の P 依存性が図 **3.13** に示されている．常誘電相（$P = 0$）では $G = g_0$ となる．これが熱平衡状態で安定相であるから G は $P = 0$ で極小となり，$P = 0$ に対して左右対称で下に凸な曲線となっている．一方，強誘電相では $T < T_0$ であり，$P = \pm P_S$ であるから，G は $P = \pm P_S$ で極小であり，g_0 よりも小さい値であり，$P = 0$ で

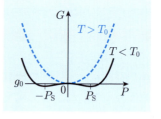

図 **3.13**

$G = g_0$ であるような曲線となる．

② $g_4 < 0$ のとき，(3.32) 式より，

$$\frac{dG(P)}{dP} = P\left(g_2 + g_4 P^2 + g_6 P^4\right) = 0$$

となるので，この式の解は，$P = 0$ および $g_2 + g_4 P^2 + g_6 P^4 = 0$ を満たし，後者の P^2 の 2 つの解は

$$P^2 = \frac{-g_4 - \left(g_4^2 - 4g_2 g_6\right)^{\frac{1}{2}}}{2g_6} \equiv P_1^2 \tag{3.35}$$

$$P^2 = \frac{-g_4 + \left(g_4^2 - 4g_2 g_6\right)^{\frac{1}{2}}}{2g_6} \equiv P_2^2 \tag{3.36}$$

となる．(3.35) 式は，$g_6 > 0$ であるから，$g_4^2 - 4g_2 g_6 \geq 0$ であれば $g_2 > 0$ のとき $-g_4 - (g_4^2 - 4g_2 g_6)^{\frac{1}{2}} > 0$ となり，正しい解となる．一方，(3.36) 式は，$g_4^2 - 4g_2 g_6 \geq 0$ であれば，g_2 の符号の如何に関わらず正しい解となる．したがって，安定相の判定を行う必要がある．まず，(3.36) 式の解について，

$$G(P = 0) - G(P = P_2) = \frac{1}{24 g_6^2}\left(g_4^2 - 4g_2 g_6\right)^{\frac{3}{2}} - \frac{1}{24}\frac{1}{g_6^2}\left(g_4^2 - 6g_2 g_6\right) g_4 \tag{3.37}$$

である．(3.37) 式の導出の詳細は章末演習問題 3.6 を参照のこと．(3.37) 式の右辺第 1 項目については $g_4^2 - 4g_2 g_6 \geq 0$（$g_2 \leq \frac{1}{4}\frac{g_4^2}{g_6}$）である．右辺第 2 項目について，$g_4^2 - 6g_2 g_6 \geq 0$（$g_2 \leq \frac{1}{6}\frac{g_4^2}{g_6}$）ならば $(g_4^2 - 6g_2 g_6) g_4 \leq 0$ となり，$G(P = 0) - G(P = P_2) \geq 0$ となるので，$g_2 \leq \frac{1}{6}\frac{g_4^2}{g_6} < \frac{1}{4}\frac{g_4^2}{g_6}$ となるとき強誘電相は安定相の可能性がある．一方，$g_4^2 - 6g_2 g_6 < 0$（$g_2 > \frac{1}{6}\frac{g_4^2}{g_6}$）ならば $(g_4^2 - 6g_2 g_6) g_4 > 0$ となるので，(3.37) 式の右辺第 1 項目と 2 項目の大小判定をすると g_2 が $g_2 \leq \frac{3}{16}\frac{g_4^2}{g_6}$ のとき強誘電相が安定相となり，$\frac{1}{6} < \frac{3}{16} < \frac{1}{4}$ より，$\frac{1}{6}\frac{g_4^2}{g_6} < g_2 \leq \frac{3}{16}\frac{g_4^2}{g_6}$ のとき強誘電相が安定相となる可能性がある．以上より，$g_2 \leq \frac{1}{6}\frac{g_4^2}{g_6}$ あるいは $\frac{1}{6}\frac{g_4^2}{g_6} < g_2 \leq \frac{3}{16}\frac{g_4^2}{g_6}$ であるので，結局，$g_2 < \frac{3}{16}\frac{g_4^2}{g_6}$ のとき強誘電相が安定相となる可能性がある．

■ 例題 3.4（ランダウの強誘電体の現象論）■

(3.35) 式の解について強誘電相および常誘電層の安定性について検討せよ．

【解答】 (3.35) 式の解の場合，

$$G(P = P_1) = g_0 + \frac{1}{24}\frac{1}{g_6^2}\left(g_4^2 - 6g_2 g_6\right) g_4 + \frac{1}{24 g_6^2}\left(g_4^2 - 4g_2 g_6\right)^{\frac{3}{2}} \tag{3.38}$$

となる．$g_4 < 0$ であるので，強誘電相が安定であるためには少なくとも $g_4^2 - 6g_2 g_6 > 0$ でなければならない．さらに，$-(g_4^2 - 6g_2 g_6) g_4 > 0$ と $(g_4^2 - 6g_2 g_6)^{\frac{3}{2}} > 0$ の大小判定を

しなければならない．それぞれを 2 乗して引き算すると，

$$\left\{\left(g_4^2 - 4g_2g_6\right)^{\frac{3}{2}}\right\}^2 - \left\{-\left(g_4^2 - 6g_2g_6\right)g_4\right\}^2 = 4\left(3g_2^2g_4^2g_6^2 - 16g_2^3g_6^3\right)$$

となるので，$g_2 > \frac{3}{16}\frac{g_4^2}{g_6}$ のとき強誘電相が安定となる可能性がある．以上をまとめると，$g_2 < \frac{1}{6}\frac{g_4^2}{g_6}$ かつ $g_2 > \frac{3}{16}\frac{g_4^2}{g_6}$ のとき強誘電相が安定となる可能性があるが，これら 2 個の条件を満足する g_2 は存在しない．したがって，(3.35) 式の解は不適である．これは，(3.35) 式の解は G の極大値を与えるからであるが，各自確かめよ．■

以上より，$g_4 < 0$ のとき，

$$P_S^2 = \frac{-g_4 + \left(g_4^2 - 4g_2g_6\right)^{\frac{1}{2}}}{2g_6} \quad \text{かつ} \quad g_2 < \frac{3}{16}\frac{g_4^2}{g_6} \tag{3.39}$$

のとき強誘電相が安定となり，$g_2 > \frac{3}{16}\frac{g_4^2}{g_6}$ では $P = 0$ となり，常誘電相が安定相となる．

$g_4 > 0$ のときと同様に，$g_2 = B(T - T_0)$ $(B > 0)$ とすると，(3.39) 式より，$g_2 < \frac{3}{16}\frac{g_4^2}{g_6} > 0$ であるので，$g_2 = 0$ では強誘電相が安定であり，$g_2 = \frac{3}{16}\frac{g_4^2}{g_6}$ では $P = 0$ と $P^2 = P_S^2$ の 2 つの解が共存する．このときの温度を T_C とする．T_C 近傍の強誘電相側 $(T < T_C)$ では $P_S^2 = -\frac{g_4^2 - g_2g_6}{g_4g_6} > 0$ となり，常誘電相側 $(T > T_C)$ では $P = 0$ となる．その結果，図 3.14 に示されるように，G は $P = 0$ および $P = \pm P_S$ で極小となる．これが，$g_4 > 0$ のときと異なる特徴である．また，$T = T_0$ では $P_S^2 = -\frac{g_4}{g_6} > -\frac{3}{4}\frac{g_4}{g_6}$ となり $T = T_C$ での P_S^2 よりも大きくなる．

$g_4 > 0$ および $g_4 < 0$ のときの P の温度依存性が図 3.15 に示されている．

次に，強誘電相，常誘電相での誘電率 ε を求めてみよう．$E_{\text{ext}} \neq 0\,\text{V/m}$ のとき，熱平衡状態では，$\frac{dG(P)}{dP} = 0$ であるので，(3.33) 式より，

$$\frac{dE_{\text{ext}}}{dP} = \frac{1}{\left(\frac{dP}{dE_{\text{ext}}}\right)} = g_2 + 3g_4P^2 + 5g_6P^4 \equiv \frac{1}{\chi} \tag{3.40}$$

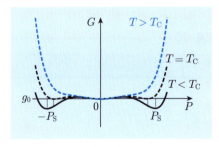

図 3.14

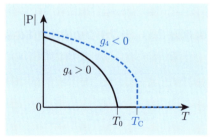

図 3.15

となる. ただし, χ は電気感受率である.

① $g_4 > 0$ のとき, $T > T_0$ では $P = 0$ であるから, $T = T_0$ 近傍の常誘電相側で (3.40) 式は, (3.34) 式より,

$$\frac{1}{\chi} = g_2 = B(T - T_0) \tag{3.41}$$

となり, 誘電率 ε は,

$$\begin{aligned}\varepsilon &= \varepsilon_0 + \chi = \varepsilon_0 + \frac{1}{B(T-T_0)} \\ &\equiv \varepsilon_0 + \frac{A}{T-T_0}\end{aligned} \tag{3.42}$$

となる. $T < T_0$ では $P^2 = P_S^2$ であるから, (3.40) 式は $g_6 = 0$ として, $\frac{1}{\chi} = g_2 + 3g_4 P_S^2$ であり, $T = T_0$ 近傍の強誘電相側では, $P_S^2 \cong -\frac{g_2}{g_4}$ であるから, $\frac{1}{\chi} = -2g_2$ となるので, ε は,

$$\begin{aligned}\varepsilon &= \varepsilon_0 + \frac{1}{-2B(T-T_0)} \\ &= \varepsilon_0 + \frac{1}{2}\frac{A}{T_0-T}\end{aligned} \tag{3.43}$$

となる.

② $g_4 < 0$ のとき, $T > T_C$ では $P = 0$ であるから, $T = T_C$ 近傍の常誘電相側では (3.42) 式と同様に, ε は,

$$\varepsilon = \varepsilon_0 + \frac{A}{T-T_0} \tag{3.44}$$

となる. $T < T_C$ では, 温度の低い方向から T_C に近づくとき, $T = T_C$ では $g_2 = \frac{3}{16}\frac{g_4^2}{g_6}$ であるので, $P_S^2 = -\frac{g_4^2 - g_2 g_6}{g_4 g_6} = \frac{3}{4}\frac{|g_4|}{g_6}$ となり, (3.40) 式より,

$$\frac{1}{\chi} = g_2 + 3g_4 P_S^2 + 5g_6 P_S^4 = 4g_2 \tag{3.45}$$

となる. したがって, T_C 近傍の強誘電体相側で, ε は,

$$\varepsilon = \varepsilon_0 + \frac{1}{4}\frac{A}{T-T_0}$$

となる. また (3.41) 式, (3.45) 式より $\frac{1}{\chi}$ は T_C で不連続となる. T_0 近傍では $P_S^2 = -\frac{g_4}{g_6}$ となり, これを (3.40) 式に代入すると, $\frac{1}{\chi} = 2\frac{g_4^2}{g_6} > 0$ となるので, ε は,

$$\varepsilon = \varepsilon_0 + \frac{3}{32}\frac{A}{T_0-T} \tag{3.46}$$

となる.

$g_4 > 0$ および $g_4 < 0$ のときの $\frac{1}{\chi}$ の温度依存性が図 3.16 に示されている.

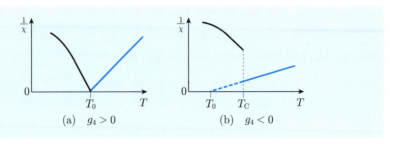

図 3.16

$g_4 > 0$ のとき，$T = T_0$ を境にして ε が大きく変化する．このとき，実際の物質では構造相転移が起こる．このような強誘電性相転移は **2次の相転移**（second order phase transition）と呼ばれる．一方，$g_4 < 0$ のとき，ε は (3.46) 式に示されるように，T が T_0 から T_C へと変化すると大きくなり，T_C で最大値を示した後，さらに温度を高くすると小さくなる．このような強誘電性相転移は **1次の相転移**（first order phase transition）と呼ばれる．$g_4 > 0$ のとき $T > T_0$，$g_4 < 0$ のときの $T > T_C$ の常誘電体側では ε は，(3.42) 式，(3.44) 式に示されるように，同じ形となる．このような ε の温度依存性になることは**キュリー–ワイスの法則**（Curie-Weiss law）と呼ばれる．このとき，$\frac{1}{\varepsilon}$ の T 依存性は直線になる．

3.2.3 チタン酸バリウム

チタン酸バリウム（$BaTiO_3$）は 1 次の相転移を示す典型的な物質である．$BaTiO_3$ は，1942 年頃，日本・米国・旧ソ連の 3 ヶ国において，ほぼ時を同じくして発見された物質である．この発見は TiO_2 系磁器の改良研究の過程において，BaO と TiO_2 の配合比がモル比で 1：1 に近いものが異常に高い誘電率を持つことが見いだされたのが端諸になったものである．図 3.17 に

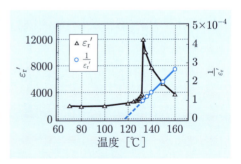

図 3.17

1 kHz の周波数で測定された $BaTiO_3$ の複素比誘電率の実部 ε'_r およびその逆数 $\frac{1}{\varepsilon'_r}$ の温度依存性が示されている．$T_0 \cong 118\,℃$，$T_C \cong 132\,℃$ である．$BaTiO_3$ の ε'_r は常温で約 1500 であるが，130 ℃ 付近では 6000-12000 にも達する．$BaTiO_3$ に

SrTiO$_3$, BaSnO 等を加えると，キュリー温度 T_C は低温側に移動し，常温付近でも，ε'_r が 3000-15000 に達する強誘電性の磁器を作ることができる．日本では，テレビジョンが普及し始めてから大量に生産されるようになり，最近では，マイクロモジュールのウエハ，複合回路，集積回路の基板としても不可欠な材料である．BaTiO$_3$ を用いたコンデンサは誘電率が大きいので，小型になるばかりでなく，残留インダクタンスを極度に小さくできる利点があり，高周波性能が優れている．また，双極子モーメントを1方向に揃える分極処理を施した強誘電性磁器は，圧電振動子として利用することができる．BaTiO$_3$ 磁器は，ロッシェル塩のように水溶性ではなく，耐水性および耐熱性に富む．

BaTiO$_3$ は温度が変化すると，図3.18 に示されるように，ある温度で結晶構造が変化する．$T = -90, 5, 133\,°C$ で逐次相転移をする．$T < -90\,°C$ では菱面体晶，$-90\,°C < T < 5\,°C$ では斜方晶，$5\,°C < T < 133\,°C$ では正方相**ペロブスカイト型**（perovskite-type）構造で強誘電性を示す．しかし，$133\,°C < T$ では立方晶ペロブスカイト型構造であり強誘電性を失う．なお，ペロブスカイトは CaTiO$_3$ の鉱物名であり BaTiO$_3$ と同じような組成を持つ．ペロブスカイト型構造物質は，高温酸化物超伝導，巨大磁気抵抗，プロトン伝導等の超イオン伝導，負の熱膨張等，研究対象としても好適な材料である．BaTiO$_3$ の他に，**ジルコン酸鉛**（lead zirconate），**チタン酸鉛**（lead titanate），**ジルコン酸-チタン酸鉛**（Pb(Zr, Ti)O$_3$，**PZT**）等の強誘電性を示すペロブスカイト構造を持つ化合物が存在する．図3.9 に示されているように，BaTiO$_3$ の単位格子の中には，Ba が8隅に，O の6面体の中心に Ti が存在している．Ba は単位格子の隣接上下，左右，縦横合計8個ある．温度が低下して各構造相転移すると，図3.18 に示されているように，平衡状態での原子の位置の立方晶の原子（イオン）配置に微小なずれが生じ，その結果，対称性が変化する．このような強誘電体は**変位型強誘電体**（displacive-type ferroelectrics）と呼ばれる．イオンの変位は自発的に起こるので，**自発変位**（spontaneous displacement）と呼ばれる．強誘電体には，変位型強誘電体の他に，

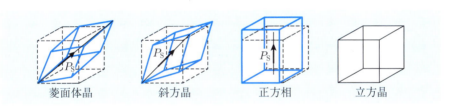

図3.18

リン酸2水素カリウム（KH$_2$PO$_4$），亜硝酸ナトリウム（NaNO$_2$）等の電気双極子が高温では無秩序に配置し，温度が低下すると整列する**秩序無秩序型強誘電体**（order-disorder-type ferroelectrics）がある．また，図3.18に示すような，温度による結晶の変形は，**自発変形**（spontaneous distortion）と呼ばれる．

強誘電性が生じる原因として種々提唱されている．変位型の強誘電性には，結晶を構成する原子の連成振動を量子化したフォノンのソフト化が関与していることが確かめられている．イオンが変位する場合，その変位による復元力（元の位置に戻ろうとする力）が変位量に比例する，いわゆるフックの法則に従う場合にはイオンが感じるポテンシャルエネルギー U は変位量 x に対してその2乗に比例する放物線型（$U(x) = cx^2$）になる．一方，図3.19に示されているような，変位量の2乗，4乗等の偶数べきが混じった井戸型（$U(x) = cx^2 + dx^4 + ex^6 + \cdots$）に近い形になっている場合，低温では，イオンは U が平坦な領域で変位しやすく，高温では，U が急激に大きくなる領域まで変位が及ぶために，変位しにくくなる．このようなポテンシャルは放物線型がソフト化したものである．外部電界を取り去っても，双極子モーメントが移動有限な残留分極を示すためには，ドメイン内のすべてのイオンが図3.19に示されているポテンシャルエネルギーが2つの極小値を持つ**2重井戸型ポテンシャル**（double1 well potential）の，どちらかの井戸に存在する必要がある．井戸が深い場合には，強い外部電界を印加してイオンを片方の井戸に偏らせると，外部電界を取り去ってもイオンが偏在したままになるので，残留分極は飽和分極と変わらず半永久的にドメイン壁が無いシングルドメイン構造を作り出すことができる．

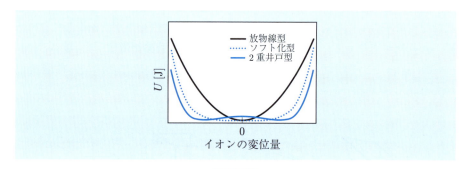

図3.19

3.3 圧電体材料

　圧電効果（piezoelectric effect）を示す材料は**圧電体**（piezoelectrics）と呼ばれる．"piezo"はギリシャ語であり英語の"to press（圧縮すること）"を意味する．今日，圧電体は，圧電デバイスとして，電子装置，制御装置，計測装置，分析装置，超音波発生装置・検出装置，エネルギー変換素子，ナノテクノロジー等として，研究開発，生産技術，医療技術，日常生活において必要不可欠なものである．本節では，圧電効果，圧電体，圧電性の応用について基本的な事項について説明を行う．

3.3.1 圧電効果

　圧電効果とは，機械的な歪みによって誘電分極が生じる**1次圧電効果**（direct effect）および圧電効果を生じる材料に電界を印加することにより，機械的な歪みを生じる2次圧電効果あるいは**逆圧電効果**（converse piezoelectric effect）をいう．1次圧電効果と逆圧電効果の両方が広く応用されている．1次圧電効果は機械エネルギーを電気エネルギーに変換するので，マイクロホン，固体電池，センサー素子，点火装置に使用されている．逆圧電効果は，電気エネルギーを機械エネルギーに変換し，いわゆる**電動機**（motor）のように動作し，超小型モータ，**電気機械変換器**（electromechanical transducer）へ応用されている．圧電効果はジャック キュリー（J. Curie）とピエール キュリー（P. Curie）により，1880年に，$(BO_3)_3Si_6O_{18}$を主成分とする珪酸塩鉱物のグループである**電気石**で発見された．トルマリン（tourmaline）もその1つである．

　結晶が反転操作に対して互いに重なり合う原点を持つ場合，この結晶は**対称中心**（center of symmetry，**CS結晶**）を持つという．これに対して，対称中心を持たないことをnoncentrosymmetric（**NCS結晶**）という．強誘電体は対称中心を持たない．また，強誘電性を示す結晶はすべて圧電性を示す．ただし，常誘電性物質でも圧電性を示すものがある．

　2次元のCS結晶とNCS結晶の正，負イオンの配列の一部が**図 3.20**に示されている．CS結晶では，A点を中心として180°回転する（反転）と原子は互いに重なる．これに機械的な力（外部応力）を加えて，例えば圧縮すると，寸法が小さくなるが，結晶の対称性が変化しなければ，正の電荷と負の電荷の重心が一致したままであり，実質的な電気双極子モーメントは生じない．一方，NCS結晶では，反転すると原子は互いに重ならない．圧縮前に正の電荷と負の電荷の重心が一致

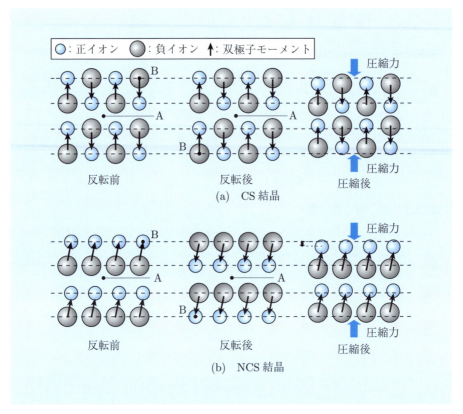

図 3.20

ていないので電気双極子モーメントが生じている．反転後，電気双極子モーメントの向きが反転する．圧縮後，正の電荷と負の電荷の重心は一般的にずれるので，実質的な電気双極子モーメントの変化が生じる．

3.3.2 圧電体および圧電体デバイス

前項に述べたように，強誘電性を示す結晶はすべて圧電性を示す．ここでは，そのうち，掻い摘んで紹介する．

ロッシェル塩は 1672 年にフランスの都市ラ・ロッシェル（La Rochelle）の薬剤師であったセニエット（P. de la Seignette）によって，初めて化合物として認められ，合成されたことに由来している．したがって，強誘電体は Rochell electricity, Seignette electricity と呼ばれることもある．ロッシェル塩の圧電効果が顕著であ

ることが，1880年頃にキュリー兄弟により報告された．

PZTはPbTiO$_3$とPbZrO$_3$がモル比で1:1-1.5なるように作製され，極めて実用性に優れた圧電体である．高分子化合物としては，フッ化ビニリデン（VDF）の共重合体等がある．

水晶は高安定振動子として多く用いられている．水晶は単結晶の形態で用いられ，これを，ある機械的固有振動数f[Hz]で共振するような寸法に切断して，2個の電極を付け，コンデンサ（水晶振動子）を構成し，共振周波数と同じ周波数fの正弦波電圧を加えると，周波数fで電気的な共振が生じる．これは**圧電共振**（piezoelectric resonance）と呼ばれる．水晶振動子の寸法を変えることによりfを変化させることができる．また，機械的固有振動は，最も振動数の低い基本波に対して正の整数倍の振動数を持つ．水晶をある特定の原子面で切断する（ATカット）と，機械的固有振動数は周囲の温度変化に対して極めて小さい変化しか示さないので，発信周波数が極めて安定した発振器を作製することができる．発振器は通常のインダクタ，コンデンサを用いて作製することができるが，周波数の安定性は，水晶振動子を用いたものには到底及ばない．

一次圧電効果と逆圧電効果の両方が利用されている**交差指形変換器**（InterDigital Transducer（**IDT**））が図3.21に示されている．IDTは2個1組の櫛形電極からなる．送信側のIDTでは，入力電圧により双方の櫛形電極（figure）の間に交流電界が現れるとともに，逆圧電効果により圧電体の表面に**弾性波**（acoustic wave）が励振される．これは**表面弾性波**（surface acoustic wave（**SAW**））と呼ばれる．各櫛の歯の間隔はSAWが干渉して打ち消さないようにされている．受信側においても同じIDTが採用されており，圧電体表面を伝搬してきたSAWがIDTに入射すると，1次圧電効果によりIDTの櫛形電極の間に電界が発生し，負荷を接続すれば，交流電流が流れる．以上より，このSAWデバイスは**品質係数**(qual-

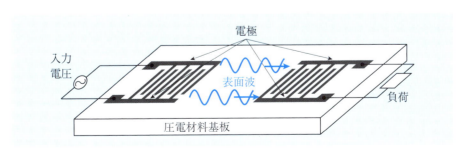

図3.21

ity factor（Q 値））が極めて高い，帯域通過フィルタとして機能し，通信へ応用されている．

3.3.3 焦電体

圧電体の中には，その温度を変化させると電圧が発生するものがある．このような現象は**焦電効果**（pyroelectric effect），このような性質は**焦電性**（pyroelectricity），焦電性を有する物質は**焦電体**（pyroelectric material）と呼ばれる．

自発分極を有する物質の表面に，焦電体の性質により現れる表面電荷は，温度一定の定常状態では，空気中あるいは多結晶の場合には物質内部の異符号の電荷により中和されており，正味電界が発生しない．しかし，温度が変化して自発分極が変化した場合，表面電荷が変化するが，すぐに異符号の電荷により中和されないために，その間，電界が発生する．発生する電界の強さは，多結晶よりも単結晶の方が強い．

焦電性を持っている身近な物質の1つとして，トルマリンがある．古くは，暖炉等に投げ込んで熱くした後に取り出し，煙突やパイプに入れて灰を取り除くのに使われていた．18世紀に，この現象は結晶の c 軸の両端に発生する符号の異なる帯電現象であるということが突き止められた．その後，電界が発生するメカニズムが科学的に解明され，結晶の自発分極に基づき発生することが分かった．焦電性を持つ結晶は現在では異極像結晶とも呼ばれており，人体等を検知する赤外線センサーやX線発生装置として実用化されている．

3.4 電気絶縁体材料

電気絶縁性体材料は，電気エネルギーを輸送するための送電設備，モータ，発電器，変圧器等の電気機器，電子回路，電子デバイス等の電気エネルギーや電気信号輸送するために経路と外界とを電気的に遮断するものである．現在，日本では実効値で最高 50 万ボルトの電圧で交流送電が行われている．極めて高い電圧の金属送電線が，人や動物が感電しないように地面から立った支柱を用いて高い位置に張られている．電気エネギーが地面に漏れないように，また，重量の大きい送電線を支えるために強靱なセラミックスで作られた絶縁碍子（ガイシ）を使用して支えられている．

誘電体では，電気双極子が平衡位置から並進運動により移動することがないので，基本的には電気伝導が生じない．多くの電気絶縁体は，その性質から，誘電体に分類される．電気絶縁体は，その形態から，固体，液体，気体に大別される．物理学でいう真空は，ほぼ完全な電気絶縁性を有する．また，真空に空気を満たした場合でも，その絶縁性は宇宙から飛来する高エネルギーの電磁波や粒子により空気分子が電離して低下するが，優れた絶縁体である．気体は金属線を支えることができないために送電線の絶縁碍子としては使用できないが，送電線間あるいは送電線と地面の間では空気は絶縁体として機能する．

電気絶縁体には電気絶縁性に加えて，難燃性，不燃性，また場合によっては耐熱性が必須となる場合がある．固体の場合には，それらに付け加えて機械的特性も重要となる．絶縁体を通信ケーブル等の超高周波用に使用する場合には，さらに，その誘電特性も重要となる．交流では複素誘電率の実部がなるべく ε_0 に近く，虚部は，0 に近いものが求められる．以上の諸条件を満足する材料は，天然に得られるものでは量的不足や絶縁性能の安定性に問題があり，多くの場合，人工的に合成されていることが多い．

3.4.1 気体電気絶縁体

気体電気絶縁体（gas electrical insulator，以後，**気体絶縁体**という）は電気絶縁体の中で最も軽く，固体と異なり被絶縁物に隙間なく充填されているために絶縁効果が高い．また液体と異なり，その除去が極めて容易である．気体絶縁体の身近な例として，送電線の場合，表 3.1 に示されるように，空気の，**絶縁破壊**（breakdown）を起こすことなく印加可能な最大の電界の強さを表す**絶縁耐力**（dielectric strength）は ≈ 3.0 MV/m である．絶縁耐力は，湿度や温度に依存する．種々の

表 3.1

気体	絶縁耐力	気体	絶縁耐力
SF_6	1 ($\approx 7.8\,\text{MV/m}$)	空気	0.37-0.4 ($\approx 3.0\,\text{MV/m}$)
He	0.06-0.2	CF_4	0.39-0.62
Ne	0.1	C_2F_6	0.67-0.90
H_2	0.2	2-C_4F_6	2.1-2.3
N_2	0.34-0.43	真空	$\approx 10^{11}$（シュウィンガー限界）

シュウィンガー限界：電磁界に非線形な効果が現れる電界の強さ．

条件を考慮して，送電電圧が実効値50万Vの場合には，送電線を支える支柱（鉄塔）の高さは80m以上となる．また，放電が起こりやすい遮断機や，変圧器等の各種電気器を個別の容器に入れたり，設備全体を建造物に入れて，気体を充塡することにより絶縁する方法もある．

表3.1に，6フッ化硫黄（SF_6）の絶縁耐力を1としたときの種々の気体の絶縁耐力が示されている．電気陰性度が高い窒素（N），フッ素（F）や塩素（Cl）等のハロゲンは空き電子軌道に電子を捕獲して閉殻構造を形成するために，絶縁破壊の原因となる電子を捕獲するので，絶縁耐力が閉殻構造を持つヘリウム（He）や水素と比較して大きい．また，気体の圧力が高くなると，気体分子の数が増加し，電子の捕獲数が増加するために，絶縁耐力が高くなる．

3.4.2 液体電気絶縁体

液体は気体よりも原子の密度が小さく，原子間距離が小さいために，電離等で生じた電子の平均自由行程が小さく，電気絶縁性が高く，比熱も大きいので冷却効果が大きいことが特徴の1つである．さらに，流動性があり，隙間等の空間を満たすことが可能であることが最大の特徴である．

■天然液体絶縁体

天然液体絶縁体（natural liquid insulator）の代表例として**鉱物油**（mineral oil）がある．鉱油あるいは鉱物性油とも呼ばれる．鉱物油は原油，天然ガス，石炭等の地下資源から得られる．不純物を多く含むため精製して使用される．主成分はCとHであり，基本的に有機物であるが，N, S, O等も含まれる．名前の由来は，その名前のごとく，石油と同様に鉱物とみなされた時代があったからである．鉱物油にはベンゼン環を含むナフテン系とアルキル基による鎖状炭化水素のパラフィン系

があり，産地により地下資源中の存在比率が異なる．安価であること，種々の粘度があること，引火点が比較的高いために，主にエンジンオイルや潤滑油として使用されている．変圧器，コンデンサ，回路遮断器，安定器等の液体であることが要求される電気絶縁体には，ナフテン系が使用されてきた．しかし，ナフテン系の原油の埋蔵量が減ってきているが，精製技術が進歩してパラフィン系への代替化が可能になった．

■**合成液体絶縁体**

合成液体絶縁体（synthesized liquid insulator）は鉱物油の代替絶縁液体として人工的に合成された．現在，シリコーン油や鉱物油に似たアルキルベンゼン，アルキルナフタレン，ポリブテン等の**合成油**（synthetic oils）が使用されている．比誘電率は 2.1-2.6 で比較的小さく，誘電正接 $\tan\delta = \frac{\varepsilon''}{\varepsilon'}$ は 10^{-4} 以下でかなり小さい．また，体積抵抗率は $10^{15}\,\Omega\cdot cm$ 以上である．絶縁破壊電圧は鉱物油と比較して遜色が無い．シリコーン油は，種々あるシリコーンのうち，分子量が低く液体になっているものを指す．一般に無色透明である．骨格がシロキサン結合でできているために耐熱性や電気絶縁性が優れ，引火点が約 300 ℃ であり他の合成オイルと比較して高い．耐寒性，耐水性に優れ，離型性，撥水性，消泡性等の鉱物油や他の合成油には無い特徴を持っている．しかし，粘性が比較的高く，鉱物油よりも高価であり，また強酸，強アルカリで劣化する．

3.4.3 固体電気絶縁体

固体電気絶縁体（solid electrical insulator，以後，**固体絶縁体**）には無機（inorganic）と有機（organic）材料とがある．**無機固体絶縁体**（inorganic solid insulator）は基本的には有機物を全く含まない．セラミックスが代表例である．一般的には硬く脆いものが多く，成形・加工が容易ではない．また曲げ等の可撓性がほとんどなく，変形しにくいという性質を持つが，耐熱性は極めて高い．例えば酸化アルミニウム（アルミナ）は 1800 ℃ 程度まで使用可能である．一方，**有機固体絶縁体**（organic solid insulator）には天然のものと化学的に合成された人工のものがある．無機固体絶縁体と異なり，成形・加工が容易，可撓性があり，変形可能という性質を持つが，耐熱性でははるかに劣る．なお，それぞれの長所を生かして加工性や，耐熱性を改善するために，有機絶縁体と無機絶縁体を混合した，いわゆる**複合体**（コンポジット（composite））材料も開発されている．

固体絶縁体はエネルギーバンドの禁制帯幅が半導体と比較して広いのが特徴である．しかし，温度が高くなると半導体と同様に伝導帯に励起される伝導電子の数が

急激に増加して電気伝導性が表れるものもあるので注意が必要である．

■無機固体絶縁体

無機固体絶縁体（inorganic solid insulator）は，主に電力送電用の送電線とアース間の絶縁をはじめとする送電碍子や，超 LSI の層間絶縁のために使用される．材料としてはケイ酸系のものが多い．

(1) **天然無機固体絶縁体** 天然無機固体絶縁体（natural inorganic solid insulator）の代表的な材料として，**雲母**（mica），石英や，その単結晶である水晶がある．雲母は天然には単結晶の形で産出され，日常では砂の中からも発見される．雲母は Si-O による 2 次元構造を持つ層状のケイ酸塩鉱物で，へき開性があり，薄く剥がすことができる．電気絶縁破壊強度が高く，電気特性に異方性がある．また耐熱性や機械強度も優れている．産地により，**白雲母**（muscovite）と**金雲母**（phlogopite）があり，組成はそれぞれ $KAl_3Si_3O_{10}$ および $KMg_3AlSi_3O_{10}(OH)_2$ である．白雲母の方が電気絶縁耐圧が高く誘電正接が小さい．ポリエチレンやガラス繊維を基材として雲母を接着したものはマイカテープと呼ばれ，家電製品の電気絶縁体として使用されている．天然マイカは産出量が少ないことから，合成マイカも生産されている．また，マイカ粉末と低融点ガラスを焼成した**マイカレックス**（mycalex）がある．電気絶縁性，機械的強度，耐熱性，寸法精度の安定性に優れ，切削が可能であり機械加工精度が高い．比誘電率が 6.7 程度で大きいが，誘電損失は 0.002 程度で比較的小さく，表面抵抗率が 10^{16} Ω·cm と極めて高い．

水晶は耐熱性に優れ絶縁破壊電圧も高く，誘電損失も極めて小さい．また，透明で紫外線透過率も高く，光学部品や振動子等の電子部品としても使用される．人工水晶もある．

(2) **合成無機固体絶縁体** 合成無機固体絶縁体（synthesized inorganic solid insulator）の代表例として，合成マイカ，ガラス，ステアタイト等がある．**ステアタイト**（steatite）は天然の滑石（タルク）を主原料とし，これを高温で焼成することにより得られる $MgSiO_3$（メタケイ酸マグネシウム）の結晶が主体のセラミックスである．ステアタイトは天然には存在しない．ステアタイトは高温でも優れた電気絶縁性を示す．誘電率が小さく，高周波における誘電正接が極めて小さいために高周波絶縁体，通信機器の絶縁端子として使用されている．また絶縁碍子として広く使用されている．他のセラミックスと比較して機械的強度が高く，寸法精度も良好であり，耐衝撃性にも優れている．また，化学的にも安定であり，特に耐酸性に優れている．また，滑石が地殻に豊富にある Mg や Si からできているために安価であり，滑石の柔らかさに由来して快削性があり機械加工が容易であり，精密な加

工が可能である．ステアタイトに似た**フォルステライト**（forsterite）Mg_2SiO_4 もステアタイトと同様の性質を持つ．フォルステライトは天然にも存在するが，合成もされている．フォルステライトの単結晶は近赤外用のレーザ結晶として引き上げ法で大型の結晶が合成されている．

■**有機固体絶縁体**

(1) **天然有機固体絶縁体** 天然有機固体絶縁体（natural organic solid insulator）には繊維質のものと樹脂状のものがある．繊維質の元として，植物性繊維である木綿，麻，動物性繊維として生糸（絹）がある．樹脂状のものとして，松等の針葉樹の樹脂が化石化した琥珀（コハク）等の植物性樹脂や，ラックカイガラ虫とその近縁の数種のカイガラムシの分泌する虫体被覆物を精製して得られるシェラック等の動物性樹脂がある．シェラックは防湿性が高く，金属やガラスに高強度接着可能である．電気仕上げ用のワニス等や紙や布等に含浸して電気絶縁体として使用されている．

(2) **合成有機固体絶縁体** 合成有機固体絶縁体（synthesized organic solid state insulator）は一般に樹脂（プラスチック）と呼ばれる高分子である．無機固体絶縁体と比較して，プラスチックの最大の特徴は，金属元素を含まないので軽量で，電気絶縁性が高く，特殊な形状への加工が格段に容易であることである．欠点としては，耐熱性に劣ることと，紫外線照射により高分子の分解が起こる等，耐候性や耐光性が低いことである．したがって，無機固体絶縁体と使い分けが必要である．

プラスチックは熱可塑性プラスチックと熱硬化性プラスチックに大別される．熱可塑性プラスチックは熱的に希望する形状に何度でも成形・加工し直すことができるが，熱硬化性プラスチックでは再形成は不可能である．汎用熱可塑性プラスチックの代表例として低密度ポリエチレン（PLDE），ポリプロピレン（PP），PS（ポリスチレン），ABS，ポリエチレンテレフタレート（PET），ポリカーボネート（PC），変性ポリフェニレンエーテル（m-PPE）等がある．また，スーパーエンプラと呼ばれる，耐熱温度が 150 ℃ 以上であり高温で長期間使用可能なプラスチックもある．また強靱であり優れた耐溶剤性を示す．代表例として，ポリフェニレンスルフィド（PPS），ポリエーテルエーテルケトン（PEEK），ポリイミド（PI），フッ素樹脂（PTFE 等）等がある．

電気絶縁性が極めて高い**結晶性プラスチック**（crystalline resin）にはガラス転移温度（T_g），軟化温度（T_m）の両方が存在する．T_g とは，室温から温度を上げていったときに，硬いガラス状態から柔らかいゴム状態に変化する温度をいう．T_g を境にして熱膨張係数，比熱，弾性率等が不連続的に変化する．T_g を超えて

も，見た目には大きな変化は無いが，T_m 以上では見た目にも明確に柔らかくなることによる変形がみられる．ガラス繊維等のフィラーを添加することにより強度，弾性率，耐熱性の補強効果が大きい．表 3.2 に代表的なプラスチックの電気的性質および熱的性質が示されている．

表 3.2

	LDPE	PP	PS	PET	m-PPE	PC	PTFE
比誘電率（1 kHz）	2.3	2.2	2.4-2.7	3.2	2.9	2.99	2.0-2.1
誘電正接（1 kHz）（$\times 10^{-4}$）	5	3	1-6	50	6	15	< 1
体積抵抗率（$\Omega \cdot cm$）	10^{18}	10^{20}	$> 10^{16}$	10^{20}	10^{16}	10^{15}	$> 10^{20}$
絶縁破壊強度（MV/m）（120 μm 厚）	120	110	20-28（3.18 mm 厚）	130	29	80	40-80
軟化温度，ガラス転移温度（℃）	130-137	168	100, 100-105	254-259, 73	150-170	150	327
熱伝導率（W/mK）	0.46-0.50	0.12	0.13	0.15	0.165-0.2	0.20	0.25

3章の演習問題

- **3.1** (3.1) 式で与えられる点 P における電位 $V(\mathrm{P})$ を導出せよ．
- **3.2** (3.2) 式で与えられる点 P における電界の強さ $\vec{E}(\mathrm{P})$ を導出せよ．
- **3.3**[*] (3.12) 式で与えられる $\vec{E}_{\mathrm{ext}}$ が誘電体円柱の中心軸と平行および垂直な場合の誘電体内の表面を除く任意の点 P における，それぞれの巨視電界 $\vec{E}(\mathrm{P})$ を求めよ．
- **3.4**[*] z 軸を極軸とする球座標を導入する．z 軸と平行に正の向きに印加された外部交流電界 $\vec{E}_{\mathrm{ext}}(t)$ の下で，球面座標 θ, φ で表される方向の微小立体角 $d\omega = \sin\theta\, d\theta d\varphi$ 内に極性分子の双極子モーメント $\vec{p}$ が向く確率を $f(\theta, \varphi, t)\, d\omega$ とする．温度 T において，$f(\theta, \varphi, t)$ は，

$$\frac{\partial f(\theta,\varphi,t)}{\partial t} = \frac{k_{\mathrm{B}}T}{\zeta}\left[\frac{1}{\sin\theta}\frac{\partial}{\partial \theta}\left\{\sin\theta\left(\frac{\partial f(\theta,\varphi,t)}{\partial \theta} + \frac{pE_{\mathrm{ext}}(t)\sin\theta}{k_{\mathrm{B}}T}\right)\right\}\right] \tag{3.47}$$

に従うとしたとき，配向分極の分極率 α_{ori} は，(3.26) 式で与えられることを示せ．ただし，ζ は永久双極子が液体中で回転するときの摩擦係数である．

- **3.5** 原子番号 Z の 1 個の原子の角周波数 $\omega\,[\mathrm{rad/s}]$ の外部交流電界 $\vec{E}_{\mathrm{ext}}(t)$ に対する電子分極率の周波数依存性を求めよ．ただし，電子の全電荷 $-Ze$ が原子の中心に集結して点電荷を形成していると仮定する．また，$\vec{E}_{\mathrm{ext}}(t)$ を印加したとき，原子核は不動であり，電子は全体に同じ量だけ変位し，原子核との間のクーロン引力による復元力はフックの法則に従うとせよ．
- **3.6** (3.37) 式を導出せよ．

第4章

磁性体材料

磁性体材料（magnetic material）を理解するための基礎科目としては電磁気学および量子力学が最も重要であり，本章では，これらの基本的な原理を用いて説明を行う．物質の磁気的な性質には原子中の電子が最も重要な役割を果たす．磁性は量子力学を用いて初めてその微視的なメカニズムが明らかとなる．まず，磁性体の**磁気的性質**（magnetic properties）の基礎的な事項について説明を行う．次に，磁気的性質が顕著に異なった磁性体について説明を行う．これにより，磁気的な性質の最も基本的な事項を理解することができよう．最後に，磁性体材料の応用例を紹介する．

4.1 磁気的性質

磁性は**弱磁性**（feeble magnetism）と**強磁性**（ferromagnetism）に分類される．弱磁性は，**常磁性**（paramagnetism）と**反磁性**（diamagnetism）に分類される．常磁性とは，磁界中でその方向に弱く磁化し，磁界の印加を止めると可逆的に**磁化**（magnetization）が消失する磁性である．このような性質を示す物質は**常磁性体**（paramagnetic material）と呼ばれる．反磁性とは，磁界と反対方向に磁化される磁性であり，一般に磁化は弱い．反磁性を示す物質は**反磁性体**（diamagnetic material）と呼ばれる．強磁性とは，電子が互いに相互作用しあって磁界が無い場合でも電子の**磁気モーメント**（magnetic moment）を同じ向きに整列させて**自発磁化**（spontaneous magnetization）を形成する性質である．強磁性を示す物質は**強磁性体**（ferromagnetism）と呼ばれる．磁性体として最も利用されているのは強磁性体である．

4.1.1 磁性の理論

電流は，磁界を形成する．また，磁性を論じる際に標準的に用いられる概念である磁気モーメントを作る．物質の磁気モーメントの根源は，物質を構成する原子中の電子の原子核の周りの**軌道運動**（orbital motion）および**電子スピン**（electron spin）による**束縛電流**（bound current）と呼ばれる物質に付随した電流である．ただし，ここでいう電流は，量子力学的には電子の角運動量に起因するものである．電子の角運動量には**軌道角運動量**（orbital angular momentum）と**スピン角運動量**（spin angular momentum）がある．スピン角運動量は粒子固有のものであり，電子以外に陽子や中性子も持っている．スピンは古典力学における，剛体球等の回転の自由度に対応するが，量子力学においては回転としては取り扱われない．また，スピンはシュレーディンガーの波動力学では説明されない．

電子の原子核の周りの軌道運動を古典電気磁気学的に取り扱うと，**図 4.1** に示されるように，1 個の質点としての電子が原子核の周りを，原子核を含む平面上で，原子核を中心として等速円運動あるいは面積速度一定の楕円運動をしていると仮定される．ここでは等速円運動しているとする．原子核の中心と電子の間の距離を r，電子

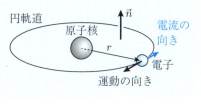

図 4.1

の速さを v とすると，電子が円軌道上の 1 点を 1 秒間に通過する電荷量が電流 I であるので，I は，

$$I = \frac{ev}{2\pi r} \, [\text{A}] \tag{4.1}$$

となる．この円電流による磁気モーメント $\vec{\mu}_l$ は，

$$\vec{\mu}_l = \vec{S} I = \pi r^2 \vec{n} \frac{ev}{2\pi r} = \frac{1}{2} evr \vec{n} \, [\text{A} \cdot \text{m}^2] \tag{4.2}$$

と定義される．ただし，$\vec{S}$ は軌道面の面積ベクトル，$\vec{n}$ は軌道面の単位法線ベクトルであり，$\vec{n}$ の向きは電流の流れる向きに右ねじを回転したときに右ねじの進む向きである．電子の軌道角運動量 $\vec{l}$ は，古典力学によれば $\vec{l} = \vec{r} \times \vec{p} = \vec{r} \times (m_e \vec{v})$ となる．ただし，$\vec{r}$ は原子核からみた電子の位置ベクトル，$\vec{p}$ は電子の運動量，m_e は電子の質量，$\vec{v}$ は電子の速度であり電流と逆向きである．$\vec{r}$ と $\vec{v}$ は互い垂直であり，$\vec{r} \times \vec{v} = -rv\vec{n}$ である．したがって，$\vec{\mu}_l$ は，(4.1) 式，(4.2) 式より，

$$\vec{\mu}_l = \frac{1}{2} evr \vec{n} = \frac{1}{2} \frac{e}{m_e} r m_e v \vec{n} = -\frac{1}{2} \frac{e}{m_e} \vec{l} \tag{4.3}$$

となる．同様にして，電子スピンによる電流による磁気モーメント $\vec{\mu}_s$ は，電子が半径 a，質量 m_e の剛体球であり，電荷 $-e$ が球内部に一様に分布し，中心を通る

軸の周りで角速度 ω で回転運動をしていると仮定すると，

$$\vec{\mu}_s = \frac{1}{5}ea^2\vec{\omega} \tag{4.4}$$

となる．ただし，$\vec{\omega}$ は角速度ベクトルであり，回転軸に平行であり，回転の向きに対して右ネジの進む向きである．詳細は章末演習問題 4.1 を参照のこと．一方，スピン角運動量 $\vec{s}$ は，回転の向きが電流の向きと逆であることに注意して，$\vec{s} = -\frac{2}{5}m_e a^2 \vec{\omega}$ となるので，(4.4) 式より，$\vec{\mu}_s = -\frac{e}{2m_e}\vec{s}$ となり，(4.3) 式と同様の結果が得られる．しかし，量子力学では，電子の原子核の周りの軌道運動による，$\vec{m}_l$ と $\vec{l}$ の関係および電子のスピンによる $\vec{m}_s$ と $\vec{s}$ の間の関係は，それぞれ，

$$\vec{\mu}_l = -g_l \frac{1}{2}\frac{e}{m_e}\vec{l}, \quad \vec{\mu}_s = -g_s \frac{e}{2m_e}\vec{s} \tag{4.5}$$

となる．ただし，g_l および g_s は **g 因子**（g-factor）と呼ばれる補正因子である．g_l の値は正確に $g_l = 1$ であるが，g_s の値は，電子が光子を放出し再吸収するという量子電磁力的効果まで取り入れた場合，約 2.0023 であり，2 に近い値である．したがって，慣例上，

$$\vec{\mu}_s \cong -\frac{e}{m_e}\vec{s} \tag{4.6}$$

と書かれることが多いが，ここでは g_s のままにしておく．以上をまとめると，(4.5) 式，(4.6) 式より，

$$\vec{\mu}_l = -\frac{1}{2}\frac{e}{m_e}\vec{l}, \quad \vec{\mu}_s = -g_s \frac{e}{2m_e}\vec{s} \tag{4.7}$$

である．

古典力学における軌道角運動量 $\vec{l} = \vec{r} \times \vec{p}$ は，量子力学では $\vec{r} \times \frac{\hbar}{j}\vec{\nabla}$ と書かれる．量子力学では，軌道角運動量 $\vec{l} = (l_x, l_y, l_z)$，スピン角運動量 $\vec{s} = (s_x, s_y, s_z)$ は演算子であり，それぞれ<u>軌道波動関数</u> $\varphi(\vec{r})$，<u>スピン波動関数</u> α に作用して，

$$\vec{l} \cdot \vec{l}\,\varphi(\vec{r}) = \left(l_x^2 + l_y^2 + l_z^2\right)\varphi(\vec{r}) = l(l+1)\hbar^2\varphi(\vec{r})$$
$$l_w \varphi(\vec{r}) = m_{lw}\hbar\varphi(\vec{r}), \quad (w = x, y, z \text{ のいずれか 1 つ})$$
$$\vec{s} \cdot \vec{s}\,\alpha = s(s+1)\hbar^2\alpha$$
$$s_w \alpha = m_{sw}\hbar\alpha, \quad (w = x, y, z \text{ のいずれか 1 つ})$$

となる固有方程式が成立する．ただし，l は自然数，s は $\frac{1}{2}$ である．α は電子内部

の性質であるので，存在する位置 $\vec{r}$ に依存しない．$m_w\hbar, m_{sw}\hbar$ はそれぞれ l_w, s_w の3つの成分のうちいずれか1つに対する固有値である．ここでは，l_w として l_z を選択することにする．このとき，l_z に対する固有値 $m_{lz}\hbar$ は定まるが，l_x かつ l_y に対しては不定であり，$\vec{l}$ を xy 平面上に射影したベクトルの方向は，等確率であらゆる方向を向いている．$l=$ 一定とすると，l の終点は，ベクトル $\vec{l}$ の始点を中心とする半径 $\sqrt{l(l+1)}\hbar$ の球面上にあり，半径 $\sqrt{l(l+1)-m_{lz}^2}\hbar$ の円を描く．l_z の固有値 $m_{lz}\hbar$ は，$\hbar$ を量子単位として量子化されており，m_{lz} は $-l$ から $+l$ までの整数で，全部で $2l+1$ 個の固有値がある．

■ **例題 4.1**（$\vec{l}\cdot\vec{l}$ と l_z の固有値）■

$l=2$ の場合 $\vec{l}\cdot\vec{l}$ と l_z の固有値の間の関係を図示せよ．また，球の半径および l_z の固有値を求めよ．

【解答】 $\vec{l}\cdot\vec{l}$ と l_z の固有値の間の関係を図示すると図 4.2 のようになる．球の半径は $\sqrt{6}\hbar$，l_z の固有値 $m_{lz}\hbar$ は $-2\hbar, -\hbar, 0, \hbar, 2\hbar$ の5つである．球の半径は決して $\hbar$ の整数倍ではないので，$\vec{l}$ は z 軸と平行となることはない．スピン角運動量に対しても，軌道角運動量と同様の関係が成立する．固有値 $m_{sw}\hbar$ は $\pm\frac{1}{2}\hbar$ の2つである． ■

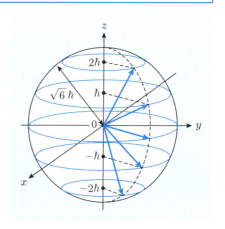

図 4.2

$\vec{l}$ は演算子であるから，(4.7) 式より，$\vec{\mu}_l$ も演算子であり，その固有値 μ_{lz} は l_z の固有値 $m_{lz}\hbar$ に対して，

$$\mu_{lz} = -\frac{1}{2}\frac{e}{m_e}m_{lz}\hbar \equiv -\mu_B m_{lz} \tag{4.8}$$

となる．ただし，$\mu_B = \frac{1}{2}\frac{e\hbar}{m_e}$ は**ボーア磁子**（Bohr magneton）あるいは**ボーア-プロコピウ磁子**（Bohr-Procopiu magneton）と呼ばれ，その値は約 9.274×10^{-24} J/T である．スピン角運動量に対しても，その固有値 μ_{sz} は，s_z の固有値 $m_{sz}\hbar$ に対して，$\mu_{sz} = -g_s\mu_B m_{sz} \cong -2\mu_B m_{sz}$ となる．

外部磁束密度 $\vec{B}_{\text{ext}} = (0, 0, B_{\text{ext}})$ が存在する空間中に磁気モーメント $\vec{\mu}$ を置いたときのポテンシャルエネルギー U は，例題 3.1 の電気双極子モーメントと同様に，

$$U = -\vec{\mu} \cdot \vec{B}_{\text{ext}} \qquad (4.9)$$

と表される. $\vec{\mu}$ と $\vec{B}_{\text{ext}}$ が平行のとき, U は最小となり, 安定状態となる. 電子の軌道運動に対するエネルギー固有値 $E_{m_{lz}}$ は, (4.8) 式, (4.9) 式より,

$$E_{m_{lz}} = -\vec{\mu}_l \cdot \vec{B}_{\text{ext}} = \mu_B m_{lz} B_{\text{ext}} \qquad (4.10)$$

となる. $E_{m_{lz}}$ は離散的で, $2l+1$ 個の値を持つ. 各 $E_{m_{lz}}$ の出現確率は, 統計力学によると,

$$\tfrac{1}{Z}\exp\left(-\tfrac{E_{m_{lz}}}{k_B T}\right), \quad Z = \sum_{m_{lz}=-l}^{l} \exp\left(-\tfrac{E_{m_{lz}}}{k_B T}\right) \qquad (4.11)$$

である. ただし, Z は分配関数である. したがって, 磁気モーメント $\vec{\mu}_l$ の z 成分 μ_{lz} の固有値の平均値 $\overline{\mu}_{lz}$ は, (4.10) 式, (4.11) 式より,

$$\overline{\mu}_{lz} = -\mu_B \overline{m}_{lz} = -\mu_B \frac{\sum_{m_{lz}=-l}^{l} m_{lz}\exp\left(-\tfrac{\mu_B m_{lz} B_{\text{ext}}}{k_B T}\right)}{\sum_{m_{lz}=-l}^{l}\exp\left(-\tfrac{\mu_B m_{lz} B_{\text{ext}}}{k_B T}\right)} \equiv \mu_B l B_{\text{rill}}\left(\tfrac{\mu_B l B_{\text{ext}}}{k_B T}\right) \qquad (4.12)$$

となる. ただし,

$$B_{\text{rill}}(x) = \tfrac{2l+1}{2l}\coth\left(\tfrac{2l+1}{2l}x\right) - \tfrac{1}{2l}\coth\left(\tfrac{1}{2l}x\right) \qquad (4.13)$$

であり, $B_{\text{rill}}(x)$ はブリユアン関数 (Brillouin function) と呼ばれる. (4.13) 式の導出については章末演習問題 4.2 を参照せよ. 磁性体中に原子が単位体積当たり n 個存在し, 原子同士の相互作用が無いとするとき, 磁化の z 成分 M_z は, (4.12) 式より, $M_z = -n\mu_B \overline{m}_{lz} = n\mu_B l B_{\text{rill}}\tfrac{\mu_B l B_{\text{ext}}}{k_B T}$ となる. 同様にして, 電子のスピンに対するエネルギー固有値 $E_{m_{sz}}$ は, (4.10) 式より, $E_{m_{sz}} = -\vec{\mu}_s \cdot \vec{B} = 2\mu_B m_{sz} B_{\text{ext}}$ となる. $E_{m_{sz}}$ は 2 個の固有値を持つ. μ_{sz} の平均値 $\overline{\mu}_{sz}$ は,

$$\overline{\mu}_{sz} = -g_s \mu_B \overline{m}_{sz} = -g_s \mu_B \frac{\tfrac{1}{2}\exp\left(-\tfrac{g_s \mu_B B_{\text{ext}}}{2k_B T}\right) - \tfrac{1}{2}\exp\left(\tfrac{g_s \mu_B B_{\text{ext}}}{2k_B T}\right)}{\exp\left(-\tfrac{g_s \mu_B B_{\text{ext}}}{2k_B T}\right) + \exp\left(\tfrac{g_s \mu_B B_{\text{ext}}}{2k_B T}\right)}$$
$$= \tfrac{g_s \mu_B}{2}\tanh\left(\tfrac{g_s \mu_B B_{\text{ext}}}{2k_B T}\right) \qquad (4.14)$$

となる. スピンによる磁化の z 成分 M_{sz} は, (4.14) 式より,

$$M_{sz} = n\overline{\mu}_{sz} = \tfrac{n g_s \mu_B}{2}\tanh\left(\tfrac{g_s \mu_B B_{\text{ext}}}{2k_B T}\right) \qquad (4.15)$$

となる.

4.1.2 原子やイオンの磁性とフントの規則

1個の原子やイオンの持つ電子の数を Z 個とする．i 番目の電子の軌道角運動量を $\vec{l}_i$，スピン角運動量を $\vec{s}_i$ とすると，全軌道角運動量 $\vec{L}$ および全スピン角運動量 $\vec{S}$ は，それぞれ $\vec{L} = \sum_{i=1}^{Z} \vec{l}_i$ および $\vec{S} = \sum_{i=1}^{Z} \vec{s}_i$ であり，全角運動量 $\vec{J}$ は

$$\vec{J} = \vec{L} + \vec{S}$$

となる．

原子やイオンの各軌道には，パウリの排他律により，異なるスピンの向きを持つ2個の電子までが収容される．2個以上の電子が存在する場合には，基底状態では，エネルギーの低い順に軌道が占有されていく．しかし，$l \geq 1$ の場合，各 l に対して $2l+1$ 個の軌道のエネルギーは等しく $2l+1$ 重に縮退しており，電子が軌道を占有する選択肢は $2l+1$ 個あることになる．この場合，電子がどの軌道を占有するかは，原子やイオン中の全角運動量 $\vec{J}$ について次の**フントの規則**（Hund rule）に従って決められる．

(1) 各電子のスピンはパウリの排他律を満たしたうえで，全電子の合成スピン角運動量 $\vec{S}$ が最大になるように配置される．

(2) 合成スピン角運動量 $\vec{S}$ が最大になるような配置が複数ある場合は，合成軌道角運動量 $\vec{L}$ が最大になるように配置される．

(3) 全角運動量量子数 $\vec{J}$ は，電子数がその殻に入れる総数の半分未満の場合は $\vec{L} - \vec{S}$，半分を含む半分以上の場合は $\vec{L} + \vec{S}$ となる．

以上の規則の基になっているのがパウリの排他律と電子間のクーロン斥力である．フントの規則は量子力学が誕生したころにドイツの物理学者フント（F. Hund）により提唱された経験則である．規則(1)については，現在では理論的根拠が明らかになっている．$\vec{S}$ が最大になると，電子の存在確率の高い領域は原子核に近くなり，原子核によるクーロン引力が大きくなって，その結果，電子の全エネルギーは低くなることが，量子力学を用いた計算により確認されている．(2)については(1)と定性的には似ているが，理論的根拠が(1)より不確かである．(3)は，電子の軌道運動により，$\vec{L}$ に比例する磁束密度が発生し，電子のスピン $\vec{S}$ がその磁界の影響を受ける（**スピン-軌道相互作用**（spin-orbit interaction）という）ために，電子のポテンシャルエネルギーが変化する．そのとき，全電子のエネルギーが最も低くなるように，$\vec{J}$ が決まる．フントの規則は原子やイオンの電子の配置を知る上では，極めて有用な規則である．

4.1.3 原子やイオンの磁気モーメント

表 4.1 に原子番号 25 から 62 までの磁性に深く関係する原子あるいはイオンの一部の電子配置，スピン配列を示す．g_J は後に述べる**ランデの g 因子**（Lande g-factor）である．陽子は軌道運動をしていないので，それによる磁気モーメントは $0\,\mathrm{A\cdot m^2}$ であるが，スピン角運動量を持つ．しかし，陽子の質量は，電子の質量の約 1840 倍であるため，g 因子の違いを考慮しても，なお陽子の磁気モーメントは，電子の磁気モーメントよりも 3 桁程度小さくなる．したがって，ここでは，議論を簡単化するために，電子の磁気モーメントのみを考える．

$\vec{L}\cdot\vec{L}, \vec{S}\cdot\vec{S}, \vec{J}\cdot\vec{J}$ の固有値は，それぞれ $L(L+1)\hbar^2, S(S+1)\hbar^2, J(J+1)\hbar^2$ である．$\vec{J}$ による磁気モーメント $\vec{\mu}_J$ は，(4.7) 式より，

$$\vec{\mu}_J = -\mu_\mathrm{B}\frac{\vec{L}}{\hbar} + \left(-g_s\mu_\mathrm{B}\frac{\vec{S}}{\hbar}\right) = -\mu_\mathrm{B}\frac{\vec{L}+g_s\vec{S}}{\hbar} \cong -\mu_\mathrm{B}\frac{\vec{L}+2\vec{S}}{\hbar} = -\mu_\mathrm{B}\frac{\vec{J}}{\hbar} - \mu_\mathrm{B}\frac{\vec{S}}{\hbar}$$

となり，$\vec{\mu}_J$ は $\vec{J}$ と異なる方向を持つことに注意が必要である．$\vec{\mu}_J$ の時間平均 $\overline{\vec{\mu}}_J$ は $\overline{\vec{\mu}}_J = -\frac{g_J\mu_\mathrm{B}\vec{J}}{\hbar}$ となる．g_J は，

$$\begin{aligned}g_J &= 1 + (g_s - 1)\frac{J(J+1)+S(S+1)-L(L+1)}{2J(J+1)} \\ &\cong 1 + \frac{J(J+1)+S(S+1)-L(L+1)}{2J(J+1)}\end{aligned} \quad (4.16)$$

である．(4.16) 式の導出については章末演習問題 4.3 を参照せよ．$\vec{L}$ および $\vec{S}$ は，図 4.3 に示されるように，$\vec{J}$ の周りを**歳差運動**（precession）する．さらに $\vec{L}+$

表 4.1

原子番号 Z	原子	電子配置	スピン配列
25	Mn	$4s^2 3d^5$	↑↑↑↑↑
25	Mn^{2+}	$4s^0 3d^5$	↑↑↑↑↑
26	Fe	$4s^2 3d^6$	↑↓↑↑↑↑
26	Fe^{2+}	$4s^0 3d^6$	↑↓↑↑↑↑
26	Fe^{3+}	$4s^0 3d^5$	↑↑↑↑↑
27	Co	$4s^2 3d^7$	↑↓↑↓↑↑↑
27	Co^{2+}	$4s^0 3d^7$	↑↓↑↓↑↑↑
28	Ni	$4s^2 3d^8$	↑↓↑↓↑↓↑↑
28	Ni^{2+}	$4s^0 3d^8$	↑↓↑↓↑↓↑↑
62	Sm	$6s^2 4f^6$	↑↑↑↑↑↑
62	Sm^{2+}	$6s^0 4f^6$	↑↑↑↑↑↑
62	Sm^{3+}	$6s^0 4f^5$	↑↑↑↑↑

4.1 磁気的性質

$g_s\vec{S}$ も $\vec{J}$ の周りを歳差運動することになる。そして，その軌道は，図 4.3 に示される 2 つの円で挟まれた領域（A 面）となる。したがって，時間平均した磁気双極子モーメント $\overline{\vec{\mu}}_J$ は，$\vec{J}$ と同じ方向を向き，$\overline{\vec{\mu}}_J$ の固有値は，$\vec{L}+g_s\vec{S}$ の $\vec{J}$ 方向の成分 $\left(\vec{L}+g_s\vec{S}\right)_J$ となる。

外部磁束密度 $\vec{B}_{\text{ext}}$ を印加すると，ポテンシャルエネルギー演算子 U_J は，

$$U_J = -g_J\mu_B \frac{\vec{J}}{\hbar} \cdot \vec{B}_{\text{ext}} = -g_J\mu_B \frac{J_z}{\hbar} B_{\text{ext}}$$

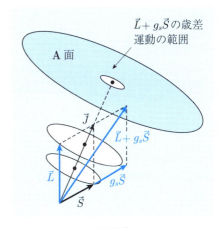

図 4.3

であるから，U_J の固有値は $-g_J\mu_B m_{Jz} B_{\text{ext}}$ である。ただし，$m_{Jz} = -J, -(J-1), \ldots, J-1, J$ である。互いに相互作用の無い原子が，単位体積当たり n 個存在するとき，磁化 M_J は，

$$\begin{aligned} M_J &= -ng_J\mu_B \overline{m}_{Jz} = -ng_J\mu_B \frac{\sum_{m_{Jz}=-J}^{J} m_{Jz} \exp\left(-\frac{g_J\mu_B m_{Jz} B_{\text{ext}}}{k_B T}\right)}{\sum_{m_{Jz}=-J}^{J} \exp\left(-\frac{g_J\mu_B m_{Jz} B_{\text{ext}}}{k_B T}\right)} \\ &= ng_J\mu_B J B_{\text{rill}}\left(\frac{g_J\mu_B J B_{\text{ext}}}{k_B T}\right) \end{aligned} \quad (4.17)$$

となる。磁性体が，等方的あるいは立方対称性を持つ場合，$B_{\text{ext}} = \mu_0 H_{\text{ext}}$ で定義される H_{ext} に対する M_J の比 χ_J は，(4.17) 式より，

$$\chi_J = \frac{M_J}{H_{\text{ext}}} = \frac{ng_J\mu_B J B_{\text{rill}}\left(\frac{g_J\mu_B J B_{\text{ext}}}{k_B T}\right)}{H_{\text{ext}}} = \frac{ng_J\mu_B J B_{\text{rill}}\left(\frac{g_J\mu_B J \mu_0 H_{\text{ext}}}{k_B T}\right)}{H_{\text{ext}}} \quad (4.18)$$

となり，B_{ext} 依存性を持つ。ただし，μ_0 は真空の透磁率（$4\pi \times 10^{-7}$ H/m）である。

4.1.4 閉殻構造を持つ原子やイオン

各軌道が最多の電子で満たされている電子配置は**閉殻構造**（closed shell）と呼ばれる。閉殻構造を持つ原子やイオンには Ar, Na^+, Mg^{2+}, Cl^-, O^{2-} 等がある。閉殻構造なので，$L=0, S=0, J=0$ である。閉殻構造ではない，電子スピンによる磁気モーメントを持つイオンの 1 例として，3 価の鉄イオン Fe^{3+} がある。3d 軌道には 10 個の電子を収容できるが，そのうち，5 個が電子によって占有されている。このとき，フントの規則 (1) により，$\vec{S}$ が最大になるように電子が配置されるので，電子のスピンの向きはすべて同じであり，スピンの配置は 1 通りである。したがって，$S = 5 \times \frac{1}{2} = \frac{5}{2}$ である。このとき，どの 2 個の電子も，同じ合成軌

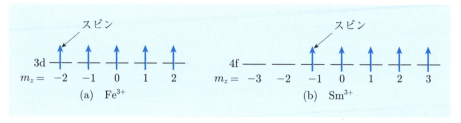

図 4.4

道角運動量の固有値を持つことはできないので，それぞれの電子の固有値 $m_{lz}\hbar$ は $-2\hbar, -\hbar, 0, \hbar, 2\hbar$ となる．したがって，$L=0$ である．その様子が図 4.4(a) に示されている．d 軌道の最多の電子収容数は 10 個である．したがって，電子数 5 個は，最多電子収容数の半分以上になり，フントの規則 (3) により $J=L+S=\frac{5}{2}$ となる．L, S, J を (4.16) 式に代入すると，ランデの因子 g_J は，

$$g_{\frac{5}{2}} = 1 + (g_s - 1) \frac{\frac{5}{2}\left(\frac{5}{2}+1\right) + \frac{5}{2}\left(\frac{5}{2}+1\right) - 0}{2\frac{5}{2}\left(\frac{5}{2}+1\right)}$$

$$= g_s \cong 2$$

となる．

　希土類元素の原子（原子番号 57-71 の 15 種．4f 電子を持っている）の 4s 以下の殻は閉殻構造となり，4f 電子の合成軌道角運動量と合成スピン角運動量により g_J が定まる．

■ 例題 4.2（希土類元素のランデの因子）■
3 価のサマリウムイオン Sm^{3+} の g_J を求めよ．

【解答】　3 価のサマリウムイオン Sm^{3+} では，4f 軌道に 5 個の電子を持つ．4f 軌道は 14 個の電子を収容できるので，パウリの排他律に従って，その半分の 7 個までスピンが平行になる．したがって，4f 軌道を占有している 5 個の電子のスピンは，すべて同じ向きであり，$S = 5 \times \frac{1}{2} = \frac{5}{2}$ である．この場合の電子の配置の仕方は複数個あり，フントの規則 (2) を適用すると，L を最大にする $m_{lz}\hbar$ は $-\hbar, 0, \hbar, 2\hbar, 3\hbar$ である．したがって，

$$L = (-1) + 0 + 1 + 2 + 3 = 5$$

となる．この様子が図 4.4(b) に示されている．4f 軌道を占有している電子数が 5 であり，最多電子収容数 14 の半分である 7 未満なので，フントの規則 (3) から $J = L - S = 5 - \frac{5}{2} = \frac{5}{2}$ となるので，$g_{\frac{5}{2}} \cong \frac{2}{7}$ となる．■

4.2 磁性体材料の磁気的性質

反磁性体，常磁性体，最後に磁気モーメントが秩序配列をした秩序構造を持つ磁性体である強磁性体材料の磁気的性質について説明を行う．また，実用上重要である複素透磁率，磁気損失についても説明を行う．磁性体を正しく理解するためには，量子力学は必要であるが，準古典的な方法も含めて，各磁性体の性質について理解することができよう．

4.2.1 磁性体の磁化率と透磁率

外部磁界 $\vec{H}_{\text{ext}}$ を磁性体に印加すると，磁性体中の磁気双極子にトルクが働き磁気モーメントが $\vec{H}_{\text{ext}}$ と同じ方向および向きをとろうとする．このとき磁化 $\vec{M}(\text{P})$ も $\vec{H}_{\text{ext}}$ と同じ方向および向きをとる．そうすると，図 4.5 に示されるように磁性体の左側の表面に負の**磁極**（magnetic poles）が現れ，右側には正の磁極が現れる．表面磁極密度は $\vec{M} \cdot \vec{n}$ で与えられる．ただし，$\vec{n}$ は磁性体表面の，表向きの単位法線ベ

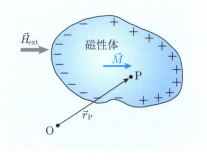

図 4.5

クトルである．この磁極は，誘電体と同様に，磁性体内の任意の点 P に反磁界 $\vec{H}_1(\text{P})$ を形成する．$\vec{H}_1(\text{P})$ の向きは表面に現れる磁極の符号から $\vec{H}_{\text{ext}}$ とは方向が同じで向きが逆になる．その意味で $\vec{H}_1(\text{P})$ は点 P における**反磁極磁界**（depolarization magnetic field strength）と呼ばれる．また $-\vec{H}_1(\text{P})$ は**減磁力**（demagnetization force）と呼ばれる場合もある．その結果，磁性体内の表面を除く任意の点における**巨視磁界**（macroscopic magnetic field strength）$\vec{H}(\text{P})$ [A/m] は，

$$\vec{H}(\text{P}) = \vec{H}_{\text{ext}} + \vec{H}_1(\text{P}) \tag{4.19}$$

となる．誘電体の場合と同様に磁性体中の磁気双極子は $\vec{H}_{\text{ext}}$ ではなく，$\vec{H}(\text{P})$ を感じている．$\vec{H}_1(\text{P})$ は $\vec{H}_{\text{ext}}$ と逆向きになるので，(4.19) 式より，$\vec{H}(\text{P})$ の大きさは，$\vec{H}_{\text{ext}}$ の大きさよりも小さくなる．

磁性体が等方的であり磁性体内のある点 P における磁化 $\vec{M}(\text{P})$ [A/m] が $\vec{H}(\text{P})$ に比例するとき，すなわち，$\vec{M}(\text{P}) = \chi_m \vec{H}(\text{P})$ となるとき，点 P における磁束密度 $\vec{B}(\text{P})$ は，

$$\vec{B}(\mathrm{P}) = \mu_0 \vec{H}(\mathrm{P}) + \vec{M}(\mathrm{P}) = \mu_0 \vec{H}(\mathrm{P}) + \chi_\mathrm{m} \vec{H}(\mathrm{P})$$
$$= (\mu_0 + \chi_\mathrm{m}) \vec{H}(\mathrm{P}) \equiv \mu \vec{H}(\mathrm{P}) \tag{4.20}$$

となる．ただし，χ_m は**磁化率**（magnetic susceptibility），(4.20) 式のように定義された $\mu = \mu_0 + \chi_\mathrm{m}$ は**透磁率**（permeability）と呼ばれる．χ_m は $\vec{H}(\mathrm{P})$ に依存する場合もあるが，ここでは定数とする．μ は，静磁界では μ_0 よりも大きい．ただし，交流磁界では μ_0 よりも小さくなることや負の値になることもある．

4.2.2 反磁性体

反磁性体を外部磁界中に置くとき，外部磁界と反対の向きに磁化されるので，反磁性体の磁化率の符号は負である．反磁性の場合には，原子中の電子の軌道運動による磁気モーメントの大きさが減少するために，磁化率の符号が負になる．反磁性は，すべての物質に生じているが，磁化率が極めて小さいために，磁気モーメントを持つ物質（常磁性体，強磁性体等）では，その変化は隠されてしまっている．反磁性は，以下の方法で観察される．

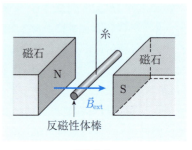

図 4.6

図 4.6 に示されるように，反磁性体の棒を磁界中に細い柔らかい糸で吊すと，外部磁束密度 $\vec{B}_\mathrm{ext}$ に対して反発する力が棒に働き，糸を中心軸として棒にトルクが生じて回転する．トルクは棒の長さに比例するので，棒が $\vec{B}_\mathrm{ext}$ と垂直になるときにトルクが最も小さくなり，回転が止まる．

反磁性は，1845 年にファラデーによって発見された．典型的な反磁性体として，Zn, Sb, Au, Hg, H, S, Cu, He, Bi, Cl 等がある．このうちで，ビスマス Bi は，自由電子の運動による**ランダウ反磁性**（Landau diamagnetism）を顕著に示す．

原子中の電子の軌道運動に外部磁束密度 $\vec{B}_\mathrm{ext}$ が作用したときに，その磁気モーメントが減少する様子を古典理論により考察する．電子の軌道運動に対応して生じる磁気モーメント $\vec{\mu}_l$ は軌道面に垂直であり，電子の軌道角運動量と逆向きとなる（図 4.1 参照）．原子核の電荷を Ze，電子の等速円運動の角速度を ω とすると，クーロン引力が向心力となるので，

$$-\frac{Ze^2}{4\pi\varepsilon_0 r^2}\frac{\vec{r}}{r} = -m_\mathrm{e} r\omega^2 \frac{\vec{r}}{r}$$

となる．$\vec{B}_{\text{ext}}$ を $\vec{M}$ と平行になるように印加すると，電子に働くローレンツ力 $\vec{F}$ は，

$$\vec{F} = -e\vec{v} \times \vec{B}_{\text{ext}} = evB_{\text{ext}}\frac{\vec{r}}{r} = er\omega B_{\text{ext}}\frac{\vec{r}}{r}$$

となりクーロン引力と逆向きになる．その結果，$\vec{F}$ により向心力 $m_e r\omega^2$ は小さくなる．電流 I は $I = \frac{ev}{2\pi r} = \frac{e\omega}{2\pi}$ であるので，$\vec{F}$ により r は変化しないとすれば，ω が小さくなり，I が小さくなる．以上より，$\vec{B}_{\text{ext}}$ を印加すると $\vec{\mu}_l$ が小さくなる．詳細については，章末演習問題 4.6 を参照のこと．

4.2.3 常 磁 性 体

■ランジュバンの常磁性理論

外部磁界を印加していないとき，伝導電子のスピンの磁気モーメント $\vec{\mu}$ があらゆる方向を向いているとする．外部磁束密度 $\vec{B}_{\text{ext}}$ を印加すると，$\vec{B}_{\text{ext}}$ の方向と θ の角度をなす磁気モーメント $\vec{\mu}$ のポテンシャルエネルギー U は，

$$U = -\vec{\mu} \cdot \vec{B}_{\text{ext}} = -|\vec{\mu}|B_{\text{ext}}\cos\theta \tag{4.21}$$

である．

■ **例題 4.3（ランジュバンの常磁性理論）** ■

伝導電子の濃度を n [m^{-3}] とし，伝導電子のスピンの磁気モーメント $\vec{\mu}$ 間に相互作用がないとする．伝導電子に一様な $\vec{B}_{\text{ext}}$ を印加したときの温度 T [K] における磁化 M および磁化率 χ_{m} を，(4.21) 式を用いて求めよ．

【解答】 $\vec{B}_{\text{ext}}$ を印加したときの $\vec{\mu}$ の平均値を $\overline{\vec{\mu}}$ とすると，$M = n|\overline{\vec{\mu}}|$ となる．$\frac{|\vec{\mu}|B_{\text{ext}}}{k_{\text{B}}T} \equiv \alpha$ とすると，M は (4.21) 式より，

$$\begin{aligned}
M = n|\overline{\vec{\mu}}| &= n\frac{\int_{\varphi=0}^{2\pi}\int_{\theta=0}^{\pi}|\vec{\mu}|\cos\theta\exp(\alpha\cos\theta)\sin\theta\,d\theta\,d\varphi}{\int_{\varphi=0}^{2\pi}\int_{\theta=0}^{\pi}\exp(\alpha\cos\theta)\sin\theta\,d\theta\,d\varphi} \\
&= n|\vec{\mu}|\frac{\int_{\theta=0}^{\pi}\cos\theta\exp(\alpha\cos\theta)\sin\theta\,d\theta}{\int_{\theta=0}^{\pi}\exp(\alpha\cos\theta)\sin\theta\,d\theta} \\
&= n|\vec{\mu}|\frac{\int_{t=1}^{-1}t\exp(\alpha t)dt}{\int_{t=1}^{-1}\exp(\alpha t)dt} = n|\vec{\mu}|\left(\coth\alpha - \frac{1}{\alpha}\right) \equiv n|\vec{\mu}|L_{\text{an}}\left(\frac{|\vec{\mu}|B_{\text{ext}}}{k_{\text{B}}T}\right)
\end{aligned} \tag{4.22}$$

となる．ただし，$L_{\text{an}}(x) = \coth x - \frac{1}{x}$ は**ランジュバン関数**（Langevin function）と呼ばれ，図 4.7 に示されている．量子力学を用いる場合には，$L_{\text{an}}(x)$ は (4.13) 式のブリユアン関数 $B_{\text{rill}}(x)$ に置き換えられる．なお，図 4.7 に示されるように $B_{\text{rill}}(x)$ の J の値を

∞ にすると $L_{an}(x)$ の値と一致するのは，古典理論では J はすべての値をとり得るからである．$L_{an}(x)$ は室温付近では，$L_{an}(x) = \coth x - \frac{1}{x} \cong \frac{x}{3}$ と近似されるので，(4.22) 式は，

$$M = n|\vec{\mu}|L_{an}\left(\frac{|\vec{\mu}|B_{ext}}{k_B T}\right) \cong \frac{n|\vec{\mu}|^2}{3k_B T}B_{ext}$$
$$= \frac{n|\vec{\mu}|^2 \mu_0}{3k_B T}H_{ext} \qquad (4.23)$$

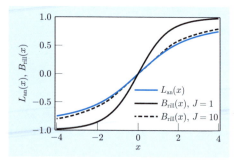

図 4.7

となる．したがって，(4.23) 式より，磁化率 χ_m は，

$$\chi_m = \frac{M}{H_{ext}} = \frac{n|\vec{\mu}|^2 \mu_0}{3k_B T} = \frac{C}{T}$$

となり，温度 T に反比例する．この関係式は，**キュリーの法則**（Curie law）と呼ばれ，C は**キュリー定数**（Curie constant）と呼ばれる． ■

■ **パウリの常磁性理論***

自由電子に近い伝導電子を持つ金属の磁化率 χ_m は，10^{-6}-10^{-5} 程度である．しかし，銅の場合，伝導電子の濃度 n は $\approx 8.5 \times 10^{28}$ m^{-3} であるので，

$$T = 300 \text{ K}, \quad \mu_B = 9.274 \times 10^{-24} \text{ J/T}$$

とすると，χ_m は (4.18) 式より，

$$\chi_m = \frac{n g_s \mu_0 \mu_B^2}{2k_B T} \cong 2.2 \times 10^{-3}$$

となり，実測値よりも 2 桁程度大きい値である．これに対して，パウリはすべての伝導電子が磁化に寄与しているのではなく，以下に説明されるように電子の一部が磁化に関与していると考えることによって，実験結果を説明することができることを示した．

今，体積 V の磁性体が N 個の相互作用の無い伝導電子からなるとする．伝導電子の状態を定めるのは各伝導電子の波動ベクトル $\vec{k}$ およびスピン量子数 s である．3 次元の場合に $\vec{k}$ は 3 つの成分を持ち，スピン量子数と合わせると各電子の状態は 4 つの量子数で表される．1 つの $\vec{k}$ に対してスピンの 2 つの向き ↑↓ の 2 個の異なる状態が対応する．このとき，磁性体の全エネルギー E は伝導電子の運動エネルギー E_T とゼーマンエネルギー E_Z の和である．E_T は，(1.23) 式より，

$$E_T = \frac{\hbar^2}{2m_e}\left|\vec{k}\right|^2 = \frac{\hbar^2}{2m_e}\left(k_x^2 + k_y^2 + k_z^2\right) \qquad (4.24)$$

である．伝導電子が複数個あるので，パウリの排他律に従って，基底状態では各伝導電子は原点（$\vec{k} = \vec{0}$）から $|\vec{k}|$（≡ k）の小さい方から順番にその状態を占有してゆく．電子の数が増加するほど，伝導電子が占有する領域の包絡面の形状は (4.24) 式で表される

4.2 磁性体材料の磁気的性質

球面（フェルミ球（Fermi sphere））に近づいてゆく．磁界を印加しない場合には $E_Z = 0$ であるが，磁束密度 $\vec{B}_{\mathrm{ext}}$ を印加すると E は $g_s\mu_B B_{\mathrm{ext}}$ だけ分離した 2 つの準位

$$E = E_T - \tfrac{1}{2}g_s\mu_B B_{\mathrm{ext}}, \quad E_T + \tfrac{1}{2}g_s\mu_B B_{\mathrm{ext}}$$

にゼーマン分裂（Zeeman splitting）する．スピン角運動量の 3 つの成分のうち z 成分が固有方程式を満足するとし，xyz 座標系の z 軸の正の向きに $\vec{B}_{\mathrm{ext}} = (0, 0, B_{\mathrm{ext}})$ を印加する．伝導電子のスピン磁気モーメント $\vec{\mu}$ の z 成分 μ_z が $\vec{B}_{\mathrm{ext}}$ と平行である伝導電子の数を N^+，反平行であるものを N^- とすると $N^+ + N^- = N$ である．$\vec{B}_{\mathrm{ext}} = \vec{0}$ T のときは，電子の全磁気モーメントの時間平均はゼロであるので $N^+ = N^-$ および $\vec{M} = \vec{0}$ A/m である．$\vec{B}_{\mathrm{ext}}$ を印加すると $N^+ > N^-$ となり M は有限となる．次に，$\vec{B}_{\mathrm{ext}}$ を印加したときの $\vec{M} = (0, 0, M)$ を求めてみよう．まず，$\vec{B}_{\mathrm{ext}} = \vec{0}$ T のとき，体積 V の磁性体中の N 個の伝導電子のエネルギー状態密度 $D(E)$ は，スピンも含めて，(1.26) 式より，

$$D(E) = \frac{V}{2\pi^2}\left(\frac{2m_e}{\hbar^2}\right)^{\frac{3}{2}} E^{\frac{1}{2}} \tag{4.25}$$

である．$T = 0$ K において，$\vec{B}_{\mathrm{ext}} = \vec{0}$ T のとき，すべての伝導電子は，フェルミエネルギー E_F 以下の状態を隙間なく占有している．このとき図 4.8(a) に示されているように，$N^+ = \frac{N}{2}$ 個の伝導電子のフェルミ球と $N^- = \frac{N}{2}$ 個の伝導電子のフェルミ球は半径が同じで重なっていると考えられる．$\vec{B}_{\mathrm{ext}}$ を印加すると，N^+ 個の伝導電子はパウリの排他律を満たしながら，$\vec{B}_{\mathrm{ext}} = \vec{0}$ T のときの E_F より $\tfrac{1}{2}g_s\mu_B B_{\mathrm{ext}}$ だけ高い方の準位以下を占有し，N^- 個の伝導電子は $\tfrac{1}{2}g_s\mu_B B_{\mathrm{ext}}$ だけ低い方の準位までを占有する．図 4.8(b) に示されるように，エネルギーの最大値であるフェルミエネルギーがそれぞれ $\tfrac{1}{2}g_s\mu_B B_{\mathrm{ext}}, -\tfrac{1}{2}g_s\mu_B B_{\mathrm{ext}}$ だけ変化し，フェルミ球$^+$ は N^+ 個の電子で満たされ，フェルミ球$^-$ は N^- 個の電子で満たされる．(4.25) 式で表される状態密度 $D(E)$ にはスピンの寄与も含まれていることに注意すると，$N^+ - N^-$ は，

$$N^+ - N^- = \int_0^\infty \tfrac{1}{2}D(E)\left\{f\left(E - \tfrac{1}{2}g_s\mu_B B_{\mathrm{ext}}\right) - f\left(E + \tfrac{1}{2}g_s\mu_B B_{\mathrm{ext}}\right)\right\}dE \tag{4.26}$$

となる．ただし，$f(E)$ はフェルミ-ディラックのエネルギー分布関数であり，

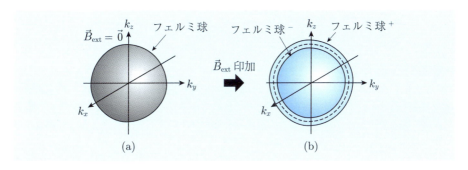

図 4.8

$$f(E) = \frac{1}{\exp\left(\frac{E-E_F}{k_B T}\right)+1}$$

である．$\frac{1}{2}g_s\mu_B B_{\text{ext}} \ll E_F$ とすると，(4.25) 式，(4.26) 式より，

$$N^+ - N^- = \int_0^{E_F + \frac{1}{2}g_s\mu_B B_{\text{ext}}} \frac{V}{4\pi^2}\left(\frac{2m_e}{\hbar^2}\right)^{\frac{3}{2}} E^{\frac{1}{2}} dE - \int_0^{E_F - \frac{1}{2}g_s\mu_B B_{\text{ext}}} \frac{V}{4\pi^2}\left(\frac{2m_e}{\hbar^2}\right)^{\frac{3}{2}} E^{\frac{1}{2}} dE$$

$$\cong \frac{V}{6\pi^2}\left(\frac{2m_e}{\hbar^2}\right)^{\frac{3}{2}} E_F^{\frac{3}{2}} \frac{3}{2}\frac{g_s\mu_B B_{\text{ext}}}{E_F} = \frac{1}{2} D(E_F) g_s \mu_B B_{\text{ext}} \tag{4.27}$$

である．したがって，$T = 0\,\text{K}$ における M は，(4.25) 式，(4.27) 式より，

$$M = \frac{1}{2V} g_s \mu_B (N^+ - N^-) = \frac{1}{4V} D(E_F) g_s^2 \mu_B^2 B_{\text{ext}} = \frac{1}{4V} D(E_F) g_s^2 \mu_B^2 \mu_0 H_{\text{ext}}$$

$$\equiv \chi_P H_{\text{ext}}$$

となる．ただし，$\chi_P = \frac{1}{4V} D(E_F) g_s^2 \mu_B^2 \mu_0$ である．一方，$\vec{B}_{\text{ext}} = \vec{0}\,\text{T}$ のとき，

$$N^+ + N^- = N = \int_0^{E_F} \frac{V}{2\pi^2}\left(\frac{2m_e}{\hbar^2}\right)^{\frac{3}{2}} E^{\frac{1}{2}} dE = \frac{V}{2\pi^2}\left(\frac{2m_e}{\hbar^2}\right)^{\frac{3}{2}} \frac{2}{3} E_F^{\frac{3}{2}}$$

$$= \frac{2}{3} D(E_F) E_F$$

であるので，

$$\chi_P = \frac{1}{4V} D(E_F) g_s^2 \mu_B^2 \mu_0 = \frac{1}{4V} \frac{3}{2}\frac{N}{E_F} g_s^2 \mu_B^2 \mu_0 = \frac{3}{8} n g_s^2 \mu_B^2 \mu_0 \cong \frac{3}{2}\frac{n\mu_B^2\mu_0}{E_F} \tag{4.28}$$

となる．例として銅では，(1.33) 式より，$E_F \cong \frac{\hbar^2}{2m_e}(3\pi^2 n)^{\frac{2}{3}} \cong 1.1 \times 10^{-18}\,\text{J} \cong 7.0\,\text{eV}$ であるので，(4.28) 式より，$T = 0\,\text{K}$ において $\chi_P \cong 1.25 \times 10^{-5}$ となり，実験結果が説明される．以上がパウリの**常磁性**（Pauli paramagnetism）理論である．

(4.28) 式より χ_P の温度依存性は主に E_F による．したがって，$T > 0\,\text{K}$ の場合，$\chi_P(T)$ は (1.30) 式より，

$$\chi_P(T) \cong \frac{3}{2}\frac{n\mu_B^2\mu_0}{E_F(T)} \cong \frac{3}{2}\frac{n\mu_B^2\mu_0}{E_F(0)}\left\{1 + \frac{\pi^2}{12}\left(\frac{k_B T}{E_F(0)}\right)^2\right\}$$

となり，$\chi_P(T)$ は，$\left(\frac{k_B T}{E_F(0)}\right)^2 \ll 1$ なる温度範囲では，$T = 0\,\text{K}$ の場合とさほど変わらないとみてよい．例えば 300 K で $k_B T$ は $\approx 4.1 \times 10^{-18}\,\text{J}$ ($\approx 0.025\,\text{eV}$) となり，E_F よりも 2 桁以上小さいので，室温で $\left(\frac{k_B T}{E_F(0)}\right)^2 \ll 1$ が成立している．一方，$f(E) \cong \exp\left(-\frac{E-E_F}{k_B T}\right)$ が成立する高温では，

$$\chi_P = \frac{1}{4}\frac{n g_s^2 \mu_B^2 \mu_0}{k_B T} \cong \frac{n\mu_B^2\mu_0}{k_B T}$$

となり，ランジュバンの常磁性理論のような古典理論による結果と同じである．これは，高温においてフェルミエネルギー近傍では，エネルギー占有確率は小さく，しかも状態密度が大きいために，1 つの状態の占有確率は極めて小さくなり，1 つの状態を多くの電子が占有可能となって，フェルミ粒子の特徴であるパウリの排他律を考慮する必要がなくなるからである．

4.2.4 強 磁 性 体
■磁気モーメントの秩序構造

前項では，磁気モーメント間の相互作用が弱い場合に現れる常磁性および常磁性体について説明を行った．常磁性体は，電気電子材料への応用の観点からいえば，その例は少ない．しかし，常磁性体以外に，永久磁石のように強い磁性を示す材料の存在が知られている．常磁性体と強磁性体の大きな違いは，それらが持っている磁気モーメントの配列の違いである．磁気モーメントはベクトル量 $\vec{\mu}$ であり，大きさの他に方向・向きを持っている．常磁性体では方向・向きに関しては，一般的に配列に**秩序**（ordering）がみられない．しかし，外部磁界を印加しなくても，$\vec{\mu}$ が広範囲で自発的に配列し秩序化したものがある．また，秩序の仕方にも違いがある．図 4.9(a) に示されるように，ある領域（**磁区**（magnetic domain）という）におけるすべての磁気モーメントのベクトルが同じ大きさを持ち，一方向に同じ向きで配列し，大きな磁化 $\vec{M}$ を持つものが実際に存在し，強磁性体として分類されている．代表的な強磁性体として，純金属である Fe, Co, Ni 等，化合物である MnSb, EuO 等がある．強磁性体は，応用の面から**ソフト磁性体**（soft magnetic material），**ハード磁性体**（hard magnetic material），**磁気記録磁性体**（magnetic recording material）に大別される．ソフト磁性体は，磁化しやすく，ハード磁性体はその逆である．磁気記録は信号磁界に対して磁化が変化するものをいう．

また，図 4.9(b-1), (b-2) に示されるように，磁気モーメント $\vec{\mu}$ と $-\vec{\mu}$ が同数あり，それぞれが**副格子**（sublattice）を形成しており，$\vec{M} = \vec{0}$ A/m であるものが存在し，**反強磁性体**（antiferromagnetic materials）として分類されている．$\vec{\mu}$ に対して $-\vec{\mu}$ の磁気モーメントを配置する方法は結晶構造の違いにより複数ある．図 4.9(b-1) の秩序は $LaMnO_3$ 等でみられ，各副格子内では強磁性秩序をしている．また，図 4.9(b-2) の秩序は $LaFeO_3$ 等でみられる．

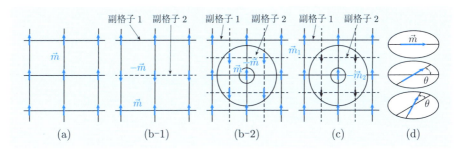

図 4.9

反強磁性体に似たものとして，図 4.9(c) に示されるように，ある磁性原子を含む化合物の結晶構造において，磁性原子を含む 2 個の副格子に存在する磁気モーメント $\vec{\mu}_1$, $\vec{\mu}_2$ がすべて一方向に互いに逆向きに配列したものも存在し，**フェリ磁性**（ferrimagnetism）として分類されている．フェリ磁性を持つものとして，立方晶フェライトである FeO と Fe_2O_3 の 2 個の副格子からなるマグネタイト Fe_3O_4 等がある．副格子の数は 2 個以上であるが，その場合，いずれかの副格子の磁気モーメントは他と逆向きになっている．このとき，一般的には $\vec{M} \neq \vec{0}$ A/m であるので，永久磁石や磁気記録に応用されている．これら以外に，図 4.9(d) に示されるように，層状構造を持つ化合物では，各層内では強磁性的秩序配列をしているが，最近接層間で磁気モーメントの方向が一定角度 θ をなす**らせん秩序**（spiral ordering）も持つものも存在し，Tb，Er 等の希土類金属でみられる．なお，磁気モーメントの秩序配列は，ある温度を超えると破壊される．

■**磁気モーメントの秩序の要因**

磁気モーメントの配列に秩序を与える磁気モーメントに働く相互作用について考えてみよう．電子は，それ自身スピン磁気モーメントを持っている．その根源は，電子のスピン角運動量によるものであるが，古典電気磁気学的に磁気モーメントの根源が電流であると仮定すると，電子の磁気モーメントは電子の自転により生じる電流によるものであると解釈され，その結果，2 個の電子の間には互いに力が働き，そのエネルギーは $\approx -10^{-23}$ J 程度であり，ボルツマン定数 k_B (1.3805×10^{-23} J/K) を基準にして測ると 1 K 程度となる．すなわち，$T > 1$ K で秩序は崩壊する．一方，実際の強磁性体の秩序は数百 K まで維持される．例えば $T = 500$ K における熱運動に打ち勝つためには少なくとも片方の電子が形成する磁束密度は ≈ 750 T 必要であり，極めて大きく矛盾が生じる．したがって，強磁性体は数百℃の高い温度でも磁気双極子にみられる秩序は，2 個の磁気双極子に働く力よりもさらに大きな相互作用が存在すること示唆している．例えば，電子 1 と 2 の間に働くクーロン反発力の大きさは，約 2.3×10^{-8} N，静電エネルギーは約 2.3×10^{-18} J であり，磁気モーメント間のポテンシャルエネルギーである $\approx -10^{-23}$ J よりもはるかに大きい．したがって，電子のスピン磁気モーメントは磁気的な力により配列に秩序を生みだすような力を到底及ぼすことができず，静電的な力が大きく寄与していることが示唆される．しかし，電子間に働くクーロン力は反発力のみであるので，強磁性や反強磁性を古典電気磁気学により説明するのは不可能である．そこで，両方を説明するために量子力学を用いて提案されたスピン間相互作用が**交換相互作用**（exchange interaction）であり，本質は静電的な力で

ある．

　電子はフェルミ粒子であるので，2個の電子に関して，各電子の波動関数は軌道波動関数 $\varphi(\vec{r})$ およびスピン波動関数 α の積 $\varphi(\vec{r})\alpha$ であり，2個の電子を空間的に互いに入れ替えたとき，符号が反転する．ここで，軌道の波動関数の空間位置を入れ替えたとき，符号が反転せず（対称），スピンの波動関数が反転する場合（反対称）と，その逆の場合があることに注意する必要がある．なお，シュレーディンガーの波動方程式にはスピンの波動関数は現れないが，例えば，パウリはシュレーディンガーの波動方程式にスピンを数学的に導入し，ディラックは相対性理論を用いてスピンの自由度を記述する波動方程式を提案した．

　2個の電子からなる2電子系では，電子が互いに近づくと，各電子スピンの2重縮退が解け，新たに1重縮退エネルギー固有値 E_S と3重縮退エネルギー E_T の2つの準位に分裂する．エネルギー差 $E_\mathrm{S} - E_\mathrm{T}$ を与えるハミルトニアン H_S は，

$$H_\mathrm{S} = -\tfrac{2J_\mathrm{ex}}{\hbar^2} \vec{s}_1 \cdot \vec{s}_2 \tag{4.29}$$

である．ただし，$\vec{s}_1, \vec{s}_2$ は電子1, 2のスピン角運動量演算子である．$\vec{s}_1, \vec{s}_2$ の合成スピン $\vec{s}_1 + \vec{s}_2 = \vec{s}$ について，$(\vec{s}_1 + \vec{s}_2)^2 = \vec{s}_1 \cdot \vec{s}_1 + \vec{s}_2 \cdot \vec{s}_2 + 2\vec{s}_1 \cdot \vec{s}_2$ の2項 $\vec{s}_1 \cdot \vec{s}_1, \vec{s}_2 \cdot \vec{s}_2$ は $\vec{s}_1, \vec{s}_2$ 間の配向性には無関係であるので，(4.29)式のハミルトニアンは電子の互いの配向性と関係する交差項 $2\vec{s}_1 \cdot \vec{s}_2$ が基になっている．1重項状態の $2\vec{s}_1 \cdot \vec{s}_2$ の固有値は $-\tfrac{3}{4}\hbar^2$，3重項状態では $\tfrac{1}{4}\hbar^2$ である．J_ex は交換定数あるいは**交換積分**（exchange integral）と呼ばれ，その定義から1重項状態と3重項状態のエネルギーの差が大きいほど大きく，しかも正あるいは負の値を持つことに注意が必要である．$E_\mathrm{S} > E_\mathrm{T}$ であれば $J_\mathrm{ex} > 0$ となり，2電子系が安定になるのは H_S の固有値が最小になる $\vec{s}_1 \cdot \vec{s}_2 > 0$ のときであるから，3重項状態が安定となり，$\vec{s}_1, \vec{s}_2$（方向・向きが同じ）が平行である強磁性状態が生じる．$E_\mathrm{S} < E_\mathrm{T}$ であれば $J_\mathrm{ex} < 0$ となり，1重項状態が安定状態となり，$\vec{s}_1, \vec{s}_2$ が反平行（方向が同じで向きが逆）である反強磁性が生じる．以上は2電子系の議論であるが，これを背景にして N 個の電子系に対して次の**ハイゼンベルクのハミルトニアン**（Heisenberg Hamiltonian），

$$H_\mathrm{H} = -2 \sum_{\substack{i=1, j=1 \\ i>j}}^{N} \tfrac{J_{\mathrm{ex}\,ij}}{\hbar^2} \vec{s}_i \cdot \vec{s}_j \tag{4.30}$$

が提案された．(4.30)式は，N 個の電子のうち，任意の2個の電子間の種々の相互作用の重ね合わせとなっており，3個以上の多体系に関するものではなく，厳密

さに欠け，すべての磁性のメカニズムを説明できるわけではないが，定性的な議論では極めて有益である．交換相互作用としては，2個の電子が直接相互作用する**直接交換相互作用**（direct exchange interaction）と，2個の電子間に酸素等が介在する**間接交換相互作用**（indirect exchange interaction）がある．電子の磁気モーメントの方向・向きを揃える力は熱振動によって抑制されるが，そのとき磁気モーメントを揃える力は，これらの交換相互作用によって説明される．

1例として，2個の電子が同一原子内にあるときは，フントの規則(1)により，$\vec{s}_1, \vec{s}_2$ が平行になろうとするので $\vec{s}_1 \cdot \vec{s}_2 > 0$ であり，3重項状態が安定となる．このとき，2個の電子を空間的に入れ替えても状態は変化しないので，スピンの波動関数は対称である．したがって，軌道の波動関数は反対称となり，パウリの排他律により，同じ位置に同じ向きを持つ2つの電子が存在することができず，2個の電子は遠く離れている方がクーロンエネルギーが小さくなり，その結果，系のエネルギーが小さくなる．しかし，2個の電子が同一原子内に無いときは，原子が互いに化学結合している場合は，2個の化学結合に寄与する価電子は互いに近くにいる方が安定であることを示しているので，パウリの排他律により，$\vec{s}_1, \vec{s}_2$ は反平行になっている．半導体 Si の共有結合は代表的な例である

■**強磁性体の理論**

強磁性体では，電子のスピンが $J_{\mathrm{ex}} > 0$ である交換相互作用で互いに強く結ばれて互いに平行になっており外部磁界が無くても配列の規則性が強く現れ，その結果，大きな自発磁化が発生している．強磁性体の特徴として，磁区と呼ばれる分域が形成されており，1つの磁区内では，スピンの磁気モーメントはすべて平行になるように秩序配列している．このような領域は強誘電体にもみられる．

ランジュバンの常磁性理論では，各原子の磁気モーメントには相互作用が無いと考えていた．この考えにしたがって，強磁性体の磁化が飽和するときの磁界の強さを計算すると 10^9 A/m 程度となる．この値は，実験結果の 10^5 A/m 程度よりも極めて大きい．このように，強磁性体が，弱い磁界で容易に磁化されるのは，磁区を作っているからである．次に，電子スピンが強磁性秩序を示す機構について完全に理論的（第一原理的）に説明することは困難であるので，理論の根本に，ある仮定がなされたワイスの分子場近似およびランダウ強磁性体の理論の2つの現象論的理論について説明を行う．

(1) ワイスの分子場近似　1907年にワイスにより導入された**ワイスの分子場近似**（Weiss molecular field approximation）は，**有効媒質近似**（effective medium approximation）の1つである．有効媒質近似とは，系を構成する要素のうち，1つ

に注目して，それに作用する他の要素からの相互作用を，個々の要素からの相互作用としてではなく，平均化して考える近似法である．分子場とは，電子の集団の中の任意の1個の電子に対して，残りの電子が形成する等価磁界のことである．1個の電子のスピンは等価磁界と平行になろうとするために，最終的に集団の電子のスピンはすべて平行になり自発磁化が生じる．この等価磁界は，物質外部から印加するいわゆる外部磁界ではなく，物質内部で発生しているものである．ただし，等価磁界は，磁界そのものではなく，静電気力が根源である．分子場近似のアイデアは量子力学が誕生する前に提案されたものであり，量子力学の成果は利用されていないが，ここでは，量子力学を用いて簡単なモデルを設定して説明を行う．

単位体積当たり n 個の電子からなる系を考える．1個の電子スピン $\vec{s}$ による磁気モーメント $\vec{\mu}_\mathrm{s}$ は，(4.5) 式より，

$$\vec{\mu}_\mathrm{s} = -g_\mathrm{s} \frac{e\hbar}{2m_e} \frac{\vec{s}}{\hbar} = -g_\mathrm{s} \mu_\mathrm{B} \frac{\vec{s}}{\hbar} \tag{4.31}$$

である．$\vec{\mu}_\mathrm{s}$ が持つポテンシャルエネルギー E は電気双極子の場合とよく似ており，(4.21) 式，(4.31) 式より，

$$E = -\vec{\mu}_\mathrm{s} \cdot \vec{B}_\mathrm{m} = g_\mathrm{s} \mu_\mathrm{B} m_\mathrm{s} B_\mathrm{m} \tag{4.32}$$

である．ただし，m_s は $\frac{\vec{s}}{\hbar}$ の固有値 $\pm \frac{1}{2}$ であり，(4.32) 式より，系はエネルギー差 $\Delta E = g_\mathrm{s} \mu_\mathrm{B} B_\mathrm{m}$ の2つの準位からなる．$\vec{B}_\mathrm{m}$ は $\vec{s}$ に作用する等価磁束密度であり，これが分子場である．このとき磁化 M は，

$$M = n\overline{\mu}_\mathrm{s} \tag{4.33}$$

である．ただし，$\overline{\mu}_\mathrm{s}$ は μ_s の平均値である．$m_\mathrm{s} = +\frac{1}{2}$ のスピンの数と，$m_\mathrm{s} = -\frac{1}{2}$ のスピンの数の比が，ΔE に関するボルツマン因子で表されると仮定すると，(4.14) 式，(4.32) 式より，$\overline{\mu}_\mathrm{s} = \frac{g_\mathrm{s} \mu_\mathrm{B}}{2} \tanh\left(\frac{g_\mathrm{s} \mu_\mathrm{B} B_\mathrm{m}}{2k_\mathrm{B} T}\right)$ となるので，M は，(4.15) 式，(4.33) 式より，

$$M = \frac{n g_\mathrm{s} \mu_\mathrm{B}}{2} \tanh\left(\frac{g_\mathrm{s} \mu_\mathrm{B} B_\mathrm{m}}{2k_\mathrm{B} T}\right) \tag{4.34}$$

となる．(4.34) 式は，M は B_m より決定されることを示している．分子場は系の秩序化の程度を表すので，ここでは，簡単のために $B_\mathrm{m} = \mu_0 \lambda M$ と近似する．これをワイスの分子場近似といい，B_m が増加すると M が増加し，それによりまた B_m が増加し M が増加するという現象が繰り返し生じ，最後はスピンがすべて同じ方向・向きを持って配列したところで平衡状態となる駆動力となる．(4.34) 式，

$B_\mathrm{m} = \mu_0 \lambda M$ より M, B_m は原理的には決定されるが，(4.34) 式は超越方程式となるので，M, B_m を解析的に決定することは不可能である．

■ 例題 4.4（ワイスの分子場近似）■

(4.34) 式の超越方程式の y の解について図式解法を用いて検討せよ．

【解答】

$$M \cong \frac{n g_\mathrm{s} \mu_\mathrm{B}}{2} \tanh\left(\frac{g_\mathrm{s} \mu_\mathrm{B} B_\mathrm{m}}{2 k_\mathrm{B} T}\right) \equiv \frac{n g_\mathrm{s} \mu_\mathrm{B}}{2} \tanh y \tag{4.35}$$

とする．ただし，$y = \frac{g_\mathrm{s} \mu_\mathrm{B} B_\mathrm{m}}{2 k_\mathrm{B} T}$ であり，ワイスの分子場近似 $B_\mathrm{m} = \mu_0 \lambda M$ より，

$$M = \frac{2 k_\mathrm{B} T}{g_\mathrm{s} \mu_\mathrm{B} \mu_0 \lambda} y \tag{4.36}$$

となる．(4.35) 式, (4.36) 式が等しいときの y の解が $y = 0$ 以外に存在するとき，スピンの整列が生じる．① $M = \frac{n g_\mathrm{s} \mu_\mathrm{B}}{2} \tanh y$ と ② $M = \frac{2 k_\mathrm{B} T}{g_\mathrm{s} \mu_\mathrm{B} \mu_0 \lambda} y$ の関係が図 4.10 に示されている．この関係は次の 3 つに分けられる．(A)：曲線①と直線②が $y = 0$ 以外で交わらない．(B)：曲線①に直線②が $y = 0$ で接する．(C)：曲線①と直線②が $y = 0$ 以外で交わる．(B) の場合，(4.35) 式より，原点 $y = 0$ における①の接線の傾きは，$\left.\frac{dM}{dy}\right|_{y=0} = \frac{n g_\mathrm{s} \mu_\mathrm{B}}{2}$ となる．したがって，①が②に接するときの温度 T_C は，(4.36) 式より，

$$T_\mathrm{C} = \frac{n g_\mathrm{s}^2 \mu_\mathrm{B}^2 \mu_0}{4 k_\mathrm{B}} \lambda \tag{4.37}$$

となるので，λ が既知であれば T_C が求められる．この特性温度 T_C は，強誘電体の場合と同様に，**キュリー温度**（Curie temperature）と呼ばれる．T を $T = 0\,\mathrm{K}$ から増加させると $T = T_\mathrm{C}$ において，**強磁性相**（ferromagnetic phase）から**常磁性相**（paramagnetic phase）へ相転移が起こる．このときは $M = 0\,\mathrm{A/m}$ である．(C) の場合は，②の傾きが $\frac{n g_\mathrm{s} \mu_\mathrm{B}}{2}$ より小さいとき，すなわち，$T < T_\mathrm{C}$ のとき，M は有限となり，スピンの整列が起こりやすいことを示している．しかし，$T > 0$ あるいは λ が有限のときスピンは完全に

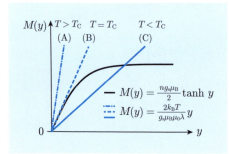

図 4.10

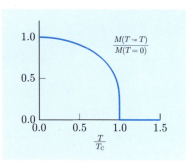

図 4.11

整列していない．(A) の場合，すなわち $T > T_C$ では常に $M(T > T_C) = 0 \, \text{A/m}$ となり，スピンの秩序配列は起こらない．

$T = 0 \, \text{K}$ のとき，(4.35) 式より $M(T=0) = \frac{n g_s \mu_B}{2}$ となるので，$B_m = \mu_0 \lambda M$，(4.35) 式，(4.37) 式より，任意の温度 $T = T$ で，

$$\frac{M(T=T)}{M(T=0)} = \tanh\left(\frac{g_s \mu_B B_m}{2 k_B T}\right) = \tanh\left(\frac{M(T=T)}{M(T=0)} \frac{T_C}{T}\right) \tag{4.38}$$

となる．$\frac{M(T=T)}{M(T=0)}$ と $\frac{T}{T_C}$ の関係が図 4.11 に示されている．$M(T=T)$ は T が低い方から T_C に近づくと急激に減少する．この系に，外部磁束密度 $\vec{B}_{\text{ext}}$ を分子場と同じ方向に印加すると，$T > T_C$ では，(4.38) 式より，

$$\frac{M(T=T)}{M(T=0)} \simeq \frac{g_s \mu_B (B_m + B_{\text{ext}})}{2 k_B T} = \frac{\lambda M(T=T) + \frac{B_{\text{ext}}}{\mu_0}}{T} \frac{T_C}{\lambda M(T=0)}$$

となるので，

$$\frac{M(T=T)}{M(T=0)} \frac{T - T_C}{T} \simeq \frac{T_C \frac{B_{\text{ext}}}{\mu_0}}{\lambda M(T=0) T}$$

となり，$T > T_C$ における磁化率 χ_W は，

$$\chi_W = \frac{M(T=T)}{\frac{B_{\text{ext}}}{\mu_0}} = \frac{T_C}{\lambda(T - T_C)} = \frac{A}{T - T_C}$$

となる．この関係は，磁性体のキュリー–ワイスの法則と呼ばれる．■

(2) ランダウ強磁性体の理論 3.2.2 項で強誘電体のランダウ理論について説明を行った．ここでは，同様の考え方を用いて，磁気双極子の集合体の自由エネルギーと強磁性について考えてみよう．結論として，強誘電体のランダウ理論における分極 P を磁化 M に置き換えるだけでよい．磁性体中の磁気モーメントに働く巨視磁界は外部磁界 H_{ext} と等しい．H_{ext} の下でのギブズの自由エネルギー G を，強誘電体のランダウの現象論と同様にして，

$$G(T, H_{\text{ext}}, M) = -H_{\text{ext}} M + g_0 + \tfrac{1}{2} g_2 M^2 + \tfrac{1}{4} g_4 M^4 + \tfrac{1}{6} g_6 M^6$$

とする．ただし，$g_4 > 0$ のとき $g_6 = 0$ である．$H_{\text{ext}} = 0 \, \text{A/m}$ とすると，G の M 依存性および M の温度依存性は強誘電体の場合と同様で，$g_4 > 0$ のとき M は $T = T_0$ で連続であり，$\frac{dM}{dT}$ は不連続であることから 2 次の相転移，$g_4 < 0$ のとき $T = T_C$ において M および $\frac{dM}{dT}$ はともに不連続であることから 1 次の相転移を示す．なお，ワイスの分子場近似の場合は，図 4.11 から分かるように，2 次の相転移である．

■ 反強磁性体とフェリ磁性体

図 4.9(b),(c) に示されるように，反強磁性体とフェリ磁性体は各副格子上の電子スピン磁気モーメントが秩序化しているが，副格子間では互いに反平行になっている点で共通性がある．フェリ磁性の代表例として**フェライト**（ferrite）がある．フェライトは，構造は複雑ではあるが，結晶構造の観点からフェリ磁性を説明するのに適している．また，固有体積抵抗率が高いので磁界を印加したときに磁性体に流れる電流によるジュール熱による**渦電流損**（eddy current loss）を無視することができる．このため，使用周波数帯域は，従来の鉄等を含む磁性合金の場合に比べて，はるかに拡大された．フェライトは，MFe_2O_4 ($M^{2+}Fe_2^{3+}O_4^{2-}$) という分子式で表され，**スピネル**（spinel，尖晶石）型の結晶構造を持つ．スピネル構造には，正スピネル構造と逆スピネル構造の2つの構造がある．正スピネルフェライトは，MがZnおよびCdの場合に限られる．MがMn, Fe, Co, Ni, Cuの場合には，逆スピネル構造である．なお，強磁性を示すものは，逆スピネルフェライトである．

表 4.1 に示されるように，Fe, Co, Ni は，M殻にスピンの不平衡があり，これが原子の磁気双極子モーメントを与えている．そして，これらは各原子の磁気モーメントが同じ向きに並ぶように配置されている．一方，MnO, FeO では，各原子の磁気モーメントが互いに逆向きになるような力を受けている．クラマース（A. Kramers）は，このような相互作用を**超交換相互作用**（super exchange interaction）と名づけ，MnO, FeO 等の物質を，反強磁性体と称した．反強磁性体も強磁性体と同様に，**ネール温度**（Néel temperature）T_N と呼ばれる温度以上で常磁性へ転移する．MnO, FeO, NiO の T_N はそれぞれ，116, 298, 525 K である．フェライトの強磁性もこの超交換相互作用に基づいていることが，フランスの物理学者ネール（L. Néel）によって示された．副格子1の磁性金属イオンの磁気モーメントと，副格子2の磁性金属イオンの磁気モーメントが互いに逆向きになるような力が働き，副格子1と副格子2の磁気モーメントの差が正味の磁気モーメントとなって現れる．ネールはこのような強磁性を，フェライトにちなんでフェリ磁性と名づけた．

■ 強磁性体の磁区構造と磁化機構

(1) **強磁性体の磁区構造** 強磁性体の表面を磁気カー効果やファラデー効果を利用して，光学的に観察できる顕微鏡や電子線ホログラフィ干渉顕微鏡で観察すると，濃淡を持つ細かい模様がみられる．このような模様の濃淡の同じ部分は，同じ方向・向きの磁化を持っており，濃淡の違った部分では，互いに磁化の方向・向き

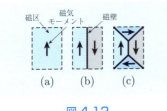

図 4.12

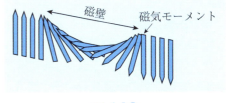

図 4.13

が異なる．このような磁化の方向・向きが揃った領域は**磁区**と呼ばれる．各磁区の境界に**磁壁**（magnetic domain wall）が存在する．磁区と磁壁は，まとめて**磁区構造**（magnetic domain structure）と呼ばれ，**図 4.12** に 1 例が示されている．**図 4.12(a)** は，**単磁区構造**（single domain structure）であり，磁壁は存在しない．**図 4.12(b)** は，互いに反平行な磁気モーメントを持つ 2 つの磁区の界面に，磁壁が存在する．**図 4.12(c)** は互いに垂直な方向の磁気モーメントを持つ磁区構造である．磁壁構造の模式図が**図 4.13** に示されている．磁壁には有限の厚さがあり，その中で磁気モーメント方向が変化していく．磁区の概念は 1907 年にワイスにより強磁性を説明するために分子場近似と同時に初めて導入された．

磁区構造が生じる原因は，簡単にいえば，すべての磁気モーメントが同じ向きに揃っていることはエネルギー的に不安定であるからである．したがって，磁区は系の全エネルギーが最小となるように定まる．全エネルギー E は $E = E_Z + E_m + E_a + E_\sigma + E_{ex}$ である．ただし，E_Z は外部磁界による静磁エネルギーであるゼーマンエネルギー，E_m は磁化による減磁界エネルギー，E_a は後で述べる結晶磁気異方性エネルギー，E_σ は磁気歪による磁気異方性エネルギー，E_{ex} は交換定数で

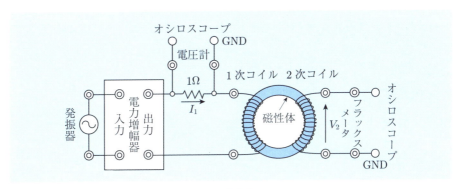

図 4.14

ある．

(2) **磁化曲線** 磁性体内の磁化 M と外部磁界 H_ext の関係を示す**磁化曲線**（magnetization curve）の測定装置の 1 例が図 4.14 に示されている．強磁性体の磁化曲線の例が図 4.15 に示されている．磁化曲線の他に，磁性体内の磁束密度 B と H_ext の関係を示す **B-H_ext 曲線**（B-H_ext curve）も使用される．磁化曲線の原点 O は，磁区は存在するが，磁区同士

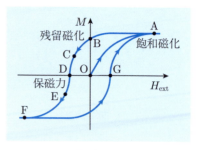

図 4.15

の磁気モーメントの方向・向きが無秩序な配列をしている状態である．H_ext を印加すると，磁区同士の磁気モーメントが同じに配列し始める．H_ext がごく弱い場合には，各磁区の双極子モーメントが方向・向きを変えるのではなく，磁壁が移動して（図 4.16 参照），H_ext と向きが異なる磁区に，H_ext と同じ向きの磁区が侵入し，磁界と向きが異なる磁区の体積が減少して行く．これが点 O から点 A に至る磁化過程である．H_ext がごく弱い場合には，磁化の変化は可逆的であり，この磁化の範囲を**初磁化範囲**（initial magnetization range）という．通常，強磁性体のような実用材料では，磁化 M の代わりに磁束密度 B で表す場合が多く，縦軸を B で表す場合には初磁化範囲を**初透磁率範囲**（initial permeability range）と呼ぶ．透磁率は点 O 付近の磁界が弱い領域での曲線の傾きから算出される．この透磁率は，**初透磁率**（initial permeability）μ_ini と呼ばれる．点 A では，すべての磁区の磁気モーメントは磁界と同じ向きを向いている単磁区状態にあり，磁壁は存在しない．このときの磁化は，**飽和磁化**（saturation magnetization）と呼ばれる．強磁性体としての飽和磁化の性質はハイゼンベルクの交換作用によって，スピンが小さい領域内において磁気モーメントが揃えられており磁区の磁化として説明できるこ

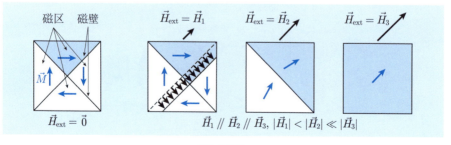

図 4.16

とがワイスにより示された．点 A の状態から外部磁界を徐々に小さくし，外部磁界の強さが 0 A/m になると，磁性体は，反磁界を感じながら飽和状態に近い状態を保っている（点 B）．このときの磁化は，**残留磁化**（residual magnetization）と呼ばれる．さらに逆向きの外部磁界を加えると，点 C から磁化が 0 A/m になる点 D で大きな磁化の減少と磁極の反転が起こる．このときの H_{ext} は**保磁力**（coercivity）H_c と呼ばれる．逆方向の外部磁界の大きさがさらに強くなると，点 F に至り，点 A とは反対の向きの磁極を持つ単磁区状態に至る．点 F から H_{ext} を強くすると，点 G を経由して点 A に至る．点 A において，逆向きの H_{ext} を加えると，同様のことがくり返される．この磁性体では，磁化を始める前は $M = 0$ A/m の状態，いわゆる**消磁状態**（demagnetization）であったが，いったん H_{ext} が加えられると，そのあとは消磁状態に戻らないで，ヒステリシスを持ち続ける．このようにして得られる曲線は強誘電体と同様にヒステリシス曲線と呼ばれる．

保持力 H_c の値は材料によって異なる．永久磁石は，大きい H_c を有し，Sm-Co 磁石では約 1×10^6 A/m に達する．一方，透磁率が高い材料では，反対に H_c は小さく，パーマロイではわずか 2.4 A/m である．点 D では，各磁区の磁極の方向は無秩序である．すなわち，いろいろな方向を向いた磁区が存在する多磁区状態になっていることで，平均的に消磁された状態になっていると解釈することもできる．ただし，点 O と異なる点は，H_{ext} が存在していることである．また，点 D における磁化曲線の傾きは点 O における傾きより大きい．すなわち，点 D における磁化率は，点 O における磁化率よりも大きい．

(3) **強磁性体の磁化過程**　図 4.16 に示されるように，外部磁界 $\vec{H}_{\text{ext}}$ を強磁性体に印加すると，$\vec{H}_{\text{ext}}$ に平行な磁壁が移動する．$\vec{H}_{\text{ext}}$ が強くなると，磁区内の磁化の回転も生じ，最終的に磁壁が存在しない単磁区構造となる．

(4) **磁気異方性と磁化容易方向**　磁性体中の磁化の向きに応じて内部エネルギーが変化する性質は**磁気異方性**（magnetic anisotropy）と呼ばれる．また，内部エネルギーが小さくなる方向は**磁化容易方向**（axis of easy magnetization），逆に大きくなる方向は**磁化困難方向**（axis of hard magnetization）と呼ばれる．磁気異方性には，磁性体結晶の特定の方向に磁化容易軸あるいは磁化困難軸が存在する性質である**結晶磁気異方性**（magneto crystalline anisotropy）と磁性体の形状が真球から歪んでいることにより生じる磁気異方性である**形状磁気異方性**（shape magnetic anisotropy），磁性体の磁界印加結晶成長時に誘導される**誘導磁気異方性**（induced magnetic anisotropy）がある．

(a)　**結晶磁気異方性**　Fe 単結晶では，[100] 方向（(100) 面に垂直な方向）は，

[110], [111] 方向より磁化されやすく，Ni 単結晶では，[111] 方向は，[110], [100] 方向より磁化されやすい．ハードディスクも結晶磁気異方性を利用している．例えば，六方晶の Co 系合金は，個々の結晶粒の磁化は磁化容易方向である c 軸方向のどちらかの向きを向いており，デジタル情報を記録している．

(b) **形状磁気異方性** 反磁界は磁性体の形状に大きく依存し，例えば，円柱形状の場合には，その中心軸方向では，反磁界は生じないので，より弱い $\vec{H}_{ext}$ で同等の磁化が発生する．すなわち，中心軸方向が磁化容易方向となる．

(c) **誘導磁気異方性** $\vec{H}_{ext}$ 中で，磁性体を高温から徐冷すると，$\vec{H}_{ext}$ の方向に磁化しやすくなる磁界中冷却効果というものがあり，Co フェライト等にみられる．また，磁性体を冷間圧延するときに原子対の異方的な分布が生じるといった圧延磁気異方性があり，24%Fe-Ni 合金等でみられる．

(5) **磁気異方性エネルギー** 磁区内の自発磁化が磁化容易方向から離れるのに必要なエネルギーを**磁気異方性エネルギー**（magnetic anisotropic energy）という．異方性エネルギー最小の方向が安定な磁化の向きで磁化容易方向となる．立方対称の異方性と一軸異方性（六方晶を含む）とに分けられる．立方晶系の場合，自発磁化 $\vec{M}$ が結晶軸となす方向余弦を $\alpha_1, \alpha_2, \alpha_3$ とすると，磁気異方性エネルギー E_a をこの方向余弦のべき級数で展開すると，近似的に，

$$E_a \cong K_1(\alpha_1^2\alpha_2^2 + \alpha_2^2\alpha_3^2 + \alpha_3^2\alpha_1^2) + K_2(\alpha_1\alpha_2\alpha_3)^2$$

となる．ただし，K_1, K_2 は**結晶磁気異方性定数**（crystal magnetic anisotropy constant）である．例えば，結晶の [100] 方向に飽和するまでに磁化するために必要なエネルギーを W_{100} とすると，$\alpha_1 = 1, \alpha_2 = \alpha_3 = 0$ より，$E_a \cong 0 \text{ J/m}^3$ である．[110] での W_{110} は，$\alpha_1 = \alpha_2 = \frac{1}{2}, \alpha_3 = 0$ より，$W_{110} \cong W_{100} + \frac{1}{4}K_1$ となり，[111] 方向での W_{111} は $\alpha_1 = \alpha_2 = \alpha_3 = \frac{1}{\sqrt{3}}$ より，$W_{111} \cong W_{100} + \frac{1}{3}K_1 + \frac{1}{27}K_2$ となる．$W_{100}, W_{110}, W_{111}$ は実験により決定されるので，これより K_1, K_2 が求められる．Fe 単結晶の結晶構造は体心立方であり，

$$K_1 = 4.2 \times 10^4 \text{ J/m}^3, \quad K_2 = 1.5 \times 10^4 \text{ J/m}^3$$

となり，ともに正であるので，$W_{100} < W_{110} < W_{111}$ となり，磁化容易方向は [100] 方向である．Ni 単結晶の結晶構造は六方晶であり，$K_1 = -5.1 \times 10^3 \text{ J/m}^3$，$K_2 = 0 \text{ J/m}^3$ となり，$W_{111} < W_{110} < W_{100}$ となり，磁化容易方向は [111] 方向である．

■ 永久磁石

　永久磁石（permanent magnet）は**高保磁力材料**（high coercive force material）とも呼ばれ，身近な材料である．永久磁石は，磁気異方性が大きく，ヒステリシス曲線において，保磁力 H_c（図 4.15 参照）が高い強磁性体を高磁界中に置いて，磁気モーメントを $\vec{H}_{\text{ext}}$ と平行になるように配列させて（**着磁**（magnetizing）という）単磁区構造にすることにより人工的に作製される．永久磁石をキュリー温度以上に加熱すると，元の多磁区構造に戻る．常温でも，長時間放置すると単磁区構造が徐々に多磁区構造に変化する．

　永久磁石として代表的なものには，非希土類系金属磁石であるアルニコ磁石，フェライト磁石，希土類磁石であるネオジム磁石，サマリウムコバルト磁石等がある．結晶の磁化容易方向が，1 方向に揃っている磁石を**異方性磁石**（anisotropic magnet）といい，揃っていないものを**等方性磁石**（isotropic magnet）という．異方性磁石は，保持力が高いが，磁化容易方向に垂直な方向の磁化は困難である．逆に，等方性磁石は，保持力は低いがどの方向に対しても着磁したい場合に適している．

　永久磁石は，バルク体の製造法により，鋳造磁石，ボンド磁石，焼結磁石，熱間加工磁石に分類される．鋳造磁石は合金を鋳型に入れて形作ることによって製造される．ボンド磁石は原料磁性粉末を糊の役割をするバインダー樹脂と混合して加熱して固めることによって製造される．焼結磁石は，原料磁性粉末を直接圧縮して加熱焼成して製造される．熱間加工磁石は，原料磁性粉末がナノ多結晶体であることが特徴である焼結磁石である．

　図 4.17 に示されるように，強磁性体の B-H_{ext} 曲線の第 2 象限の部分を **B-H_{ext} 減磁曲線**（B-H_{ext} demagnetization curve）という．B-H_{ext} 減磁曲線，縦軸 B，横軸 H_{ext} で囲まれた曲線に内接する長方形の面積は **BH_{ext} 積**（BH_{ext} product）と呼ばれる．BH_{ext} 積のうち，面積が最大のものは**最大 BH_{ext} 積**（maximum BH_{ext} product）あるいは**最大エネルギー積**（maximum energy product）と呼ばれる．最大 BH_{ext} 積が大きい程，永久磁石の特性が優れている．表 4.2 に代表的な永久磁石の特性が示されている．ネオジム磁石は，1982 年に佐川等および Croat 等により，独立に発明された．佐川等のものは焼結磁石であり，現在でも最大エネルギー積を示しており，工業生産性が高いために，高性能磁石の主流となっている．Croat 等のものは，主にボンド磁石や熱間加工磁石の原料として使用されている．

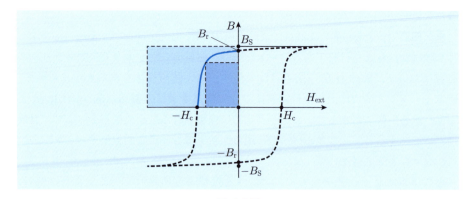

図 4.17

表 4.2

磁石	残留磁束密度 [T]	保持力（×10^4） [A/m]	最大 BH_{ext} 積 [TA/m]
等方性アルニコ磁石	0.63-0.70	5.6-6.4	1.2-1.5
異方性アルニコ磁石	0.63-0.70	5.44-6.24	5.6-6.8
フェライト磁石 $BaFe_{12}O_{19}$	0.4-0.43	12.8-15.2	28-32
フェライト磁石 $SrFe_{12}O_{19}$	0.42-0.45	16.8-20.8	32.8-36.0
$SmCo_5$ 系	9.3-10.0	60-76	168-200
Sm_2Co_{17} 系	10.2-10.8	40-104	200-266
ネオジム磁石	1.27-1.33	135.3	302-334

4.2.5 スピントロニクスと磁性

エレクトロニクスでは，ほとんどの場合，電荷の性質のみが利用されてきたが，電子が電荷とスピンの両方を有するところから，スピンの性質も利用し，これまでのエレクトロニクスでは実現できなかった機能や性能を持つデバイスが実現されている．このような分野は**スピントロニクス**（spintronics）と呼ばれる．金属強磁性体，絶縁性強磁性体に加え，化合物半導体 InAs, GaAs 等の磁性を持たない III-V 列の化合物半導体に磁性金属の Mn を高い濃度添加すると，自然界には存在しない強磁性を示す半導体（In, Mn）As になることが発見され，**強磁性半導体**（ferromagnetic semiconductor）と呼ばれる．この現象については半導体において電子が不足した状態でのキャリア濃度によって強磁性相互作用が決定されるという

理論が提案されている．これを基にして，キャリア濃度が電界により変化する電荷素子構造を用いて，強磁性あるいは常磁性へ，温度を変化させることなく相転移させることに成功している．また，MBE による化合物半導体の結晶成長技術の発達で，新しい強磁性半導体が発見されてきている．このようにして，半導体スピンエレクトロニクスとしての研究が現在，精力的に行われている．

4.2.6 巨大磁気抵抗効果

磁気抵抗 (magneto-resistance) とは，物質に外部磁界 H_{ext} を印加することによる抵抗率 ρ の変化率 $\frac{\Delta \rho}{\rho}$ であり，$\frac{\Delta \rho}{\rho} = \frac{R(H_{\text{ext}}) - R(0)}{R(0)}$ と表される．ただし，$R(0)$，$R(H_{\text{ext}})$ はそれぞれ，H_{ext} を印加しない場合と印加した場合の抵抗である．磁気抵抗効果は，有限の磁気抵抗が生じる現象のことをいう．磁気抵抗効果は，H_{ext} を抵抗測定から知ることができるので，磁界測定用のセンサーとして広く用いられている．磁気抵抗効果が生じるには，キャリアが 2 種類以上存在する必要があるとされる．磁気抵抗効果は，1856 年に英国の物理学者であるトムソン（W. Thomson, Lord Kelvin のこと）により，鉄の抵抗を測定しているときに初めて見いだされた．磁気抵抗は，H_{ext} を印加することにより伝導電子の道筋がより散乱の多い所を移動するために生じる．

磁気抵抗効果が顕著であればあるほど，センサーとしての感度は高くなり，微小磁界の測定が可能になる．1980 年代後半に，MBE を用いて作製された鉄/クロム/鉄/…の人工格子（**超格子** (super lattice)）の磁気抵抗効果の H_{ext} 依存性が低温で調べられた．その結果，50% 以上の極めて大きい磁気抵抗効果が認められ，特に**巨大磁気抵抗効果**（Giant Magneto-Resistance: **GMR**）と名づけられた．特徴として，鉄の原子層で挟まれたクロムの原子層の厚さを変化させると，鉄の原子層がすべて同じ向きに磁化される強磁性的な場合と，クロムの原子層を挟んで隣の鉄の原子層と逆に磁化される反強磁性的な場合が順々に起こることがあげられる．GMR は反強磁性的になる場合にみられる効果である．

4.2.7 磁 気 損 失

■交流で磁化する場合の磁気損失

角周波数 ω の交流外部磁界 $\vec{H}_{\text{ext}}$ を磁性体に印加した場合，発生する磁束密度 $\vec{B}$ に対して，$B = \mu^* H_{\text{ext}} = (\mu' - j\mu'') H_{\text{ext}} = |\mu^*| \exp(-\delta) H_{\text{ext}}$ として複素透磁率 μ^* が定義されるとき，δ は**損失角** (loss angle) と呼ばれ，**磁気損失** (magnetic loss) を表し，$\vec{H}_{\text{ext}}$ と $\vec{B}$ が同位相のとき $\delta = 0$ であり無損失である．

■ヒステリシス損

図4.18で示されるヒステリシス曲線を1周まわる場合のヒステリシス損 (hysteresis loss) w_h は,

$$w_h = \oint_{B-H 曲線} H_{ext}\, dB$$
$$= \oint_{B-H 曲線} B\, dH_{ext} \quad (4.39)$$

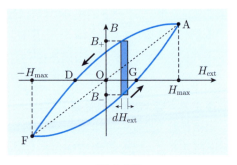

図4.18

である．一般に透磁率 μ は外部磁界 H_{ext} の関数であるため計算は困難であるが，H_{ext} が小さい場合には，ヒステリシス曲線は図4.18のようになり，次のレイリーの式 (Rayleigh formula) により，

$$B_\pm = (\mu_{ini} - \alpha H_{max})H_{ext} \pm \tfrac{\alpha}{2}(H_{max}^2 - H_{ext}^2) \quad (4.40)$$

と近似される．ただし，$B_\pm$ の符号 + は図4.18の A → D → F，− は F → G → A に対応する．また，μ_{ini} は初透磁率，H_{max} は A 点の H_{ext}，α はヒステリシス曲線の形状に対応する定数である．したがって，ヒステリシ曲線を1秒間に f 回まわれば，

$$W_h = f w_h = \tfrac{4}{3}\alpha H_{max}^3 f \quad (4.41)$$

となる．(4.41) 式の導出の詳細は章末演習問題 4.9 を参照のこと．H_{max} が大きい場合，スタインメッツ (C. P. Steinmetz) により，$W_h = f\eta B_{max}^{1.6}$ なる実験式が提案されている．ただし，η は定数である．

■渦電流損

渦電流 (eddy current) とは，導体平板や導体棒に外部磁束密度 B_{ext} を印加したとき，それらを貫く磁束が時間変化をしたとき発生する起電力により，各磁力線の周りに絡みついて渦状に流れる電流をいう．渦電流が流れると導体の抵抗によるジュール損失 (Joule loss) P が生じる．この損失を渦電流損 (eddy current loss) といい，単位体積当たり，$P \propto \rho i^2 \propto f^2 \frac{B_{ext}^2}{\rho}$ となる．ただし，ρ は磁性体の抵抗率，i は渦電流であり $i \propto f \frac{B_{ext}}{\rho}$ である．細線導体の場合には，電磁誘導で流れる電流は渦電流ではなく，誘導電流と呼ばれる．

4.2 磁性体材料の磁気的性質

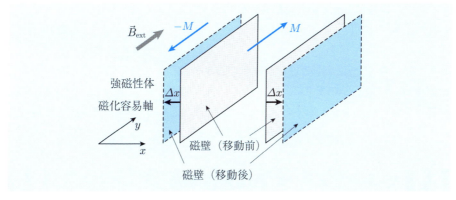

図 4.19

■磁壁移動の緩和による損失

y 方向に磁化されやすい磁性体に，外部磁束密度 $\vec{B}_{\text{ext}}$ を y の正の向きに印加したときの，磁壁の移動の様子が図 4.19 に示されている．磁壁が x 方向に Δx だけ移動したとき，単位体積当たりのポテンシャルエネルギー（ゼーマンエネルギー）の変化 ΔU は，

$$\Delta U = -2MB_{\text{ext}}\Delta x n \tag{4.42}$$

となる．(4.42) 式の右辺の 2 は，磁壁が x 方向に Δx だけ移動したとき，y の負方向の磁気モーメントが減少し，y の正方向の磁気モーメントが同じだけ増加することに起因している．また，M は各磁区の磁化，n は x 方向の単位長さ当たりの磁壁の数である．移動量 Δx は，外部磁界に対して**磁壁抗磁力**（magnetic domain wall coercive force）と呼ばれ，磁壁の移動を妨げる力と，磁壁の移動に対する復元力で決定される．$\vec{B}_{\text{ext}}$ によって，1 枚の磁壁に働く力 F_x は，

$$F_x \cong -\frac{\Delta U}{n\Delta x} = 2MB_{\text{ext}} \tag{4.43}$$

となる．この磁性体に，交流外部磁界 $\vec{B}_{\text{ext}}(t)$ を印加すると，各磁壁の位置 x は，時間的に変化し，その運動方程式は，(4.43) 式より，

$$m_{\text{dw}}\frac{d^2x}{dt^2} + \alpha\frac{dx}{dt} + \beta x = 2MB_{\text{ext}}(t) \tag{4.44}$$

となる．ただし，m_{dw} は単位面積当たりの磁壁の質量，α は抵抗係数，β は復元力の力定数である．$\vec{B}_{\text{ext}}(t)$ を角周波数 ω の交流磁束密度とすると，(4.44) 式よ

り，磁壁の移動によって生じる磁化の磁化率 χ_t は，

$$\chi_t = \frac{4M^2 n\mu_0}{\beta - m_{dw}\omega^2 + j\alpha\omega} \tag{4.45}$$

となり複素数である．χ_t の虚部が磁壁の移動によって生じる磁気損失を与えることになる．(4.45) 式の導出の詳細は章末演習問題 4.10 を参照のこと．(4.45) 式の左辺の分母の実部が 0 となるとき，χ_t は角周波数 $\omega = \left(\frac{\beta}{m_{dw}}\right)^{\frac{1}{2}}$ で共鳴的な鋭いピークを示す．ピークが鋭いほど損失は小さくなる．

4章の演習問題

☐ **4.1** (4.4) 式を導出せよ．

☐ **4.2*** (4.13) 式で与えられるブリユアン関数を導出せよ．

☐ **4.3** (4.16) 式で与えられるランデの因子 g_J を導出せよ．

☐ **4.4** (4.17) 式について，$g_J\mu_B\frac{JB}{k_BT} \gg 1$ あるいは $g_J\mu_B\frac{JB}{k_BT} \ll 1$ の場合について，磁化 M_J を求めよ．

☐ **4.5** フントの規則に従って，Ni^{2+} の電子軌道の角運動量量子数 L とスピンの角運動量量子数 S と全角運動量量子数 J，ランデの因子 g_J を求めよ．

☐ **4.6*** 陽子の周りの電子の半径 r の円軌道運動に対応して生じる磁気モーメント $\vec{\mu}$ に対して，外部磁束密度 $\vec{B}_{ext}$ が同じ向きに印加されるとき，$\vec{B}_{ext}$ の大きさが小さい場合の $\vec{\mu}$ の減少量を求めよ．ただし，$\vec{B}_{ext}$ を印加しても，軌道の半径は変化しないものとする．

☐ **4.7** (4.34) 式を導出せよ．

☐ **4.8*** (4.22) 式の B_{ext} の代わりに，$B' = B_{ext} + \mu_0\gamma M$ で表される B' を用いて，$|\vec{\mu}|(B_{ext} + \mu_0\gamma M) \ll k_BT$ の場合について，磁化率 χ_m を求めよ．

☐ **4.9** (4.41) 式を導出せよ．

☐ **4.10** 磁壁の移動によって生じる磁化 M_t の磁化率 χ_t が (4.45) 式で表されることを示せ．

第5章

超伝導体材料

　本章では，**超伝導現象**（superconducting phenomenon）の性質，発見の歴史，理論，応用について説明を行う．超伝導現象を理解する基礎科目として，電気磁気学と量子力学がある．超電導現象は固体中の伝導電子により発現するものであり，本来は量子力学の助けを借りて説明を行うべあるが，本章では，量子力学を極力用いないで，本質的な部分が理解できるように配慮した．

5.1 超 伝 導 体

　超伝導体（superconductor）は，天然物質で発見されたものもあれば，合成されて発見されたものもある．より優れた超伝導物質の発見が我々に与えるインパクトは極めて強い．それは，超伝導状態になれば直流電気抵抗が零になり，またリング状に閉じた超伝導物質にいったん電流が流れると永久に流れ続けるであろうという，無と無限という概念を一挙に具現するものであるからであろう．

　現在，超伝導現象を示す物質は数多くある．そのうち，実用になっているのは極低温の液体ヘリウムや比較的入手しやすい液体窒素を用いて冷却することにより超伝導を発現する物質である．液体ヘリウムは枯渇の不安要素があるので，空気中に豊富に存在する窒素を液化した液体窒素を用いる物質の実用への可能性が広がりつつある．鉄道技術である**中央新幹線**（リニア中央新幹線）も話題の1つである．

5.2 超伝導現象

超伝導体は，超伝導状態で以下の性質を示す．
(1) 直流の電気抵抗（以後抵抗）が完全に 0Ω である．
(2) 弱い磁場に対して**完全反磁性**（perfect diamagnetism）あるいは，完全反磁性に近い状態である．この現象は**マイスナー効果**（Meissner effect）と呼ばれ，磁力線が超伝導体の外部に完全，あるいはほとんど押し出される．マイスナー効果はマイスナー（W. Meissner）とオクセンフェルト（R. Ochsenfeld）によって 1933 年に発見された．
(3) 2 個の超伝導体を弱く結合させたときに電圧がなくてもトンネル効果によって電流が流れる量子現象いわゆる**ジョセフソン効果**（Josephson effect）がみられる．

直流抵抗が完全に零であることを実際に確かめるのは実験的に困難である．また，物質の一部が超伝導状態になっていても抵抗が零であることを示す場合があるため，物質全体が超伝導状態になっていることを確認するには，抵抗測定を行うとともに，磁化率も調べる必要がある．超伝導体の全体が完全反磁性を示す場合には，磁化率 χ が $\chi = -1$ となる．

図 5.1 に 1987 年に発見された酸化物高温超伝導体 $YBa_2Cu_3O_{7-\delta}$（**YBCO**）の直流抵抗率の温度依存性を示す．超伝導体を冷却してゆくと，ある温度で抵抗が急激に減少し始め，ついには抵抗がゼロとなる．この温度は**臨界温度**（critical temperature）T_c と呼ばれる．T_c は応用面において室温以上であるのが理想であるが，現在のところ，超伝導現象は室温よりずっと低い温度でのみ観測されているのが実状である．

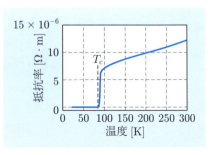

図 5.1

5.2.1 マイスナー効果

常伝導体球を外部磁界中に置くと，図 5.2(a) に示されるように，磁束は常伝導体内部に存在する．温度が下がって，超伝導状態になると，図 5.2(b) に示されるように，マイスナー効果により，外部磁界の磁束はほとんど超伝導体の外部に押し

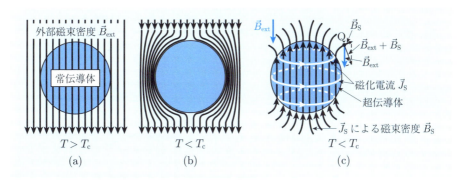

図 5.2

やられる.すなわち,超伝導体内部のあらゆる位置において,磁束密度 $\vec{B}$ は $\approx \vec{0}$ T である.マイスナー効果の原因は,図 5.2(c) に示されるように,超伝導体の表面からの 10 nm 程度の**磁界侵入深さ**(penetration depth of magnetic field)λ までの領域で,**磁化電流**(magnetization current)が密度 $\vec{J}_S$ で流れ,外部磁界の磁束密度 $\vec{B}_{ext}$ と大きさが同じで,向きが逆の磁束密度 $\vec{B}_S$ を形成するからである.すなわち,超伝導体内部では,$\vec{B} = \vec{B}_{ext} + \vec{B}_S \cong \vec{0}$ T である.このとき,磁化電流 $\vec{J}_S$ によって超伝導体の外部にも磁界が生じ,図 5.2(c) の点 Q に示されるように外部磁界と重ね合わさった磁束密度 $\vec{B} = \vec{B}_{ext} + \vec{B}_S$ を持つ磁束分布が形成される.結果的に,図 5.2(b) に示されるように,磁束が超伝導体外部に押し出された磁束分布が形成される.これは,超伝導体が完全反磁性あるいは完全反磁性に近い状態であることを示している.

また,超伝導体表面には,外部磁界の変化に瞬時に対応して,磁化電流が流れるので,交流磁界中に超伝導体を置けば,磁化電流も交流電流となる.

5.2.2 臨界磁界

超伝導体の応用の 1 つとして,電磁石がある.導線で作られたコイルに電流を流して,磁界を発生させる.しかし,金属をコイルとして用いると,電流を流すとき,金属の抵抗によるジュール熱が発生し,磁石の温度が上昇するために,電流値に上限がある.一方,超伝導体を導線として用いると,ジュール熱の発生は抑えられる.しかし,超伝導体に流れる電流により発生する磁界が大きくなると,超伝導体は,ある磁界(**臨界磁界**(critical magnetic field strength))H_c 以上で常伝導体に相転移し,抵抗が急激に大きくなる.また,超伝導状態であっても,温度が高く

なると H_c は弱くなる．超伝導体に外部磁界 H_{ext} を印加して，温度 T を変化させてゆくと，臨界磁界 H_{extc} の温度依存性は，

$$H_{extc}(T) = H_{extc}(0)\left\{1 - \left(\frac{T}{T_c}\right)^2\right\}$$

となることが実験により分かっている．図5.3 に H_{extc} と T の関係が示されている．例えば，Nb の H_{extc} は約 15.6×10^{-4} A/m で Al の約 20 倍の大きさであり，他の金属と比較しても大きい．超伝導体に外部磁界を印加して，その強さを強くしてゆくと，次項で述べる 2 個の電子波束の対である**クーパー対**（Cooper pair）が破壊され，その結果，超伝導状態が破壊され，常伝導状態となる．その磁化曲線の違いによって図5.4 に示されるように，超

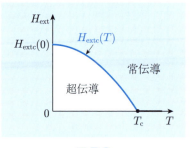

図 5.3

伝導は 2 種類に大別される．図5.4(a) に示されるような磁化曲線を持つ材料は，**第 1 種超伝導体**（type 1 superconductor）と呼ばれる．水銀等の純金属等がある．図5.4(b) に示されるような磁化曲線を持つ材料は，**第 2 種超伝導体**（type 2 superconductor）と呼ばれ，応用上重要である．金属合金（NbTi や Nb$_3$Sn）や酸化物高温超伝導体等がある．第 2 種超伝導体の顕著な特徴は，外部磁界が H_{extc1} より強くなると，完全反磁性が破れるが，超伝導体に磁束が徐々に侵入し始めるために，すぐには磁化 M は $M = 0$ A/m にはならないことである．このとき，侵入する磁束は磁束量子の整数倍となる．この現象は**磁束の量子化**（quantization magnetic flux）と呼ばれる．この磁束の存在する部分は常伝導状態になっており，磁束を中心軸として，局所的に，超伝導磁化電流とは向きが逆の磁化電流が同心状に

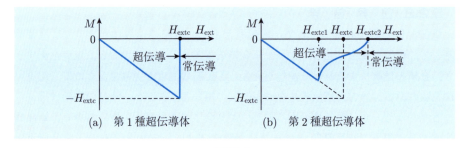

図 5.4

流れていると考えられる．外部磁界が H_{extc1} より強い H_{extc2} で完全に常伝導状態に転移するので，それまでは抵抗は低い状態である．

5.2.3 ジョセフソン効果

　超伝導状態のクーパー対が薄い絶縁層をトンネル効果で電圧を加えなくとも移動できる現象を**ジョセフソン効果**という．1962 年にイギリスのジョセフソン（B. D. Josephson）により，その存在が予言された．図 5.5 に示されているように，2 つの超伝導体の間に極めて薄い絶縁膜を挟んだ接合を通して，電流が流れる．この電流は，**ジョセフソン電流**（Josephson current）と呼ばれる．絶縁膜を流れる電流は，量子効果である**トンネル電流**（tunneling current）である．ところで，電子はフェルミ粒子であるが，2 つの伝導電子が，引力的相互作用によりクーパー対を形成すると，あたかもボーズ粒子的に振る舞い，パウリの排他律は適用されない．フェルミ粒子が複数存在するとき，基底状態を占有できるのはスピンを考慮してたかだか 2 つであるが，クーパー対を形成すると，すべての伝導電子は基底状態に存在することができる，いわゆる縮退状態にある．したがって，すべてのクーパー対は 1 つの波動関数 $\psi = (n_{\text{C}})^{\frac{1}{2}} \exp(j\theta)$ で記述される．ただし，n_{C} はクーパー対の濃度，θ は位相である．今，同じ超伝導体の間に極めて薄い絶縁膜を挟んだ接合を考える．絶縁膜の両端で，クーパー対の波動関数の位相 θ が不連続になり，位相差 $\Delta\theta$ が生じる．I は $\Delta\theta$ に依存し，

$$I = I_0 \sin(\Delta\theta) \tag{5.1}$$

となる．外部から電圧を印加しない場合でも，クーパー対による，I_0 よりも小さい電流は流れる．I の最大値である I_0 は**ジョセフソン臨界電流**（Josephson crit-

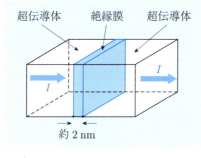

図 5.5

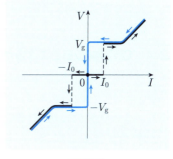

図 5.6

ical current）と呼ばれる．電流の向きは，2通りある．絶縁膜が厚い場合には電流は流れない．接合に定電圧電源ではなく，定電流電源を接続して電流Iを流すと，Iが増加すると位相差も増加し，接合部を通して，トンネル電流が流れる．図5.6に示されるように，IがI_0に達するまでは，接合部の両端の電圧Vは0Vのままである．しかし，電流がI_0を超えると，クーパー対以外の波束による電流が流れ始め，Vも急激に増加する．Vがクーパー対の励起状態と基底状態のエネルギー差$2\Delta E$に相当する電位差であるV_g（$= \frac{2\Delta E}{e}$）に達すると，以降，VとIの関係（V-I関係）は比例的になる．次に，Iを減少させてゆくと，IがI_0までは，V-I関係は来た経路に沿い，I_0に達してもVは0Vにならず一定値V_gとなり，Iが0AになってVは0Vになる．したがって，Iの増減に対して，V-I関係は同じ経路を辿らないヒステリシスが観測される．また，Iが負の領域でのV-I関係は，正の領域のV-I関係と原点Oに対して点対称の関係を示す．以上は**直流ジョセフソン効果**（dc Josephson effect）と呼ばれる．

接合に定電圧電源により，電圧Vを印加すると，先程とは異なる挙動が観測される．接合におけるクーパー対の電荷は$-2e$であるから，クーパー対は$-2eV$のポテンシャルエネルギーを感じることになる．このポテンシャルエネルギーに対してシュレーディンガーの時間発展波動方程式(1.1)式を解くと，詳細を省くが，位相差$\Delta\theta$に時間の依存性，

$$I = I_0 \sin(\Delta\theta(t)) = I_0 \sin\left(\frac{2eVt}{\hbar} + \Delta\theta_0\right)$$

が表れる．したがって，Iは，周波数νが$\frac{eV}{\pi\hbar}$[Hz]の交流電流となる．$1\,\mu$Vの電圧に対して，νは約483.6MHzとなる．eと$\hbar$は基本物理定数であるので，νを高い精度で測定すれば，Vの測定精度が高くなる．これを利用して，電圧の標準とすることができる．以上は**交流ジョセフソン効果**（ac Josephson effect）と呼ばれる．

5.2.4 超伝導体の自由エネルギー

超伝導体に外部磁界H_{ext}を印加すると，H_{ext}が弱いときはマイスナー効果により，超伝導体内部の磁束密度は極表面を除いて0Tである．しかし，H_{ext}が強くなると，この状態が破られ，超伝導体内部の磁束密度は有限となり，最後にはH_{ext}は超伝導体内部に進入する．この現象は，自由エネルギーの概念を用いて説明される．

5.2 超伝導現象

■ **例題 5.1（超伝導体の自由エネルギー）** ■

図 5.7 に示されるように，平均長 l，断面積 A の環状超伝導体全体に導線を N 回密に巻いて，環状ソレノイドを作る．ソレノイドに直流電流 I [A] を流すとき，超伝導状態におけるギブズの自由エネルギー G を求めよ．ただし，磁化が可逆的であるとする．

【解答】 ソレノイドに I [A] を流すとき，磁性体内部に磁界が形成され，これが H_{ext} となって，磁性体が磁化される．時間 dt 間に磁性体にされる仕事 dW は，

$$dW = -U_{\text{EMF}} I\, dt \tag{5.2}$$

である．U_{EMF} は電磁誘導作用により，ソレノイドに生じる起電力であり，この起電力に打ち勝って，電流 I を一定の値に維持するために，電源は仕事をしなければならない．この仕事はソレノイド内部の磁性体の磁化に用いられる．U_{EMF} は，

$$U_{\text{EMF}} = -\frac{d(N\Phi)}{dt} = -NA\frac{dB}{dt} \tag{5.3}$$

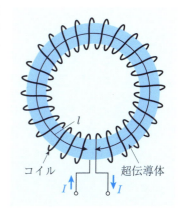

図 5.7

である．また，アンペールの法則（Ampere's law）より，

$$\oint_{\text{環状磁性体}} \vec{H}_{\text{ext}} \cdot d\vec{s} = H_{\text{ext}} l = NI \tag{5.4}$$

となる．したがって，dW は (5.2) 式-(5.4) 式より，

$$dW = -H_{\text{ext}} l A\, dB = -H_{\text{ext}} l A \mu_0\, dM \tag{5.5}$$

となる．磁化が可逆的であると仮定すると，ギブズの自由エネルギー G の微分 dG は (5.5) 式より

$$dG = dW = -H_{\text{ext}} l A\, dB = -H_{\text{ext}} l A \mu_0\, dM \tag{5.6}$$

となる．ところで，超伝導体は完全反磁性体あるいはそれに近いので，

$$M = -H_{\text{ext}} \tag{5.7}$$

である．(5.6) 式，(5.7) 式より，超伝導体の dG を H_{ext} の関数とみて，$dG_{\text{S}}(H_{\text{ext}})$

と定義すると，$dG_S(H_{ext})$ は，

$$dG_S(H_{ext}) = \mu_0 l A H_{ext} dH_{ext} = \tfrac{1}{2}\mu_0 l A d\left(H_{ext}^2\right) \tag{5.8}$$

となる．したがって，ソレノイドに直流電流 I [A] を流すとき，超伝導状態におけるギブズの自由エネルギー $G_S(H_{ext})$ は (5.8) 式を H_{ext}^2 で積分することにより，

$$G_S(H_{ext}) = G_S(0) + \tfrac{1}{2}\mu_0 l A H_{ext}^2 \tag{5.9}$$

となる．ただし，$G_S(0)$ は $H_{ext} = 0$ A/m のときのギブズの自由エネルギーである．(5.9) 式より，$G_S(H_{ext})$ は，等温および等圧の条件下では，外部磁界が強くなると H_{ext}^2 に比例して増加することが分かる． ∎

常伝導体のギブズの自由エネルギーを $G_N(H_{ext})$ と定義すると，常伝導体が強磁性体でなければ，磁化率は極めて小さいため，磁化の過程で $dM = 0$ としてよいので，$G_N(H_{ext}) = G_N$ となる．ただし，G_N は定数である．熱平衡状態では，ギブズの自由エネルギーが小さい方の系の状態が安定状態であるので，同じ H_{ext} で両者の自由エネルギーを比較すれば，系の状態が決まる．超伝導状態では，$G_S(0) < G_N$ なる関係がある．

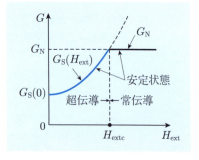

図 5.8

$G_S(H_{ext})$ は H_{ext} の単調増加関数であるから，図 5.8 に示されるように，H_{ext} を強くして，$G_S(0) + \tfrac{1}{2}\mu_0 l A H_{ext}^2 = G_N$ となる H_{extc} のとき，系は超伝導状態から常伝導状態に相転移する．また，H_{extc} を強くするためには $G_S(0)$ を小さくする必要がある．

5.2.5 磁束の量子化

図 5.9(a) に示されるように，弱い外部磁束密度 $\vec{B}_{ext}$ 中に超伝導体リングを置くと，マイスナー効果により超伝導体内部の $\vec{B}_{ext}$ を打ち消すために，超伝導体の内側および外側表面に磁化電流が流れる．次に，$\vec{B}_{ext}$ を取り去ると，リング内の磁束は，リングに鎖交しているので消滅せず，しかも離散的な大きさ，すなわち量子化されていることが実験により確認されている．磁束の最小単位 Φ_0 は $\pi \frac{\hbar}{e} = 2.07 \times 10^{-15}$ Wb であり，鎖交する磁束 Φ は $n\Phi_0$ となる．ただし，n は 1 以上の整数である．Φ はリングの内側表面に流れる電流によるものである．

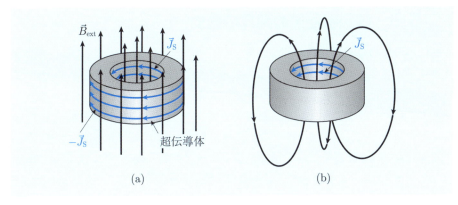

図 5.9

5.2.6 磁気浮上現象と量子磁束のピン止め

図 5.10

図 5.10 に示されるように，超伝導体 YBCO の上に，永久磁石を置くと，永久磁石が超伝導体上に浮遊することが知られている．これを**磁気浮上現象**（magnetic floating）という．その原因の 1 つは，2 つの電流の間に働く力によるものである．超伝導体を磁界中に置くと，マイスナー効果により超伝導体表面に反磁性磁化電流が流れる．また，永久磁石の表面にも磁化電流が流れている．2 つの磁化電流は，互いに，電流の流れる向きが逆である．その結果，電流の間に働く力の関係より，永久磁石と，超伝導体の間に反発力が生じる．浮上のもう 1 つの原因は**ピン止め効果**（pinning effect）と呼ばれる，超伝導体に磁束が量子化されて侵入し超伝導物質内でピン止めされることによる効果である．ピン止めによって磁束が固定されるために，磁化電流間の反発力に加えて，永久磁石が超伝導体上に強く固定されて浮上する．

5.3 超伝導物質の発見の歴史

　超伝導現象の最初の発見は，1911年に，オランダのライデン大学のカマリングオネス（H. Kamerlingh Onnes）によってなされた．"superconductor"という言葉は彼が創始したものである．彼は1908年に，最後の永久気体といわれていたヘリウムガスの液化に初めて成功し，液体ヘリウムの沸点が4.2 K（約 −269 ℃）であることを報告した．また液体ヘリウムを使用して1911年に，高純度の水銀（Hg）の電気抵抗が4.2 K以下で急激に零となる超伝導現象を報告した．その後，InやSnが，Hgよりも低い臨界温度ではあるが，超伝導現象を示すことも発見した．そして，1931年に，より高温の7.2 KというT_cをPbにおいて見いだした．

　しかし，その後約20年間，臨界温度に向上はみられなかったが，1930年頃から1950年の前半頃までは，数多くの2元系の合金で超伝導現象が確認され，1954年にT_cが鉛の約2.5倍の18 KのNb_3Snが発見された．1980年までに発見された2元系の合金超伝導物質の最高のT_cはNb_3Geの23.4 Kであったが，約20年後の2001年に，永松（J. Nagamatsu）等は39 Kという約16 Kも高いT_cを有するMgとBの合金であるMgB_2を発見した．さらに約22年後の2023年に，石川（H. Ishikawa）等は12 KとT_cは低いが，臨界磁束密度が10 TのLa_2IOsを発見した．この超伝導体の特徴は，クーパー対が形成されにくい原子量が大きいオスミウム（Os）を含んでいることである．

　1979年に，有機物で1.2 Kにおいて超伝導現象が超こることが確認され，1988年に，常圧でPbのT_cである7.2 Kを超える10.3 KのT_cを有するκ-$(BEDT$-$TTF)_2Cu(NCS)_2$が発見された．有機物超伝導体が発見されたときは，次節に述べる，BCS理論とは異なる励起子機構なるものが提案され，さらに高いT_cを有する物質の存在が予測された．しかし研究が進むにつれこの機構で説明される物質は発見されず，結局のところ，それまで発見されていた有機超伝導現象発現メカニズムもBCS理論で説明されることが分かった．

　1986年に，ミューラー（K. A. Müller）とベドノルツ（J. G. Bednorz）により，30 Kという高いT_cを持つ酸化物超伝導物質$La_{2-x}Ba_xCuO_4$が発見された．翌年に，チュー（C. W. Chu）等により，さらに高い93 KのT_cを有するYBCOが発見され，T_cが飛躍的に向上し，世界は，液体窒素の沸点温度以上で利用できる高臨界温度酸化物超伝導の時代へと突入した．現在のところ，常圧で最も高いT_cは133 Kであり，その物質は1993年にシュリング（A. Schilling）等により発見された$Hg_2Ba_2Ca_2Cu_3O$であるが，Hgが含まれているために，実用化には課

題があると考えられる．一方，前田（H. Maeda）等により発見された，105 K の T_c を有し，より安全性の高いビスマス系酸化物高温超伝導体 $Bi_2Sr_2Ca_2Cu_3O_{10}$（Bi2223）が，電力送電用の線材として一部実用化されている．これら2種の超伝導体は層状構造を持ち，クーパー対の伝導層である CuO_2 面と電荷供給層とが積層した構造である．電荷供給層からの CuO_2 面に電荷が注入されなければ，反強磁性を示し絶縁体となるので，反強磁性を電荷注入で完全に消去しなければならないが，CuO_2 面に乱れがあると電荷供給層から多量に電荷を供給する必要がある．一方，CuO_2 面に乱れが無い場合には，極めて少量の電荷により反強磁性秩序を完全に消去できることが報告されている．なお，酸化物高温超伝導体の超伝導現象発現機構の全貌は現在の所，完全には明らかにされていない．

表5.1 に常圧下で超伝導特性が発現する合金系および酸化物系の超伝導体の T_c とその発見年と月を示す．なお，電気電子材料としての実用性を考慮して，有機物や高圧下で発現する物質等は省かれている．

表5.1

合金系	T_c [K]	発見年	酸化物系	T_c [K]	発見年と月
Hg	4.2	1911	$La_{2-x}Ba_xCuO_4$	30	1986
Pb	7.2	1913	$La_{2-x}Sr_xCuO_4$	40	1987.1
NbC	10.3	1930	$YBa_2Cu_3O_4$	93	1983.3
NbN	16	1941	$Bi_2Sr_2Ca_2Cu_3O_x$	105	1988.2
$Nb_{0.3}N_{0.7}$	17.8	1953	$Ta_2Ba_2Ca_2Cu_3O_{10}$	120	1988.3
Nb_3N	18	1954	$HgBa_2CaCu_2O_{6+x}$	133	1993
$Nb_3Al_{0.8}Ge_{0.2}$	19.2	1969	LaFePO	4	2006
Nb_3Ge	23	1973	$LaFeAs(O_{1-x}F_x)$	26	2008.2
MgB_2	39	2001	$NdFeAs(O_{1-x}F_x)$	51	2008.5
La_2IOs_2	12	2023	$Gd_{1-x}Th_xFeAsO$	56	2008.9

5.4 超伝導現象のBCS理論

　超伝導現象の発現機構を調べることは，超伝導物質の応用研究や新しい物質の探索に大きな寄与をすると考えられる．現在のところ超伝導状態が発現するためには，2個の伝導電子がクーパー対を作り，**電子-フォノン相互作用**（electron-phonon interaction）等による電子間の引力により，互いに助け合いながら一緒に運動することが必要であることが，1957年に，バーディーン（J. Bardeen），クーパー（L. N. Cooper），シュリーファー（J. R. Schrieffer）により提唱された**BCS理論**（BCS theory）によって，ほぼ明らかにされた．したがって，超伝導状態では，電荷を担う粒子であるクーパー対は見かけ上，電子の2倍の大きさの電荷を持った波束として振る舞う．BCS理論が極めて優れた理論であるのは，当時知られていた超伝導体のすべての性質である，

(a) T_c における相転移は2次の転移である．
(b) 比熱は，0 K 近傍で

$$\exp\left(-\frac{T_c}{T}\right)$$

に従って変化する．
(c) マイスナー効果
(d) 無限大の導電率に関する効果
(e) T_c の同位体の質量 M の依存性は

$$T_c\sqrt{M} = 定数$$

である．

ことを説明することができたからである．しかも，比熱，磁界の侵入深さ，その温度依存性は実験から決定されたパラメータにより理論により見積もられたものと定量的に良い一致を示した．

　クーパー対の性質について考えてみよう．結晶中の伝導電子波束（以後，電子）の状態は波動ベクトル $\vec{k}$ とスピン角運動量 $\vec{s}$ で与えられる．クーパー対が結晶中を抵抗を受けずにドリフト運動するためには，対のうち1つの電子が失った運動量をもう1個の電子が正味受け取る必要がある．失った運動量が

$$\Delta\vec{P} = \hbar\Delta\vec{k}$$

とすると，受け取る運動量は

$$-\Delta \vec{P} = -\hbar \Delta \vec{k}$$

である．このようなことが可能な対の波動ベクトルは，大きさが等しく，向きが逆でなければならない．すなわち，クーパー対の電子波束は互いに反平行な運動をしている．また，引力的な相互作用であるため，結果としてスピン角運動量も互いに向きが逆でなければならず，その重心の運動量は $\vec{0}$ N·s である．したがって，クーパー対は，

$$\{(\vec{k}, \vec{s}) : (-\vec{k}, -\vec{s})\}$$

と記述できる．すなわち，クーパー対はこのような状態を有する電子により生成される．したがって，クーパー対は近くにいる必要はなく，遠く離れていても構わない．その範囲は，通常の超伝導体では 10-100 nm 程度に及ぶとされている．ただし，運動量の受け渡しをするには，互いの電子がある瞬間に近くにいる必要があり，そのときに伝導電子同士がクーパー対を形成するためには，電子同士に働くクーロン斥力に打ち勝つ相互作用が必要になる．

　波動ベクトルに関しては，波束の運動量の時間変化率が外力であるので，対の電子にはそれぞれ逆向きの外力が働く．そのような外力を生み出す源として正イオンによるフォノンが考えられる．

　スピンに関しては，正イオンのいずれかが有する局在化したスピンを介して対の電子の波束のスピンが互いに逆向きになる反強磁性的相互作用が考えられる (4.2.4 項を参照せよ)．

　クーパー対の存在範囲は前述のように極めて広いので，その範囲で膨大な数のクーパー対が存在している．したがって，超伝導中のすべての電子は常に互いに相互作用をしながら，すべてのクーパー対が 1 つの波束の集団として運動すると考えることができる．

5.5 超伝導体の応用

応用としてすでに実用化されているのは，**超伝導量子干渉素子**（Superconduction Quantum Interference Device, **SQUID**），核磁気共鳴分析装置，医学用核磁気診断装置（MRI），磁気浮上リニア中央新幹線用の電磁石，電力送電用の線材がある．5.3 節で述べたビスマス系超伝導体 Bi2223 を線材とする超伝導電磁石を使用した磁気浮上式鉄道の走行実験が 2005 年 11 月に実施された．

5.5.1 SQUID

SQUID の構造が図 5.11 に示されている．これは超伝導状態のクーパー対が薄い絶縁層をトンネル効果で電圧を加えなくとも移動できるジョセフソン効果を利用しており，その**ジョセフソン接合**（Josephson junction）に超伝導リングが接続されている．リング面に垂直に磁束 Φ [Wb] が通るように磁界が印加される．接合 A における

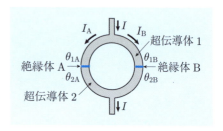

図 5.11

超伝導体 1, 2 の位相をそれぞれ θ_{1A}, θ_{2A}，接合 B における超伝導体 1, 2 の位相をそれぞれ θ_{1B}, θ_{2B} とすると，直流ジョセフソン効果により，各接合におけるクーパー対の位相差 $\theta_{2A} - \theta_{1A}, \theta_{2B} - \theta_{1B}$ に応じて電流が流れる．超伝導体 1, 2 が同じであり，絶縁層 A, B も同じものであれば，(5.1) 式より，電流 I_A, I_B はそれぞれ $I_A = I_0 \sin(\theta_{2A} - \theta_{1A})$，$I_B = I_0 \sin(\theta_{2B} - \theta_{1B})$ となる．このとき，リングに流れる全電流 I は，

$$I = I_A + I_B = 2I_0 \sin\left(\tfrac{\theta_{2A} - \theta_{1A} + \theta_{2B} - \theta_{1B}}{2}\right) \cos\left(\tfrac{\pi \Phi}{\Phi_0}\right) \tag{5.10}$$

となる．ただし，$\cos\left(\tfrac{\pi \Phi}{\Phi_0}\right) = \cos\left(\tfrac{\theta_{2A} - \theta_{2B} + \theta_{1B} - \theta_{1A}}{2}\right)$，$\Phi_0 = \tfrac{\hbar}{2e} \cong 2.07 \times 10^{-15}$ Wb である．(5.10) 式より，リングに電流を流したときに，電圧が生じない最大の電流 $I_{\max}$ は，

$$I_{\max} = 2I_0 \left| \cos\left(\tfrac{\pi \Phi}{\Phi_0}\right) \right| \tag{5.11}$$

となる．(5.11) 式より，磁束 Φ が 0 から増加すると，$I_{\max}$ は，周期 Φ_0 で振動する．しかし，図 5.12(a) に示されるように，$2I_0$ よりも少し大きいバイアス電流 I_b を流すと，超伝導体 1, 2 の間に電圧が発生する．(5.11) 式より，$\Phi = n\Phi_0$ （$n = $

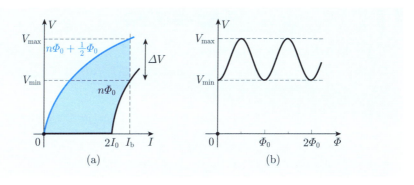

図 5.12

$0, 1, 2, \ldots$) のとき電圧は最大値 $V_{\max}$, $\Phi = n\Phi_0 + \frac{1}{2}\Phi_0$ のときは最小値 $V_{\min}$ となり, Φ が変化すると, 図 5.12(b) に示されるように, $V_{\max}$ と $V_{\min}$ の間で変化する. したがって, その電圧を測定することにより, 磁束 Φ を分解能 Φ_0 以下, 例えば, $\approx 10^{-5}\Phi_0$ で測定することができる. ただし, 電圧の変化の周期の回数を知るためには工夫が必要である. $I_{\max}$ の振動は, 2つの接合を流れる電流の干渉効果であり, 2本の平行なスリットによる光の回折・干渉現象と似ているので, 超伝導干渉素子と呼ばれている. このように, SQUID により超微小磁界の測定が可能であり, 生体磁気計測分野で用いられている. ゼロ抵抗による無ジュール損失の性質を利用したマイクロ波素子として, フィルタ, 遅延線, アンテナ等の研究も行われている.

5.5.2 超伝導送電

電気エネルギーを各所に配る**送電**(electric power delivery)を超伝導体を線材とした送電ケーブルを用いて行えば, 送電ケーブルの全抵抗は直流抵抗が $0\,\Omega$ であるため, 無損失直流送電が可能になる. 現在, 常温以上の T_c を有する超伝導体が存在しないが, たとえ常温以下での T_c であっても, 超伝導発現に必要な冷却のための全費用が現状の送電システムの運用に必要な費用と比較して低額であれば, 超伝導送電にメリットがある. また送電時の電圧の低下が生じないので, 利用に必要な電圧のままで送電が可能になる. 超伝導送電ケーブルを地下に埋め込めば, 冷却の効率や安全性も高くなり, 送電を行うための発電所や変電所等の建物・鉄塔等の超高圧送電設備や変圧器等の設備にかかる費用が小さくなることが期待される.

5章の演習問題

5.1* 図 5.7 に示されている形状を持つ，磁界侵入深さよりも十分太い平均長 l の環状の超伝導体リングがある．クーパー対の波動関数 $\psi = (n_\mathrm{C})^{\frac{1}{2}} \exp(j\theta)$ に，運動量演算子 $\vec{p} = \frac{\hbar}{j}\vec{\nabla}$ を作用させると，

$$\vec{p}\psi = \frac{\hbar}{j}\vec{\nabla}\psi = \frac{\hbar}{j}\vec{\nabla}(n_\mathrm{C})^{\frac{1}{2}}\exp(j\theta) = \hbar(n_\mathrm{C})^{\frac{1}{2}}\exp(j\theta)\vec{\nabla}\theta = \hbar\psi\vec{\nabla}\theta$$

となり，$\vec{\nabla}\theta = \frac{\vec{p}}{\hbar}$ である．超伝導体内部の長さ l の経路 C_l に沿って 1 周 $\vec{\nabla}\theta$ を積分すると，位相は，1 周する前と同じになる必要があるので，

$$\oint_{C_l} \vec{\nabla}\theta \cdot d\vec{s} = 2\pi n = \frac{1}{\hbar}\oint_{C_l}\vec{p}\cdot d\vec{s} \tag{5.12}$$

となる．ただし，n は 1 以上の整数である．超伝導体リングに外部磁束密度 $\vec{B}_\mathrm{ext}$ を印加したときのクーパー対の運動量 $\vec{p}$ は量子力学では，

$$\vec{p} = 2m_\mathrm{e}\vec{v}_\mathrm{C} + 2e\vec{A} \tag{5.13}$$

と表される．(5.12) 式, (5.13) 式を用いて，$\vec{B}_\mathrm{ext}$ を取り去った後に，超伝導体リングに鎖交する磁束 Φ を求めよ．

5.2 (5.1) 式を用いて，$T = 7\,\mathrm{K}$ において，直径 2 mm の Nb の線表面の磁界が臨界磁界 H_c になるときの電流値 I_c を求めよ．ただし，Nb の臨界温度は 9.46 K，$T = 0\,\mathrm{K}$ における臨界磁界 $H_\mathrm{c}(0)$ は $1.56\times 10^5\,\mathrm{A/m}$ である．

5.3* 図 5.13 に示されるように，xy 平面上に，厚さ $d\,[\mathrm{m}]$ の超伝導薄膜を置き，y 軸に平行に外部磁束密度 $\vec{B}_\mathrm{ext}$ を印加する．薄膜の表面の z 座標を $\pm\frac{d}{2}$ とする．このとき，外部磁界中の超伝導体の表面電流と磁束密度との関係を与える**ロンドン方程式**（London equation），

$$\nabla\times\vec{J} = -\frac{n_\mathrm{C}(2e)^2}{2m_\mathrm{e}}\vec{B} \tag{5.14}$$

および，アンペールの法則，

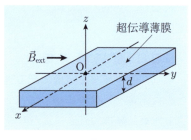

図 5.13

$$\nabla\times\vec{B} = \mu_0\vec{J} \tag{5.15}$$

を用いて，超伝導薄膜の内部の位置 z $\left(-\frac{d}{2}\leq z \leq \frac{d}{2}\right)$ における磁束密度 $\vec{B}$ を求めよ．

5.4 問題 5.3 の超伝導薄膜について，常伝導状態と超伝導状態のギブズの自由エネルギー G が等しくなる磁界を求めよ．ただし，バルクの超伝導体の臨界磁界を H_extc とする．

第 6 章

電気電子材料の評価法

　電気電子材料を用いてデバイスを設計・製作する際に，それぞれの材料の性質（物性）を把握することが必要である．材料の性質として，主に，**結晶構造**（crystal structure），**電気的性質**（electric properties），**磁気的性質**（magnetic properties），**組成**（composition）等が重要である．本章では，結晶構造，電気的性質，磁気的性質の評価法について基本的な事項について説明を行う．また，材料全般の評価に使用される汎用機器による各種分析法についても紹介する．

6.1 結晶構造の評価法

　結晶は，1.2 節で述べたように，原子や分子が空間的に周期性を持って配列したものである．しかし，原子は極めて小さく，光学顕微鏡等を用いて倍率を大きくしても，直接観察することは不可能である．これは，不確定性原理により説明がなされている．しかし，原子配列が周期性を持つことから，波動性のある刺激を結晶に与えて，その応答を測定することにより，それらの配列状況を観察することができる．この場合，与える波動の空間波長は，配列の周期と同程度であることが望ましい．すなわち，波動と周期性の相互作用を利用する．相互作用が無ければ，刺激に対する応答が無いので，評価も不可能である．この相互作用を理解するために，まず，逆格子という概念について説明を行う．

6.1.1 実格子と逆格子

　原子の周期的な配列である結晶内では，位置 $\vec{r}$ に対して周期的なポテンシャル $U(\vec{r})$ が形成されている．$U(\vec{r})$ は，$\vec{r}$ に関して，単位格子の周期 $\vec{T}$ だけずらしても変化しないので，

$$U\left(\vec{r}+\vec{T}\right) = U\left(\vec{r}+\left(n_1\vec{a}+n_2\vec{b}+n_3\vec{c}\right)\right) = U\left(\vec{r}\right) \tag{6.1}$$

となる．一方，周期関数は**フーリエ級数**（Fourier series）で表すことができるの

で，(6.1) 式を考慮すると，

$$U(\vec{r}) = \sum_{\vec{G}} U_{\vec{G}} \exp\left(-j\vec{G}\cdot\vec{r}\right)$$
$$= \sum_{\vec{G}} U_{\vec{G}} \exp\left(-j\vec{G}\cdot\vec{r}\right) \exp\left(-j\vec{G}\cdot\vec{T}\right) \quad (6.2)$$

となる．ただし，ここでは，波動ベクトル $\vec{k}$ と区別するために $\vec{G}$ が用いられる．(6.2) 式より，$\exp\left(-j\vec{G}\cdot\vec{T}\right) = 1$ となり，$\vec{G}\cdot\vec{T} = 2\pi m$ となる．ただし，m は整数である．(6.2) 式の和は $\vec{G}\cdot\vec{T} = 2\pi m$ を満足するすべての $\vec{G}$ についてとられる．具体的には，

$$\vec{G}\cdot\vec{T} = \vec{G}\cdot\left(n_1\vec{a} + n_2\vec{b} + n_3\vec{c}\right)$$
$$= n_1\vec{G}\cdot\vec{a} + n_2\vec{G}\cdot\vec{b} + n_3\vec{G}\cdot\vec{c} = 2\pi m \quad (6.3)$$

となるので，$\vec{G}\cdot\vec{a}, \vec{G}\cdot\vec{b}, \vec{G}\cdot\vec{c}$ がすべて 2π の整数倍である必要があり，これらを満足する $\vec{G}$ の基底として，

$$\vec{a}^* = 2\pi\frac{\vec{b}\times\vec{c}}{\vec{a}\cdot(\vec{b}\times\vec{c})}, \quad \vec{b}^* = 2\pi\frac{\vec{c}\times\vec{a}}{\vec{b}\cdot(\vec{c}\times\vec{a})}, \quad \vec{c}^* = 2\pi\frac{\vec{a}\times\vec{b}}{\vec{c}\cdot(\vec{a}\times\vec{b})} \quad (6.4)$$

となる $\vec{a}^*, \vec{b}^*, \vec{c}^*$ が考えられる．なお，$\vec{a}\cdot\left(\vec{b}\times\vec{c}\right) = \vec{b}\cdot(\vec{c}\times\vec{a}) = \vec{c}\cdot\left(\vec{a}\times\vec{b}\right) = V$ であり，これは $\vec{a}, \vec{b}, \vec{c}$ を稜とする平行6面体の体積 V に等しい．また，(6.4) 式より，

$$\vec{a}^*\cdot\vec{b} = 0, \quad \vec{a}^*\cdot\vec{c} = 0, \quad \vec{b}^*\cdot\vec{a} = 0,$$
$$\vec{b}^*\cdot\vec{c} = 0, \quad \vec{c}^*\cdot\vec{a} = 0, \quad \vec{c}^*\cdot\vec{b} = 0$$

であるから，$\vec{G}$ を $\vec{a}^*, \vec{b}^*, \vec{c}^*$ の整数 m_1, m_2, m_3 を係数とする線形結合，$\vec{G} = m_1\vec{a}^* + m_2\vec{b}^* + m_3\vec{c}^*$ とすれば，$\vec{G}\cdot\vec{T} = 2\pi(n_1m_1 + n_2m_2 + n_3m_3)$ となり，(6.3) 式は満足される．$\vec{a}^*, \vec{b}^*, \vec{c}^*$ は**逆格子ベクトル**（reciprocal lattice vector）と呼ばれ，$\vec{a}^*, \vec{b}^*, \vec{c}^*$ を基底ベクトルする空間は**逆格子空間**（reciprocal lattice space）と呼ばれる．これに対して，$\vec{a}, \vec{b}, \vec{c}$ が存

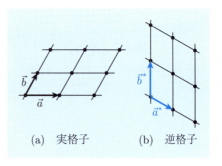

(a) 実格子　　(b) 逆格子

図 6.1

在する空間は**実格子空間**（real lattice space）と呼ばれる．$\vec{G}$ は，逆格子空間の格子点の位置を表す．逆格子空間の格子は**逆格子**（reciprocal lattice），実空間の格子は**実格子**（real lattice）と呼ばれる．例として，2 次元の実格子と，対応する逆格子の関係が図 6.1 に示されている．$\vec{a}^* \cdot \vec{a} = \vec{b}^* \cdot \vec{b} = 2\pi > 0$，$\vec{a}^* \perp \vec{b}$，$\vec{b}^* \perp \vec{a}$ である．$\vec{G}$ の次元は $\vec{k}$ の次元と同じであり，波動を逆格子空間内で取り扱うことが可能である．

今，(hkl) 面に対して $\vec{G}_{hkl} = h\vec{a}^* + k\vec{b}^* + l\vec{c}^*$ を定義すると，$\vec{G}_{hkl}$ は (hkl) 面に垂直なベクトルである（章末演習問題 6.1 を参照のこと）．したがって，(hkl) 面の格子面間隔の最小値を d_{hkl}（以後，格子面間隔）とすると，

$$\begin{aligned} d_{hkl} &= \frac{\vec{G}_{hkl}}{|\vec{G}_{hkl}|} \cdot \frac{\vec{a}}{h} = \frac{h\vec{a}^* + k\vec{b}^* + l\vec{c}^*}{K_{hkl}} \cdot \frac{\vec{a}}{h} \\ &= \frac{\vec{G}_{hkl}}{|\vec{G}_{hkl}|} \cdot \frac{\vec{b}}{k} = \frac{\vec{G}_{hkl}}{|\vec{G}_{hkl}|} \cdot \frac{\vec{c}}{l} = \frac{2\pi}{|\vec{G}_{hkl}|} \end{aligned} \tag{6.5}$$

となる．(6.5) 式は，極めて重要である．

6.1.2 X 線 の 性 質

結晶の評価に用いられる波動として，**X 線**（X-rays），**電子線**（electron beam），**中性子線**（neutron beam）がある．ただし，ray は電磁波であり，beam は粒子線である．電子，中性子は粒子であるが波動性も有する．これらの波動では，いずれも結晶による回折現象が生じる．X 線は電磁波であり，電界と磁界を持つので，電荷および電流と相互作用する．特に，陽子より質量の小さい電子と強く相互作用し，2 次波を放射する．したがって，電子の数が少ない，すなわち原子番号が小さい原子との相互作用は弱く，物質中では吸収による減衰が大きい．電子線は電荷と質量を持ち，物質の電荷と相互作用する．X 線と同様に，原子番号が小さい原子との相互作用は小さいが，場合によっては X 線よりは強く相互作用する．電子線回折は，薄膜，物質の表面層，微細結晶の構造，気体分子の構造，結晶格子欠陥等の研究に使用される．中性子線は，中性子が電荷を持たないので，電気的な相互作用は無い．しかし，原子番号の小さい原子とも強く相互作用するので，結晶中の水素の位置を調べることができる．他の波動と比較して，物質中の透過力が大きい．結晶の原子間距離と同程度の波長を持つ中性子線は，結晶による回折現象を示すので，X 線と同様に結晶の構造の研究に用いられる．中性子線は，原子炉や加速器等から取り出される．X 線および中性子線は放射線である．本書では，一般的に使用されている X 線による結晶性の評価について詳しく述べる．

X線は，1895年にレントゲン（W. C. Röntgen）によって発見され，未知の光線として，X線と名付けられた．1912年に，ラウエにより，結晶によるX線の回折理論が提案され，X線および結晶の研究に新生面が開かれた．同じ年，ブラッグ父子（W. H. Bragg, W. L. Bragg）により，X線を用いて結晶の構造を研究する方法が確立された．

X線は，電子を電界で加速して，金属ターゲットに衝突させることにより発生する．このとき，**制動放射**（bremsstrahlung）による連続した波長を持つ**連続X線**（continuous X-rays）あるいは**白色X線**（white X-rays）と呼ばれるX線と，ターゲット原子中の電子が軌道からはじき出された空孔に高いエネルギーの軌道の電子が落ち込むことにより，複数の離散的な波長を持つ**特性X線**（characteristic X-rays）が放射される．特性X線は，空孔ができる電子の軌道が存在する殻の名前により，K系列（KX線），L系列（LX線），M系列（MX線），…と，さらに，同じ殻の場合，電子が空孔に落ち込む元の殻の違いにより，波長の長い順に $\alpha, \beta, \gamma, \ldots$ と，さらに電子が空孔に落ち込む元の殻中の軌道の違いにより，波長の長い順に $1, 2, 3, \ldots$ と名付けられている．例えば，$K\alpha_2$ 線は，K殻にできた空孔にL殻の3つある軌道を比較して，落ち込むことが許されている2つの軌道を比較して，エネルギーの低い軌道から空孔に落ち込む際に放射されるX線を意味する．**表6.1**に各ターゲット金属の特性X線の波長とKX線の励起電圧が示されている．現代では，結晶構造の研究には特性X線が主に用いられている．

白色X線および特性X線の波長の上限値は特に無いが，下限値 $\lambda_{\min}$ は存在する．電位差 V [V] の下で加速された電子のターゲットに衝突する瞬間の運動エネルギーは eV [J] であるので，$\lambda_{\min}$ は，

表6.1

ターゲット金属	波長 [nm] $K\alpha_1$	$K\alpha_2$	$K\beta_1$	励起電圧 [kV]
Cr（クロム）	0.22897	0.22936	0.20849	6.0
Fe（鉄）	0.19360	0.19400	0.17566	7.1
Co（コバルト）	0.17897	0.17929	0.16208	7.7
Cu（銅）	0.15406	0.15444	0.13922	9.0
Mo（モリブデン）	0.07093	0.07136	0.06323	20.0
Ag（銀）	0.05594	0.05638	0.04971	25.5
W（タングステン）	0.02090	0.02138	0.01844	69.5

$$\lambda_{\min} = \frac{1.24 \times 10^3}{V} \text{ [nm]}$$

となる．エネルギーの最大値 $E_{\max}$ は $\frac{hc}{\lambda_{\min}}$ となる．ただし，c は真空中の光速 (2.9979×10^8 m/s) である．

6.1.3 結晶による X 線の回折

　平面波 X 線が 1 個の自由電子に入射すると，電子は電荷 $-e$ を持っているので，X 線の電界成分 $\vec{E}$ のクーロン力により振動する．電荷の振動（加速度運動）は，図 6.2 に示されるように，2 次波である電磁波を放出する．この現象は，あたかも電子により X 線が散乱されるように見える．散乱波の波長 λ が入射波と同じ散乱（弾性散乱）は，**トムソン散乱**（Thomson scattering）と呼ばれる．他に，波長が入射波より長くなるコンプトン散乱がある．トムソン散乱波は空間のあらゆる方向に出てゆくが，その強度には方位依存性がある．1 個の電子への入射 X 線の波動ベクトル $\vec{k}_0$ に対して，ある $\vec{k}$ の方向にトムソン散乱される X 線の強度 I_{e} は，

$$I_{\mathrm{e}} = A \frac{1 + \cos^2 2\theta}{r^2 m_{\mathrm{e}}^2} \tag{6.6}$$

である．ただし，A は係数，r は散乱源と観測点との距離，2θ は $\vec{k}_0$ と $\vec{k}$ のなす角度である．散乱波の強度（**散乱強度**（scattering intensity））は，散乱波の振幅（**散乱振幅**（scattering amplitude））の絶対値の 2 乗になる．

　次に，原子による X 線の散乱を考える．原子は，原子核と電子から成る．(6.6) 式より，散乱源の質量が小さいほど散乱強度は大きいので，X 線は，原子の中の電子のみにより散乱されるとみてよい．図 6.3 に示されるように，原子番号 Z の原子の原子核を原点 O として，点 O から見た位置 $\vec{r}$ における微小体積 $dv(\vec{r})$ 中

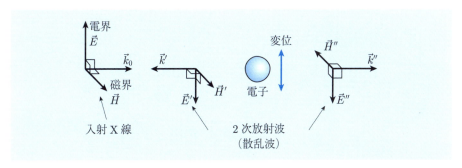

図 6.2

に含まれる電子の存在確率は1.1節で述べたように，$|\psi(\vec{r})|^2 dv$ となる．ただし，$\psi(\vec{r})$ は Z 個の電子の合成波動関数であり，

$$\iiint_{原子} |\psi(\vec{r})|^2 dv = Z \tag{6.7}$$

となる．$dv(\vec{r})$ 中の電子はあたかも電荷 $-e|\psi(\vec{r})|^2 dv$ [C] を持つ粒子と考えられる．1個の電子による散乱強度は (6.6) 式で与えられるので，$|\psi(\vec{r})|^2 dv$ 個の電子の場合には，散乱振幅は $\sqrt{I_e}|\psi(\vec{r})|^2 dv$ で与えられる．しかし，散乱波は波動であるので，電子全体による散乱波は各 $|\psi(\vec{r})|^2 dv$ による散乱波の位相差を考慮して合成する必要がある．点 O における X 線の位相を基準として，位置 $\vec{r}$ にある点 P における電子 $|\psi(\vec{r})|^2 dv$ による $\vec{k}$ 方向への散乱波の位相との位相差は，図 6.3 より，

$$\begin{aligned}\tfrac{2\pi}{\lambda} \times 行路差 &= \tfrac{2\pi}{\lambda}(\mathrm{OR} - \mathrm{QP}) \\ &= \tfrac{2\pi}{\lambda} \times \left(\tfrac{\vec{k}}{k} \cdot \vec{r} - \tfrac{\vec{k}_0}{k_0} \cdot \vec{r}\right) = \left(\vec{k} - \vec{k}_0\right) \cdot \vec{r} \end{aligned} \tag{6.8}$$

となる．ただし，$k_0 = k = \tfrac{2\pi}{\lambda}$ である．したがって，電子全体による散乱振幅は，(6.7) 式，(6.8) 式より，

$$\begin{aligned}&\sqrt{I_e} \iiint_{原子} |\psi(\vec{r})|^2 \exp\left\{j\left(\vec{k} - \vec{k}_0\right) \cdot \vec{r}\right\} dv \\ &= \sqrt{I_e}\, f\left(\vec{k} - \vec{k}_0\right) \equiv \sqrt{I_e}\, f\left(\vec{K}\right)\end{aligned} \tag{6.9}$$

となり，複素数である．散乱振幅は $\vec{K}$ に依存するので，散乱強度を $I_a(\vec{K})$ とすると，

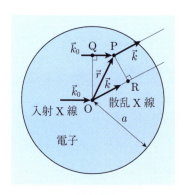

図 6.3

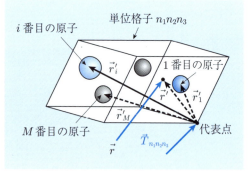

図 6.4

6.1 結晶構造の評価法

$$I_a\left(\vec{K}\right) = \left|\sqrt{I_e}f\left(\vec{K}\right)\right|^2 = I_e\left|f\left(\vec{K}\right)\right|^2 \tag{6.10}$$

となる．$f\left(\vec{K}\right)$ は，原子の種類にも依存する．$\psi\left(\vec{r}\right)$ を正確に計算することが一般的に困難であるので，$f\left(\vec{K}\right)$ の計算も困難である．ここでは，原子核の周りでの電子の分布が球対称であると近似する．$|\psi\left(\vec{r}\right)|^2$ は r のみの関数となるので，$\vec{K}$ の方向を極軸，$\vec{K}$ と $\vec{r}$ のなす角度を ζ とすると，(6.10) 式より，

$$\begin{aligned}
f\left(\vec{K}\right) &= 2\pi \int_{r=0}^{a}\int_{\zeta=0}^{\pi}|\psi\left(\vec{r}\right)|^2 \exp\left(jKr\cos\zeta\right) r^2 \sin\zeta\, dr d\zeta \\
&= 2\pi \int_{0}^{a}\int_{t=-1}^{1}|\psi\left(\vec{r}\right)|^2 \exp\left(jKrt\right) r^2 \, dr dt \\
&= 4\pi \int_{0}^{a}|\psi\left(\vec{r}\right)|^2 \frac{\sin Kr}{Kr} r^2 \, dr \equiv g\left(K\right)
\end{aligned} \tag{6.11}$$

となる．(6.7) 式は (6.11) 式において $K \to 0\,\mathrm{rad/m}$ とした場合であるので，$g(0) = Z$ である．このとき，散乱強度は (6.10) 式より $I_e Z^2$ となり，原子番号の 2 乗に比例する．すなわち，<u>原子番号が大きいほど X 線の散乱強度が強い</u>．$f\left(\vec{K}\right)$ は原子散乱因子（atomic scattering factor）と呼ばれる．

図 6.4 に示されるように，結晶中の任意の位置 $\vec{r}$ は，ある単位格子の代表格子点を原点として，

$$\vec{r} = n_1\vec{a} + n_2\vec{b} + n_3\vec{c} + \vec{r}' \equiv \vec{T}_{n_1 n_2 n_3} + \vec{r}' \tag{6.12}$$

と表される．ただし，$\vec{r}'$ は $\vec{r}$ を含む単位格子の代表格子点から任意の位置を見た位置ベクトルである．この結晶による X 線の散乱振幅 $C\left(\vec{K}\right)$ は (6.9) 式と同様に，

$$C\left(\vec{K}\right) = \sqrt{I_e}\iiint_{結晶}|\psi\left(\vec{r}\right)|^2 \exp\left(j\vec{K}\cdot\vec{r}\right) dv \tag{6.13}$$

となる．ただし，積分の領域は，結晶全体であるが，無限大の結晶の場合，$C\left(\vec{K}\right)$ は発散するので，ここでは，結晶の大きさを有限とし，$0 \leq n_1 \leq N_1 - 1, 0 \leq n_2 \leq N_2 - 1, 0 \leq n_3 \leq N_3 - 1$ とすると，(6.12) 式，(6.13) 式より，

$$\begin{aligned}
&C\left(\vec{K}\right) \\
&= \sqrt{I_e}\iiint_{単位格子}|\psi\left(\vec{r}\right)|^2 \exp\left(j\vec{K}\cdot\vec{r}'\right) dv' \sum_{n_1=0}^{N_1-1}\sum_{n_2=0}^{N_2-1}\sum_{n_3=0}^{N_3-1}\exp\left\{j\vec{K}\cdot\left(n_1\vec{a}+n_2\vec{b}+n_3\vec{c}\right)\right\} \\
&\equiv \sqrt{I_e}F\left(\vec{K}\right)\sum_{n_1=0}^{N_1-1}\sum_{n_2=0}^{N_2-1}\sum_{n_3=0}^{N_3-1}\exp\left\{j\vec{K}\cdot\left(n_1\vec{a}+n_2\vec{b}+n_3\vec{c}\right)\right\}
\end{aligned} \tag{6.14}$$

となる．$F\left(\vec{K}\right)$ は，単位格子中の原子の種類，個数，位置に依存し，結晶の構造を反映するので，**結晶構造因子**（crystal structure factor）と呼ばれる．今，**図 6.4** に示されるように，単位格子中に M 個の原子があるとし，代表格子点 $\vec{T}_{n_1 n_2 n_3}$ からみた i 番目の原子の位置を $\vec{r}'_i$ とする．このとき単位格子内の全体の電子の分布 $|\psi(\vec{r})|^2$ は，

$$|\psi(\vec{r})|^2 = \sum_{i=1}^{M} |\psi_i(\vec{r}' - \vec{r}'_i)|^2 \tag{6.15}$$

である．ただし，$|\psi_i(\vec{r}' - \vec{r}'_i)|^2$ は i 番目の原子の中心から見た電子の分布を表す．したがって $F\left(\vec{K}\right)$ は，(6.14) 式，(6.15) 式より，

$$\begin{aligned}F\left(\vec{K}\right) &= \sum_{i=1}^{M} \iiint_{\text{原子}} |\psi_i(\vec{r}' - \vec{r}'_i)|^2 \exp\left(j\vec{K}\cdot\vec{r}'\right) dv' \\ &= \sum_{i=1}^{M} \exp\left(j\vec{K}\cdot\vec{r}'_i\right) \iiint_{\text{原子}} |\psi_i(\vec{r}' - \vec{r}'_i)|^2 \exp\left\{j\vec{K}\cdot(\vec{r}' - \vec{r}'_i)\right\} dv' \\ &= \sum_{i=1}^{M} \exp\left(j\vec{K}\cdot\vec{r}'_i\right) f_i\left(\vec{K}\right)\end{aligned} \tag{6.16}$$

となる．ただし，$f_i\left(\vec{K}\right)$ は i 番目の原子の原子散乱因子である．次に，(6.14) 式の右辺の和の部分は，

$$\begin{aligned}\sum_{n_1=0}^{N_1-1}\sum_{n_2=0}^{N_2-1}\sum_{n_3=0}^{N_3-1} &e^{j\vec{K}\cdot(n_1\vec{a}+n_2\vec{b}+n_3\vec{c})} \\ &= \sum_{n_1=0}^{N_1-1}\exp\left(j\vec{K}\cdot n_1\vec{a}\right)\sum_{n_2=0}^{N_2-1}\exp\left(j\vec{K}\cdot n_2\vec{b}\right)\sum_{n_3=0}^{N_3-1}\exp\left(j\vec{K}\cdot n_3\vec{c}\right) \\ &= \frac{1-e^{jN_1\vec{K}\cdot\vec{a}}}{1-e^{j\vec{K}\cdot\vec{a}}}\frac{1-e^{jN_2\vec{K}\cdot\vec{b}}}{1-e^{j\vec{K}\cdot\vec{b}}}\frac{1-e^{jN_3\vec{K}\cdot\vec{c}}}{1-e^{j\vec{K}\cdot\vec{c}}}\end{aligned} \tag{6.17}$$

となる．したがって，散乱強度 $I_\mathrm{c}\left(\vec{K}\right)$ は，(6.14) 式，(6.16) 式，(6.17) 式より，

$$\begin{aligned}I_\mathrm{c}\left(\vec{K}\right) &= \left|C\left(\vec{K}\right)\right|^2 = I_\mathrm{e}\left|F\left(\vec{K}\right)\right|^2 \frac{\sin^2\left(\frac{N_1\vec{K}\cdot\vec{a}}{2}\right)}{\sin^2\left(\frac{\vec{K}\cdot\vec{a}}{2}\right)}\frac{\sin^2\left(\frac{N_2\vec{K}\cdot\vec{b}}{2}\right)}{\sin^2\left(\frac{\vec{K}\cdot\vec{b}}{2}\right)}\frac{\sin^2\left(\frac{N_3\vec{K}\cdot\vec{c}}{2}\right)}{\sin^2\left(\frac{\vec{K}\cdot\vec{c}}{2}\right)} \\ &\equiv I_\mathrm{e}\left|F\left(\vec{K}\right)\right|^2 L\left(\vec{K}\right)\end{aligned} \tag{6.18}$$

となる．$L\left(\vec{K}\right)$ は**ラウエ関数**（Laue function）と呼ばれ，条件 $\vec{K}\cdot\vec{a} = 2\pi h$，$\vec{K}\cdot$

6.1 結晶構造の評価法

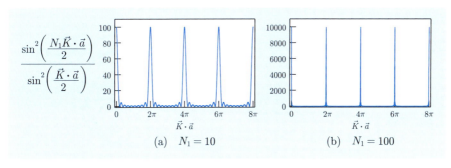

図 6.5

$\vec{K} \cdot \vec{b} = 2\pi k, \vec{K} \cdot \vec{c} = 2\pi l$ が同時に満足されるとき極大値 $N_1^2 N_2^2 N_3^2$ を示すピーク関数である．これらの条件は，**ラウエ条件**（Laue condition）と呼ばれ，$\vec{K}$ 方向に強い散乱が起こる必要条件である．図 6.5 は $N_1 = 10, 100$ の場合の $\frac{\sin^2(N_1 \vec{K} \cdot \frac{\vec{a}}{2})}{\sin^2(\vec{K} \cdot \frac{\vec{a}}{2})}$ と $\vec{K} \cdot \vec{a}$ の関係である．N_1 が大きくなるほど，ピーク関数の高さは高くなり，幅は小さくなり鋭くなる．したがって，$L(\vec{K})$ は N_1, N_2, N_3 が大きくなるほど，高さは高くなり，幅は小さくなり鋭くなる．このようなピーク関数は，**回折ピーク**（diffraction peak）と呼ばれる．ラウエ条件を満たす $\vec{K}$ は，$\vec{K} = h\vec{a}^* + k\vec{b}^* + l\vec{c}^* \equiv \vec{K}_{hkl}$ のときであり，図 6.6 に示されるように，$\vec{K}_{hkl}$ は結晶の (hkl) 面に垂直である．ラウエの回折条件が満たされるとき，図 6.6 より，θ は，

$$\frac{|\vec{K}_{hkl}|}{k} = \frac{\frac{2\pi}{d_{hkl}}}{\frac{2\pi}{\lambda}} = \frac{\lambda}{d_{hkl}} = 2\sin\theta \equiv 2\sin\theta_{hkl} \tag{6.19}$$

を満たし，$2d_{hkl}\sin\theta_{hkl} = \lambda$ なる関係が得られる．この関係は，**ブラッグの回折条件**（Bragg diffraction condition）と呼ばれ，X 線が (hkl) 面に対して角度 θ_{hkl} で入射すると，散乱波の強度が最も強くなるのは角度 θ_{hkl} で散乱される場合であることを示している．θ_{hkl} は測定可能であるので，ブラッグの回折条件より，格子面間隔 d_{hkl} が求められる．と

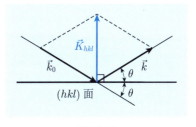

図 6.6

ころで，定義により，$\vec{K}_{hkl}$ は逆格子空間における，2 つの格子点を結ぶ逆格子ベクトル $\vec{G}_{hkl}$ と一致する．X 線の波長 λ が決まると，(6.19) 式より，$|\vec{K}_{hkl}| = \frac{4\pi \sin\theta_{hkl}}{\lambda} \leq \frac{4\pi}{\lambda}$ であるから，この関係を満たす $\vec{K}_{hkl}$ についてのみ回折ピークが得

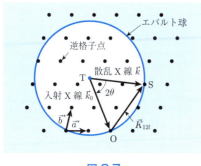
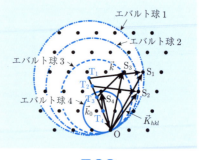

図 6.7　　　　　　　　　　　図 6.8

られる．したがって，より多くの回折ピークを得たい場合には，λ を小さくする必要がある．

ところで，ラウエの回折条件は，入射 X 線の波動ベクトル $\vec{k}_0$ に対して，散乱 X 線の波動ベクトル $\vec{k}$ のうち，$\vec{k} - \vec{k}_0 = \vec{K} = h\vec{a}^* + k\vec{b}^* + l\vec{c}^* = \vec{K}_{hkl}$ となる $\vec{k}$ に対して満たされる．図 6.6 に，回折条件が満たされる場合が描かれている．ここでは，より一般的にみてみよう．図 6.7 に示されるように，まず，逆格子空間において $\vec{k}_0$ の終点を，ある逆格子点 O とする．したがって，一般的には始点 T は逆格子点上に無い．単色 X 線の入射方向を一定にすると，辺 OT は固定される．このとき，点 T を中心として半径 $|\vec{k}_0|$ のエバルト球（Ewald sphere）と呼ばれる球面を描く．この球面上に逆格子点があれば，それに対応する $\vec{K}_{hkl}$ の回折が生じる．その格子点を S とすると，ΔOST は必ず辺 OS が底辺とする 2 等辺 3 角形となる．しかし，実際には，点 T から等距離にある点は点 O 以外にはほとんどなく，回折条件を満足することはほとんどないことが分かる．したがって，これでは実用的ではない．回折条件をできる限り多く満足するためには，以下のようにする．

(1) 連続 X 線を用いて X 線の波長を連続的に変化させる．このとき $\vec{k}_0$ の方向・向きを固定しても，大きさが連続的に変化するので，図 6.8 に示されるように回折条件を多く満たす．この

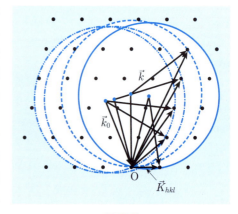

図 6.9

ような回折手法は**ラウエ法**（Laue method）と呼ばれる．回折されたX線をCCDカメラ等で撮影すれば，X線回折装置に可動部分が無くなるので，極めて簡便に測定が行えるのが特徴である．

(2) X線の波長が固定されているときは，$\vec{k}_0$の方向を連続的に変化させる．このとき，図6.9に示されるように，エバルト球の半径は一定であるが，$\left|\vec{K}_{hkl}\right| \leq 2\left|\vec{k}_0\right| = \frac{4\pi}{\lambda}$ を満足する $\vec{K}_{hkl}$ の回折は必ず生じる．このような回折手法を，**θ-ω掃引法**（θ-ω scanning）あるいは**θ-2θ掃引法**（θ-2θ scanning）という．回折装置に可動部分があるので装置は複雑になる．

図6.10に，θ-2θ掃引法の場合，X線の入射面に平行な単結晶の上面が(hkl)であるとき，入射X線の波長を固定して，(hkl)に対してθ_{hkl}の角度で入射する場合に回折が起きる状況が示されている．散乱されたX線を測定する検出器は入射X線の入射角と等角度θ_{hkl}の位置におかれている．したがって，前に述べたように，単結晶試料については入射角θを連続的に変化させても，入射面に平行な(hkl)面が回折条件を満たしている場合のみ回折が

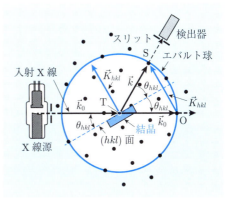

図6.10

生じ，この(hkl)面に平行でない面では回折は生じない．一方，粉末試料を用いる場合には，各粒子の方位が試料中で無秩序に配列しているので，入射角θを連続的に変化させると入射面に平行なすべての(hkl)面で回折が生じる．すなわち，粉末試料を用いる方が単結晶試料を用いるより多くの(hkl)が回折条件を満たすので，結晶構造解析を行う上で，より正確に構造を同定することが可能になる．

ところで，原子の配列に関する詳細な情報を得るには，結晶構造因子$F\left(\vec{K}\right)$を知る必要があるが，$F\left(\vec{K}\right)$は複素数であるため，強度測定のみから$F\left(\vec{K}\right)$を直接決定することは極めて困難である．$F\left(\vec{K}\right)$をおおよそ決定する方法の1つとして，まず，$F\left(\vec{K}\right)$を仮定し，実験値と比較して，最も良く一致するものを選択する方法がある．$F\left(\vec{K}\right)$を実際に測定から決定するためには，測定から得られるデータができる限り多くなければならない．しかし，前述のように，単結晶試料の場合には，θ-2θ掃引法では回折ピークの数がわずかであるために，構造を決定する

ことはほぼ不可能である．単結晶中の多くの (hkl) 面の回折を調べるためには，回折条件を満たすように入射 X 線の線源と回折 X 線を検出する検出器の位置を，図 6.11 に示されているように，種々変化させる必要がある．この方法では測定に長い時間を要する．また，装置も高価となる．

粉末試料の場合には，通常の θ-2θ 掃引法で得られたデータが多数であるため，最近では，リートベルト（H. Rietveld）が考案したリートベルト法（Rietveld method）が $F\left(\vec{K}\right)$ 決定に用いられる．

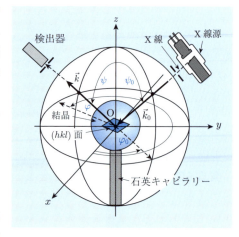

図 6.11

次に，単純立方構造について結晶構造因子 $F\left(\vec{K}\right)$ を計算してみよう．単純立方格子の格子点に 1 個の原子がある場合を考えてみよう．この場合，(6.16) 式において，$M = 1$ であり，原子の位置は，代表点 $(0,0,0)$ のみである．また，$\vec{K}$ として $\vec{K}_{hkl}$ のみを考えればよい．$F\left(\vec{K}_{hkl}\right)$ は，(6.16) 式より，

$$F\left(\vec{K}_{hkl}\right) = \exp\left(j\vec{K}_{hkl}\cdot\vec{0}\right) f\left(\vec{K}_{hkl}\right) = f\left(\vec{K}_{hkl}\right)$$

となる．

■ 例題 6.1（結晶構造因子）■

面心立方構造の結晶構造因子を求めよ．

【解答】 図 1.2(c) に示されているように，$M = 4$ であり，4 個の原子の位置は，代表点 $(0,0,0)$ と $(0, \frac{a}{2}, \frac{a}{2}), (\frac{a}{2}, 0, \frac{a}{2}), (\frac{a}{2}, \frac{a}{2}, 0)$ である．$F\left(\vec{K}_{hkl}\right)$ は，(6.16) 式より，

$$F\left(\vec{K}_{hkl}\right) = f\left(\vec{K}_{hkl}\right)\left[1 + \exp\{j(k+l)\pi\} + \exp\{j(l+h)\pi\} + \exp\{j(h+k)\pi\}\right]$$

となる．h, k, l が，すべて偶数あるいは奇数のとき $F\left(\vec{K}_{hkl}\right) = 4f\left(\vec{K}_{hkl}\right)$，どれか 1 つが偶数あるいは奇数のとき $F\left(\vec{K}_{hkl}\right) = 0$ である．したがって，$\vec{K}_{100}$ や $\vec{K}_{110}$ に対して $F\left(\vec{K}_{hkl}\right) = 0$ である．ラウエの回折条件を満たしていても，回折ピークがほとんど現れない．このような，回折ピークが出現しなくなる h, k, l の関係は，消滅則（extinction rule）と呼ばれる．消滅則は，原子の配置，あるいは種類に関しての情報の一部を与える．

6.2 電気的・磁気的性質

電気電子材料を実際に用いるうえで，材料の電気・磁気的性質を知ることが極めて重要である．材料の電気・磁気的性質は**材料定数**（material constant）と呼ばれるもので表現される．材料定数として導電率，複素誘電率，複素透磁率がある．しかし，正確な材料定数を知るためには測定の原理や精度が重要となる．電気電子材料の電気的・磁気的評価の原理になるのは，次式で示される静電磁界および電磁波に対する**マクスウェルの方程式**（Maxwell equations）である．マクスウェルの方程式は，材料の内外で成立し，ある空間の位置 $\vec{r}$，時間 t における電磁界は

$$\nabla \times \vec{E} = -\frac{\partial \vec{B}}{\partial t} \tag{6.20}$$

$$\nabla \times \vec{H} = \vec{J}_{\text{drift}} + \frac{\partial \vec{D}}{\partial t} = \vec{J}_{\text{drift}} + i\omega \vec{D} \equiv \vec{J} \tag{6.21}$$

$$\nabla \cdot \vec{D} = q \tag{6.22}$$

$$\nabla \cdot \vec{B} = 0 \tag{6.23}$$

となる．$\vec{J}_{\text{drift}}$ はドリフト運動による電流密度で，**導電性電流密度**（conductive current density），$\frac{\partial \vec{D}}{\partial t}$ は電荷の平衡位置からの局所的な変位による電流密度で，**変位電流密度**（displacement current density）である．両者は電気伝導メカニズムが異なる．変位電流の概念はマクスウェルにより導入されたもので，これが存在しないと，電流の連続性が保たれない．(6.20) 式は**ファラデーの電磁誘導の法則**（Faraday's law）である．(6.21) 式はアンペールの法則である．(6.20) 式，(6.21) 式は交流でも直流でも成立する．(6.22) 式，(6.23) 式はガウスの発散定理によるものであり，(6.23) 式は，電荷に対応する磁荷が存在しないことを意味している．

6.2.1 材料の電気的性質の評価

半導体や金属は，導電性が主たる機能である．逆に，絶縁体は，電流をなるべく流さないことが，主たる機能である．金属のみでデバイスを作製した場合，そのものの性質を用いてその導電性を制御することは困難であるが，半導体では可能である．このような機能性を理解するためには，導電メカニズムを理解することが必要である．ここでは，材料定数

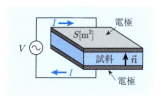

図6.12

のうち，導電率，誘電率の評価方法について概略的に述べる．材料の電気的性質

を測定する方法として，図6.12 に示されるように，材料（試料）に2個の平行**電極**（electrodes）を付け，直流あるいは低周波交流電圧 V を印加し，試料に流れる電流 I を測定する．これより $\frac{V}{I}$ を計算して，直流であれば試料の**抵抗**（resistance）R，交流であれば，**インピーダンス**（impedance）Z が算出される．試料と電極との接合部において，接触抵抗あるいは接触インピーダンスが$0\,\Omega$であれば，均一な試料中の電界 $\vec{E}$ は $\vec{E} = -\frac{V}{d}\vec{n}$ である．ただし，$\vec{n}$ は下部電極面に垂直な上向きの単位法線ベクトルである．今，角周波数 $\omega\,[\mathrm{rad/s}]$ の低周波交流電圧を印加する場合を考えるが，直流の場合には $\omega = 0\,\mathrm{rad/s}$ とすればよい．このとき，試料中を流れる全電流密度 $\vec{J}$ は，(6.21) 式より，

$$\vec{J} = \frac{\vec{I}}{S} = \sigma \vec{E} + j\omega\varepsilon \vec{E} = -(\sigma + j\omega\varepsilon)\frac{V}{d}\vec{n} \equiv -\sigma^{*}\frac{V}{d}\vec{n} \equiv -j\omega\varepsilon^{*}\frac{V}{d}\vec{n}$$

となる．ただし，σ^{*} は**複素導電率**（complex electrical conductivity）であり，複素誘電率 ε^{*} と $\sigma^{*} = j\omega\varepsilon^{*}$ なる関係がある場合に適用される．試料に異なるメカニズムによる導電性および誘電性の両方がある場合には，$\vec{J}$ と電界 $\vec{E}$ の関係は，

$$\vec{J} = \sigma^{*}\vec{E} + j\omega\varepsilon^{*}\vec{E} = (\sigma^{*} + j\omega\varepsilon^{*})\vec{E} = \{\sigma' + \omega\varepsilon'' - j(\sigma'' + \varepsilon')\}\vec{E}$$

と表される．$\sigma' + \omega\varepsilon''$ は熱としてのエネルギー損失に関与し，σ' は導電損失，$\omega\varepsilon''$ は誘電損失を表す．したがって，試料に導電性がなくても（$\sigma' = 0\,\mathrm{S/m}$），誘電損失 ε'' が $\varepsilon'' \neq 0\,\mathrm{F/m}$ であればエネルギー損失が生じる．したがって，材料の基本的な電気的性質は，σ^{*} あるいは ε^{*} を測定するだけでは試料の電気的性質を詳細に知ることはできない．したがって，両者を分離するには工夫が必要である．直流における測定のみでは分離は困難であり，交流で，周波数を広い範囲で測定して，場合に応じて回路解析法等により分離する必要がある．

金属，半導体等の抵抗率が小さい材料について，測定の不確かさの要因として，電極と材料の接合部に接触抵抗あるいは接触インピーダンスが生じる．これに電流が流れると，接触抵抗に電圧差が生じるために，電流端子に接続された電圧計は試料に流れる電流による電位差と接触抵抗による電位差の両方を測定することになる．このため，試料の導電率の値が小さめに算出され

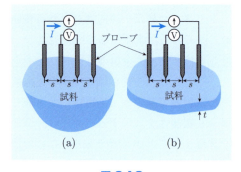

図6.13

る．この測定の不確かさを小さくするために，電流端子と電圧測定端子を別々にする方法が用いられている．この測定方法は **4 端子法**（four terminals method）と呼ばれる．図 6.13 に 4 端子法の 1 つである **4 探針法**（four probes method）の電極配置が示されている．4 本の探針（プローブ）を厚さ t [cm] の平板試料の表面に等間隔 s [cm] で直線上に配置し，外側の 2 つのプローブに直流定電流 I [A] を流し，内側の 2 つのプローブに入力抵抗の高い電圧計を接続し，電圧 V [V] を測定する．これより，求めるべき試料の抵抗率 ρ [$\Omega \cdot$ cm] は，$\rho = \frac{V}{I} F$ となる．ただし，F は補正係数である．F の代表的な値として，

(a) 図 6.13(a) に示されている半無限形状，あるいは厚さが厚くかつプローブと試料の端の距離 $> 10s$ の場合の場合：$F = 2\pi s$

(b) 図 6.13(b) に示されている厚さ t が $t < 0.1s$，かつプローブと試料の端の距離 $> 20s$ の場合：$F = \frac{\pi}{\log_e 2} t = 4.53 t$

である．これ以外の場合には，公表されている F の数値表を参照する必要がある．なお，プローブ間隔 s は小さい方が望ましいが，プローブの製作難度を考慮すると 1 mm 程度である．また (a) の場合，計算を簡単化するために，$2\pi s = 1\,\text{rad}\cdot\text{cm}$，すなわち $s = 0.159$ cm とする場合もある．また，プローブの配置を正方形とする場合もある．

絶縁体等の高抵抗率の材料を測定する場合には，2 端子法が適している．しかし，材料内部に流れる電流の他に，その表面を電流が流れる場合があり，導電率の測定に不確かさが生じる．この不確かさを小さくするために，2 つの主電極の他に，1 つの主電極を囲むように試料表面に **ガード電極**（guard electrode）と呼ばれる第 3 の電極を設けて漏れ電流を吸収させる方法が用いられる．

6.2.2 材料の磁気的性質の評価

材料の磁気的性質の評価対象として，磁化特性と透磁率 μ^* の測定がある．磁化特性は，外部磁界 $\vec{H}_{\text{ext}}$ 中に材料を置いたときの磁化 $\vec{M}$ の変化の仕方，すなわち磁気モーメントの配列の変化を見るものである．一方，μ^* は，$\vec{H}_{\text{ext}}$ に対する材料中の磁束密度 $\vec{B}$ の大きさの度合いを示す材料定数である．磁化が飽和状態になっている強磁性体は，$\vec{H}_{\text{ext}} = 0\,\text{A/m}$ の場合でも，$\vec{B}$ は有限である．このような場合は，透磁率の定義は不明確なものになる．

まず，透磁率の測定法について述べる．試料形状の一例として，図 6.14(a)，(b) に示されるような，断面積 S，内半径 a，外半径 b，厚さ t の方形断面の環状

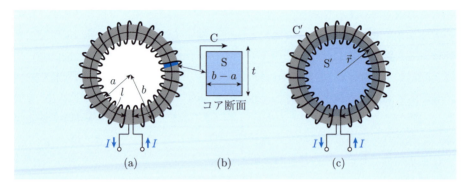

図6.14

磁性体（トロイダルコア）を芯とし，それに導体巻き線が N 回，漏れ磁束がなるべく無いように巻かれたコイルからなる環状ソレノイドがある．環状ソレノイドにすることにより，磁力線をほぼ試料内に閉じ込めることが可能になり，測定の精度が向上する．このソレノイドに低周波の交流電圧 V を印加して，電流 I を流す．(6.20) 式および図6.14(c) より，方形断面 S とその端の経路 C について，

$$\iint_S \left(\nabla \times \vec{E}\right) \cdot dS = \oint_C \vec{E} \cdot ds = \frac{V}{N} = -j\omega \iint_S \vec{B} \cdot dS = -j\omega\Phi \tag{6.24}$$

となる．ただし，Φ は S を貫く磁束である．また，断面 S′ とその端の経路 C′ について，(6.21) 式より，

$$\iint_{S'} \left(\nabla \times \vec{H}\right) \cdot d\vec{S} = \oint_{C'} \vec{H} \cdot ds = 2\pi r H = \iint_{S'} \vec{J} \cdot d\vec{S} = NI \tag{6.25}$$

である．ただし，コイルには変位電流は流れないので $\frac{\partial \vec{D}}{\partial t} = \vec{0}$ である．したがって，C′ のある点における $\vec{H}$ は，(6.25) 式より，

$$\vec{H} = \frac{NI}{2\pi r}\vec{\varphi} \tag{6.26}$$

となる．ただし，$\vec{\varphi}$ はこの点での C′ の接線方向の単位ベクトルである．交流であれば，$\vec{H}$ は I に比例して周期的に時間変化する．一方，トロイダルコアについて，$\vec{B} = \mu^* \vec{H}$ が成立するとすれば，(6.24) 式，(6.26) 式より，

$$-j\omega \iint_S \vec{B} \cdot d\vec{S} = -j\omega \iint_S \mu^* \vec{H} \cdot d\vec{S} = -j\omega\mu^* \iint_S H\, dS$$
$$= -j\omega\mu^* t \frac{NI}{2\pi} \log_e\left(\frac{b}{a}\right) = \frac{V}{N} \tag{6.27}$$

となる．したがって μ^* は，(6.27) 式より，

$$\mu^* = j\frac{2\pi V}{\omega t N^2}\frac{V}{I}\log_e\left(\frac{b}{a}\right) \tag{6.28}$$

となる．(6.28) 式より，印加電圧 V と，コイルに流れる電流 I の振幅比と位相差を測定することにより μ^* が算出される．

6.2.3 高周波における材料の電気的・磁気的性質の評価

低周波では，V および I は，例えば図 6.14 に示されている環状ソレノイドのどの位置でも同じであるが，高周波では，異なることに注意が必要である．したがって，(6.28) 式より μ^* を求めることができない．高周波では，材料内部の場所が異なると，電圧，電流の位相が異なるので，このことを考慮して，電極構造，試料形状を工夫して，電気的，磁気的性質を測定する必要がある．

伝送線路の1つである**同軸線路**（coaxial line）の構造が図 6.15(a) に示されている．外半径 a の円筒あるいは円柱状の内部導体と内半径 b の円筒状の外部導体が，それぞれの中心軸が一致する（同軸）ように配置されている．内部導体と外部導体の間は，空間であり，ここを電磁波が伝搬する．高周波における典型的な測定法では，図 6.16 に示されるように，試料はこの空間に装填される．ところで，同軸線路中では，周波数は同じであるが，電界と磁界のベクトルに関して種々の**姿態**（mode）を持って電磁波が伝搬する．ここでは，基本姿態と呼ばれる **TEM 姿態**（Transverse Electric and Magnetic mode）について説明する．TEM 姿態は，図 6.15(b) に示されるように，電界と磁界は電磁波の進行方向に成分を持たない平面波である．電界は動径方向成分 E_r および磁界は円周方向成分 H_θ のみが存在する．このことにより，測定結果から材料の電気的・磁気的評価が同時に行われる．試料を装填した場合，$\vec{B} = \mu^*\vec{H}$ が成立するとき，中心軸からの距離 r （$a < r < b$）の位置における E_r は，$E_r = \frac{I}{2\pi r}\left(\frac{\mu^*}{\varepsilon^*}\right)^{\frac{1}{2}}$ となる．ただし，I は試料内

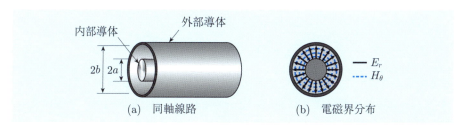

図 6.15

を E_r と同じ方向に流れる電流である．したがって，外部導体と内部導体の電位差 V は，

$$V = \int_{r=a}^{b} E_r\, dr = \frac{I}{2\pi} \left(\frac{\mu^*}{\varepsilon^*}\right)^{\frac{1}{2}} \log_e \left(\frac{b}{a}\right) \tag{6.29}$$

となる．また，$Z \equiv \frac{V}{I}$ で定義される Z は，**特性インピーダンス**（characteristic impedance）と呼ばれ複素数であり，(6.29) 式より，

$$Z = \frac{V}{I} = \frac{1}{2\pi} \left(\frac{\mu^*}{\varepsilon^*}\right)^{\frac{1}{2}} \log_e \left(\frac{b}{a}\right) \tag{6.30}$$

となる．試料が装填されていない場合には，その特性インピーダンスを Z_0 とし，(6.30) 式を参考にすると，$Z_0 = \frac{1}{2\pi} \left(\frac{\mu_0}{\varepsilon_0}\right)^{\frac{1}{2}} \log_e \left(\frac{b}{a}\right)$ となる．$Z_0 = 50\,\Omega$ となる場合には，$\frac{b}{a}$ は約 2.3 となる．試料を装填すると $Z \neq Z_0$ であり，真空から試料に入射した電磁波は試料により散乱されるので，その散乱振幅を測定することにより，試料の ε^*, μ^* が同時に求められる．実際には，**図 6.16** に示さ

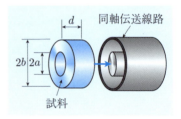

図 6.16

れるように，試料の長さ d は有限である．さらに ε^*, μ^* は 4 つの実数の未知数を含むので，測定には工夫が必要である．測定には，4 つの未知数が同時に測定可能な**ベクトルネットワークアナライザ**（Vector Network Analyzer，**VNA**）等が用いられる．

6.3 クラマース–クローニッヒの関係式

材料の複素誘電率 ε^* あるいは複素透磁率 μ^* の実数部と虚数部は無関係ではなく，例えば，ε^* については定数項を除いて，

$$\mathrm{Re}(\varepsilon^*) = -\frac{1}{\pi} \int_{-\infty}^{\infty} \frac{\mathrm{Im}(\varepsilon^*)}{\omega - \omega'}\, d\omega', \quad \mathrm{Im}(\varepsilon^*) = \frac{1}{\pi} \int_{-\infty}^{\infty} \frac{\mathrm{Re}(\varepsilon^*)}{\omega - \omega'}\, d\omega' \tag{6.31}$$

なる関係が成立する．μ^* についても同様の関係が成立する．(6.31) 式は**クラマース–クローニッヒの関係式**（Kramers-Kronig relation，**K-K 関係式**）と呼ばれる．したがって，材料の ε^*, μ^* の周波数特性の評価を行う場合，場合によっては，測定の確かさを K-K 関係式を用いて判定することが可能である．

6.4 ホール効果による評価法

金属や半導体を一様な外部磁界中に置き，電流を流すとき，電流と磁界に垂直な方向に電界が発生する現象は**ホール効果**（Hall effect）と呼ばれ，米国の物理学者であるホール（E. H. Hall）により 1879 年頃に発見された．発生する電界 $\vec{E}_\mathrm{H}$ は，磁界により電流に働くローレンツ力によるものである．測定系の模式図が**図 6.17** に示されている．$\vec{E}_\mathrm{H}$ は試料に流れる電流密度 $\vec{J}$

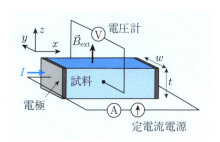

図 6.17

と外部磁束密度 $\vec{B}_\mathrm{ext}$ より $R_\mathrm{H}\left(\vec{J}\times\vec{B}_\mathrm{ext}\right)$ と表され，その比例係数 R_H は**ホール係数**（Hall coefficient）と呼ばれる．自由電子モデルでは，$R_\mathrm{H}=\frac{1}{qn}$ で与えられる．ただし，q は電流を形成する電荷，n はその濃度である．もし，電荷が電子であれば，R_H は負の値を持ち，正孔（電荷が負，有効質量が負）であれば，正の値を持つ．したがって，R_H の符号により，半導体中のキャリアの種類を決める手がかりが得られる．また，キャリアの移動度も求められる．

図 6.18 に，ホールバー（Hall bar）と呼ばれる，ホール効果の測定に用いられる試料の形状の 1 例が示されている．ブルーで示された部分が被測定部である．電極端子 A, B は電流端子であり，端子 C, D がホール電圧を測定するためのホール端子である．なお，端子 C, D 間の測定電圧 V_meas には，正確なホール電圧 V_H に加えて，$V_\mathrm{meas}=V_\mathrm{H}+V_\mathrm{E}+V_\mathrm{N}+V_\mathrm{RL}+V_\mathrm{M}$ のように，不要

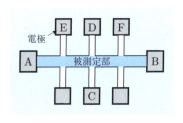

図 6.18

な電圧も含まれている．$V_\mathrm{E}, V_\mathrm{N}, V_\mathrm{RL}$ はそれぞれ**エッチングスハウゼン電圧**（Ettingshausen voltage），**ネルンスト電圧**（Nernst voltage），**リーギー–リュデュック電圧**（Righi-Leduc voltage）と呼ばれ，電流を流し，さらに磁界を印加したときに試料に生じる熱起電力であり，V_M はホール電圧測定端子対の位置的ずれに発生する電圧である．$V_\mathrm{M}, V_\mathrm{N}, V_\mathrm{RL}$ は測定系における電流と磁界の向きの 4 つの組み合わせにより取り除くことができるが，V_E は直流ホール効果測定では除去が不可能であり，不確かさが残る．

ホール電圧 V_H を測定する際，電圧計の内部抵抗が十分大きいものを選択する必

要がある．また，定電圧源を用いた場合には磁束密度 $\vec{B}_\text{ext}$ を印加すると電圧が変化するので電流も変化する．したがって，定電流源を用いる必要がある．なお，電極端子 E, F 間の電圧を測定することにより，4 端子測定が可能となり，試料の正確な導電率 σ が求められる．R_H および σ の両方が求められれば，

$$\sigma = en\mu = \frac{\mu}{|R_\text{H}|}$$

より，キャリアの移動度 μ が求められる．

もし，図 6.18 に示されるように試料を加工するのが困難であれば，図 6.19 に示されるように，任意形状の一様な厚さ t の平板試料に電流端子とホール電圧端子を設けてホール電圧 V_H を測定することにより，R_H が求められる．端子 A, B 間に電流 I を流して $\vec{B}_\text{ext}$ を印加したとき端子 C, D 間の電圧と $\vec{B}_\text{ext} = \vec{0}$ T の場合の電圧を差し引いた ΔV が V_H となる．V_H は正，負の符号を

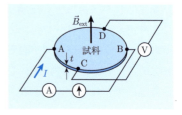

図 6.19

持ち得るので注意が必要である．そのときホール係数 R_H は，$R_\text{H} = \frac{V_\text{H}}{I}\frac{t}{B_\text{ext}}$ となる．さらに高精度な V_H を測定する場合には，前述のように電流と磁束密度の方向を変える必要がある．なお，図 6.19 において端子 A, C に電流 I_AC を流し，端子 B, D に生じる電圧 V_BD を測定し，また端子 C, B に電流 I_CB を流し，端子 D, A に生じる電圧 V_DA を測定することにより，試料の抵抗率 ρ が，

$$\rho = \frac{\pi t}{\log_e 2} \frac{\frac{V_\text{BD}}{I_\text{AC}} + \frac{V_\text{DA}}{I_\text{CB}}}{2} F$$
$$= \frac{\pi t}{\log_e 2} \frac{R_\text{AC-BD} + R_\text{CB-DA}}{2} F\left(\frac{R_\text{AC-BD}}{R_\text{CB-DA}}\right)$$

より求められる．ただし，

$$R_\text{AC-BD} = \frac{V_\text{BD}}{I_\text{AC}}, \quad R_\text{CB-DA} = \frac{V_\text{DA}}{I_\text{CB}}$$

である．また，F は補正係数であり，$\frac{R_\text{AC-BD}}{R_\text{CB-DA}}$ の関数である．$\frac{R_\text{AC-BD}}{R_\text{CB-DA}} = 1$ のとき $F = 1$ となる．$\frac{R_\text{AC-BD}}{R_\text{CB-DA}} \neq 1$ のときは，

$$\exp\left(-\pi t \frac{R_\text{AC-BD}}{\rho}\right) + \exp\left(-\pi t \frac{R_\text{CB-DA}}{\rho}\right) = 1$$

を ρ について数値計算法で解けばよい．このような方法はファンデアポー法（van der Pauw method）と呼ばれる．また図 6.19 の試料面に垂直に $\vec{B}_\text{ext}$ を印加することにより，ρ の磁気抵抗効果が調べられる．

6.5 機器分析法

本節では，汎用性のある機器分析法について説明を行う．分析機器は性能や安全性の面から製品化されているものが多く使用されている．しかし，分析機器の分析原理を理解せずに使用すると，誤使用により予想できない結果が出る可能性があるので，十分注意して使用することが必要である．

6.5.1 電子顕微鏡
■走査電子顕微鏡

電気的に細く収束された電子ビームで，固体試料表面を走査するとき，表面のごく浅いところ（≈ 10 nm）で発生した2次電子が真空中に飛び出す．**走査電子顕微鏡**（Scanning Electron Microscope, **SEM**）はこの2次電子を増幅し，その出力信号をSEM画像として表示する機器である．表示画像は，走査されている試料表面の拡大像となる．試料表面の各点から放出される2次電子量は，対応する点の面の傾斜角に依存しており，したがってSEM画像は試料表面の微細な凹凸を映し出すことができる．倍率10万倍，分解能5 nm程度の像が一般的に得られる．しかし，実際の凹凸と対応しない場合があるので注意が必要である．

■透過電子顕微鏡

透過電子顕微鏡（Transmission Electron Microscope, **TEM**）は固体試料に電子線をあて，試料を透過してきた電子線の強弱から観察対象内の電子透過率の空間分布を観察するタイプの電子顕微鏡である．また，電子の波動性を利用し，試料内での電子線の回折の結果生じる干渉像から観察対象物の構造を観察することも可能である．物理学，化学，工学，生物学，医学等で幅広く用いられている．SEMと異なり，試料を透過した電子線を検出しなければならない．通常の透過電子顕微鏡は加速電圧が100 kV程度であるために，試料を100 nm以下に薄く切断したり，電子を透過するフィルムの上に薄く塗り付けたりして観察される．対象の構造や構成成分の違いにより，透過してきた電子の密度が変わり，これが顕微鏡像となる．透過像は，CCDカメラ等で写真を撮影することにより得られる．なお，TEMの一種であり，走査電子顕微鏡の機能も備えた**走査透過電子顕微鏡**（STEM）も存在する．

6.5.2 X線分光

物質に電子線を入射させると，その電子のエネルギーに応じて物質の原子のある準位の電子が励起され，入射X線はエネルギーを失う．その際，励起により生じ

た電子の空孔に上の準位の電子が遷移し，そのエネルギー差に応じた特性X線が放出される．この特性X線のエネルギーは元素固有であるから，それを検出することで元素の定性，定量分析が可能となる．このような原理を用いた分析法は**X線分光**（X-ray spectroscopy）と呼ばれる．特性X線を検出する方法として2種類あり，**波長分散型X線分光**（Wavelength Dispersive X-ray Spectroscopy, **WDS**またはElectron Probe Micro Analyzer, **EPMA**）および**エネルギー分散型X線分光**（Energy Dispersive X-ray Spectroscopy, **EDS**）と呼ばれる．EDSは特性X線の検出に半導体が用いられる．半導体はそれ自身でX線のエネルギーを分光できる性質があるため，装置の小型化や短時間での分析，多元素同時分析が可能である．一方，WDSは分光結晶を用いて分光するので，EDSよりも，検出感度やエネルギー分解能が高く，原子番号の小さい元素の検出が可能である．しかし特性X線の波長に応じて分光結晶を複数用意する必要があるために，一般的にEDSよりも分析に時間を要し，しかも高価である．これらの機器は，SEMやTEMと併用して使用される．

6.5.3 蛍光X線分析

X線（1次X線）を物質に照射すると，X線と物質との間に多くの相互作用が起こる．その1つに蛍光X線と呼ばれる特性X線がある．特性X線の波長および強度を測定することにより，元素の定性・定量分析を行う方法であり，**蛍光X線分析**（X-ray fluorescence analysis）と呼ばれる．蛍光X線分析装置には，6.5.2項で述べたX線分光装置と同様に，波長分散型およびエネルギー分散型がある．固体試料以外に，粉末や液体の分析も可能である．

6.5.4 光電子分光法

固体試料に一定エネルギーの電磁波をあて，光電効果によって外に飛び出してきた光電子と呼ばれる電子のエネルギーを測定し，固体の電子状態を調べる方法は**光電子分光**（Photoelectron Spectroscopy, **PS**）法と呼ばれる．測定対象となる物質は主に金属や半導体であり，絶縁体は試料表面で電荷が蓄積される（チャージアップ）ため，測定には不向きである．照射する電磁波にX線を用いる場合は，**X線光電子分光**（X-ray Photoelectron Spectroscopy, **XPS**）と呼ばれる．XPSは元素の内殻電子の状態を知るために使用される．照射する電磁波に紫外線を用いる場合は**紫外光電子分光**（Ultraviolet Photoelectron Spectroscopy, **UPS**）と呼ばれる．UPSからは固体の状態密度が分かる．試料に比較的波長の長いX線を照射して光電子の運動量も測定する方法は**角度分解型光電子分光**（Angle-Resolved Photoelectron Spectroscopy, **ARPES**）と呼ばれる．ARPES は固体表面の電子構造を最も直接的に調べる方法の１つであり，価電子の方向，速度，散乱過程についての情報が得られる．また，電子のエネルギーと運動量の両方の情報を得られ，E-k 関係やフェルミ面が詳細に調べられる．紫外光を用いた ARPES は，**ARUPS**（Angle-Resolved Ultraviolet Photoelectron Spectroscopy）とも呼ばれる．

6.5.5 紫外可視分光法

紫外から可視領域（200-800 nm）までの光を試料に照射し，試料を透過または反射した光を検出することで，スペクトルが得られる機器は**紫外可視分光光度計**（Ultra Violet-Visible Spectrophotometer, UV-Vis 分光光度計）と呼ばれる．機器構成によっては，紫外から近赤外領域（200-2500 nm）までの測定が可能となり，**紫外可視近赤外分光光度計**（UV-Vis-NIR 分光光度計）と呼ばれる．得られたスペクトルのピーク強度からは試料の濃度，形状からは試料の同定，試料の電子状態および立体構造が解析される．一般的で汎用性のある分析機器であることから，材料試験・研究，化学・石油化学，バイオ・製薬等の幅広い分野において用いられている．

6.5.6 電子常磁性共鳴

4.1.3 項から分かるように，外部磁界 $\vec{B}_\text{ext}$ 中の原子やイオンの取り得るエネルギーは $2J+1$ 個あり，各エネルギーの差 ΔU は $\Delta U = g_J \mu_\text{B} B_\text{ext}$ である．常磁性体原子を含む材料に，波長が数センチメートルの電磁波を周波数 f を変化させて照射すると，$f = \frac{\Delta U}{h}$ のとき，原子中の電子は低いエネルギー状態から，高いエネルギー状態に励起され，電磁波のエネルギーの一部が原子に移るために，**電子常磁性共鳴**（Electron Paramagnetic Resonance, **EPR**）と呼ばれる鋭い吸収が起きる．**電子スピン共鳴**（Electron Spin Resonance, **ESR**）は，常磁性共鳴の特別な場合であり，電子スピンのみによる共鳴吸収をいう．ESR は，化学反応の分析，結晶中の色中心等の不純物原子の研究，化学結合が切れるとき電子が不対電子として取り残される遊離基（free radical）の濃度測定等に用いられている．

6.5.7 核磁気共鳴

電子が電磁波の共鳴吸収を起こすように，原子核中の陽子も同じ機構で共鳴吸収を起こし，**核磁気共鳴**（Nuclear Magnetic Resonance, **NMR**）と呼ばれる．電子と陽子による共鳴吸収の大きな違いは，陽子の質量 m_p が電子の約 1840 倍大きいことにより，共鳴周波数が低くなることである．陽子のスピンによる共鳴吸収の周

波数 f_r は，以下のように示される．

$$f_r = \frac{1}{2\pi} g_p \frac{e}{2m_p} B_{loc} \tag{6.32}$$

ただし，m_p は陽子の質量，g_p は陽子の g 因子であり，約 5.58 である．中性子もスピンを持っており，陽子と同様に共鳴吸収を起こす．中性子の g 因子は約 3.86 であるので，共鳴周波数は陽子より低い．吸収スペクトルは，液体中では鋭く，固体では幅広くなる．固体の場合には，1 つの原子の周りの原子や分子は，ほぼ固定されていて，(6.32) 式中の B_{loc} は原子が存在する場所によって大きさや方向が異なるために，共鳴周波数 f_r も場所により異なり，共鳴吸収の幅が広くなる．この性質を利用して，結晶の性質の分析に応用されている．

6 章の演習問題

☐ **6.1** $\vec{G}_{hkl} = h\vec{a}^* + k\vec{b}^* + l\vec{c}^*$ は (hkl) 面に垂直なベクトルであることを証明せよ．

☐ **6.2*** 3 斜晶の (hkl) 面の格子面間隔 d_{hkl} を求めよ．

☐ **6.3** 図 1.11 を参考にして，岩塩構造について，構造因子を求め，消滅則を調べよ．また，岩塩構造を有する，KCl と X 線の散乱の違いについて述べよ．

☐ **6.4** 図 1.6 を参考にして，ダイヤモンド構造の構造因子を求め，消滅則について議論せよ．

☐ **6.5*** ε^* が $\varepsilon^* = \varepsilon_\infty + \frac{\varepsilon_0}{1+i\omega\tau}$ となるデバイ型の周波数分散を示すとき，K-K 関係式が成立することを示せ．

☐ **6.6** 図 6.17 に示されているように，直方体形状の試料に電極を取り付け，直流電流 I を流す．試料に外部磁束密度 $\vec{B}_{ext}$ が同図に示されるように印加されたとき，電圧計が示す電圧を求めよ．ただし，$V_E = V_N = V_{RL} = V_M = 0$ V とする．

☐ **6.7** 図 6.17 に示されているように，電子と正孔が両方存在する直方体形状の試料に電極を取り付け，直流電流 I を流す．試料に外部磁束密度 $\vec{B}_{ext}$ が同図に示されるように印加されている．$\left|\vec{B}_{ext}\right|$ が非常に小さいとき，試料のホール係数 R_H を求めよ．ただし，電子の濃度，移動度をそれぞれ n, μ_n，正孔の濃度，移動度をそれぞれ p, μ_p とする．また，$V_E = V_N = V_{RL} = V_M = 0$ V とする．

索引

あ行

アインシュタイン温度　42
アクセプタ　68
アクセプタ原子　68
亜硝酸ナトリウム　124
圧電共振　127
圧電効果　125
圧電体　125
アンチモン　67
アンペールの法則　175
イオン打込　58
イオン結合　15
イオン伝導　20
イオン分極　114
1次圧電効果　125
1次の相転移　122
移動度　22
異方性磁石　163
イレブンナイン　53
インジウム　50
インピーダンス　198
ウエハ　52
渦電流　166
渦電流損　158, 166
ウルツ鉱型構造　50
雲母　132
永久磁石　163
永久双極子　112
エッチングスハウゼン電圧　203
エネルギーギャップ　46
エネルギー準位　66
エネルギーバンド　45
エネルギー分散型 X 線分光　206
エバルト球　194
エバルトの方法　17
エミッタ　93
エミッタ接地回路　95
演算子　2
エントロピー　12
エンハンスメント型 N チャンネル MOSFET　98
エンハンスメント型 P チャンネル MOSFET　98
オーミック接触　96

か行

ガード電極　199
外因性半導体　64
回折ピーク　193
階段近似　77
外力　21
化学結合　6, 15
角運動量量子数　4
拡散係数　73
拡散源　58
拡散長　76
拡散電位　79
拡散電流　73
核磁気共鳴　207
角度分解型光電子分光　206
価電子　18, 46
価電子帯　46
価電子帯の有効状態密度　66
可変抵抗素子　96
可変容量ダイオード　93
ガリウム　50
間接交換相互作用　154
間接再結合　75
間接遷移型半導体　59
完全反磁性　170
緩和型　115
気体絶縁体　129
気体電気絶縁体　129
基底状態　23
軌道運動　136
軌道角運動量　137
基本単位格子　7
基本並進ベクトル　6
逆圧電効果　125
逆格子　187
逆格子空間　186
逆格子ベクトル　186
逆方向バイアス　82
キャリア　20, 65
球対称　4
キュリー–ワイスの法則　122
キュリー温度　156

キュリー定数　148
キュリーの法則　148
強磁性　136
強磁性相　156
強磁性体　116, 136
強磁性半導体　164
凝集エネルギー　15
共有結合　15, 17
強誘電性相転移　116
強誘電相　118
強誘電体　116
供与体　67
局所電界　109
局所電界の強さ　109
巨視磁界　145
巨視電界　107
巨視電界の強さ　107
巨大磁気抵抗効果　165
金雲母　132
禁止帯　46
禁制帯　46
禁制帯幅　46
金属-酸化物-半導体電界
　効果トランジスタ
　97
金属結合　15, 19

空間群　6
空間格子　6
クーパー対　172
空乏層　77
クーロン力　15
クヌーセンセル　55
クラウジウス-モソッティ
　の関係式　112
クラマース-クローニッヒ
　の関係式　202
クローニッヒ-ペニーモデ
　ル　34
蛍光 X 線分析　206

形状磁気異方性　161
ゲート　96
結合距離　16
結晶　6
結晶構造　6, 185
結晶構造因子　192
結晶磁気異方性　161
結晶磁気異方性定数
　162
結晶性プラスチック
　133
原子空孔　11
原子散乱因子　191
減磁力　145
交換エネルギー　17
交換積分　153
交換相互作用　152
交差指形変換器　127
格子間原子　11
格子欠陥　11
格子定数　7
格子点　6
格子面　8
格子面間隔　8
合成液体絶縁体　131
合成無機固体絶縁体
　132
合成油　131
合成有機固体絶縁体
　133
構造相転移　116
剛体球　10
抗電界　116
光電子分光　206
鉱物油　130
高保磁力材料　163
交流ジョセフソン効果
　174
固相拡散　58

固体絶縁体　131
固体電気絶縁体　131
固有値　2
固有値方程式　2
コレクタ　93
コンポジット　131

さ　行

再結合　74
再結合速度　74
再結合割合　74
歳差運動　142
最大 BH_{ext} 積　163
最大エネルギー積　163
材料定数　197
酸化ガリウム　51
散乱強度　189
散乱振幅　189
散乱断面積　41
残留磁化　161
残留分極　116

磁化　136
紫外可視近赤外分光光度
　計　207
紫外可視分光光度計
　207
紫外光電子分光　206
磁界侵入深さ　171
磁化曲線　160
磁化困難方向　161
磁化電流　171
磁化容易方向　161
磁化率　146
閾値電圧　100
磁気異方性　161
磁気異方性エネルギー
　162
磁気記録磁性体　151
磁気損失　165

索　引

磁気抵抗　165
磁気的性質　136, 185
磁気浮上現象　177
磁気モーメント　136
磁極　145
磁気量子数　4
磁区　151, 159
磁区構造　159
仕事関数　46
磁性体材料　136
磁束の量子化　172
姿態　201
実空間　25
実格子　187
実格子空間　187
質量作用の法則　66
自発磁化　136
自発分極　116
自発変位　123
自発変形　124
磁壁　159
磁壁抗磁力　167
弱磁性　136
周期境界条件　24
集積回路　96
自由電荷　108
自由電子　23
周波数分散式　113
充満帯　46
ジュール損失　166
縮退因子　70
受容体　68
主量子数　4
シュレーディンガーの波
　動方程式　3
順方向バイアス　82
晶系　7
消磁状態　161
常磁性　136
常磁性相　156

常磁性体　136
少数キャリア　70
少数キャリアの寿命
　75
状態　4
状態密度　25
状態和　13
焦電効果　128
焦電性　128
焦電体　128
消滅則　196
常誘電相　117
初磁化範囲　160
ジョセフソン効果　170,
　173
ジョセフソン接合　182
ジョセフソン電流　173
ジョセフソン臨界電流
　173
初透磁率　160
初透磁率範囲　160
ショットキー欠陥　11
シリコン　9, 45
ジルコン酸-チタン酸鉛
　123
ジルコン酸鉛　123
白雲母　132
真空準位　46
真性半導体　64
真電荷　108

水素結合　15
ステアタイト　132
スピネル　158
スピン-軌道相互作用
　141
スピン角運動量　137
スピントロニクス　164
スピン量子数　4
角　7

正規位置　11
正孔　62
正孔再結合電流密度
　87
正孔生成電流密度　91
生成　74
生成速度　74
生成割合　74
制動放射　188
ゼーマン分裂　149
絶縁耐力　129
絶縁破壊　129
接触抵抗　96
せん亜鉛鉱型構造　48
線欠陥　11
占有　25

走査電子顕微鏡　205
走査透過電子顕微鏡
　205
送電　183
ソース　96
ゾーンメルティング法
　53
ゾーンリファイニング法
　53
束縛電流　137
組成　185
ソフト磁性体　151
損失角　165

た　行

第1種超伝導体　172
第1ブリユアンゾーン
　36
第2種超伝導体　172
第2ブリユアンゾーン
　36
対称中心　125
体心立方　7

体積欠陥　　11
ダイヤモンド構造　　9
太陽電池　　77
多数キャリア　　69
単位格子　　6
単位構造　　6
炭化ケイ素　　48
単磁区構造　　159
単純立方　　7
弾性波　　127

チタン酸鉛　　123
チタン酸バリウム　　112, 122
窒化ガリウム　　50
秩序　　151
秩序無秩序型強誘電体　　124
着磁　　163
チャンネル　　97
中央新幹線　　169
中性子線　　187
注入　　82
超交換相互作用　　158
超格子　　165
超伝導現象　　169
超伝導体　　169
超伝導量子干渉素子　　182
直接交換相互作用　　154
直接再結合　　75
直接遷移型半導体　　59
チョクラルスキ法　　52
直流ジョセフソン効果　　174
抵抗　　198
抵抗率　　20
ディラック定数　　2
デバイの理論　　113
出払い領域　　68

電界効果トランジスタ　　77, 96
電界の強さ　　20
電荷中性条件　　70
添加物　　50
電気感受率　　109
電気機械変換器　　125
電気石　　125
電気双極子　　103
電気双極子モーメント　　103
電気抵抗率　　20
電気的性質　　185
電気伝導度　　20
電極　　198
点欠陥　　11
電子-フォノン相互作用　　180
電子再結合電流密度　　86
電子常磁性共鳴　　207
電子スピン　　136
電子スピン共鳴　　207
電子線　　187
電子伝導　　20
電子波束　　29
電子分極　　115
電束密度　　108
電動機　　125
伝導帯　　46
伝導帯の有効状態密度　　66
伝導電子生成電流密度　　90
天然液体絶縁体　　130
天然無機固体絶縁体　　132
天然有機固体絶縁体　　133
電流密度　　20

ド・ブロイ波　　1
透過電子顕微鏡　　205
同軸線路　　201
透磁率　　146
導電性電流密度　　197
導電率　　20
等方性磁石　　163
ドーパント　　50
特殊高圧ガス　　56
特性 X 線　　188
特性インピーダンス　　202
ドナー　　67
ドナー原子　　67
トムソン散乱　　189
トルマリン　　125
ドレイン　　96
トンネル電流　　173

な 行

内因性半導体　　64
内蔵電位　　79
内部エネルギー　　12
内部電位　　79
ナブラ演算子　　3
2 次の相転移　　122
2 重井戸型ポテンシャル　　124
ネール温度　　158
熱拡散　　58
ネルンスト電圧　　203
粘性力　　113

は 行

ハード磁性体　　151
配向分極　　113
ハイゼンベルクのハミルトニアン　　153

索　引

ハイドライド気相エピタ
　キシャル法　56
バイポーラトランジスタ
　77
パウリの常磁性　150
パウリの排他律　4
白色 X 線　188
波束　28
波束の群速度　30
波長分散型 X 線分光
　206
波動関数　2
波動力学　2
ハミルトンの演算子　2
反強磁性体　151
反磁極磁界　145
反磁性　136
反磁性体　136
反射電子線回折　55
反電界の強さ　107
反転層　100
反分極電界　107
半満帯　47

ヒ化ガリウム　48
ヒステリシス損　166
ヒ素　50
比熱　14
表面弾性波　127
品質係数　127
ピン止め効果　177

ファラデーの電磁誘導の
　法則　197
ファンデアポー法　204
ファンデルワールス結合
　15
ファンデルワールス力
　15
フィックの第 1 法則
　73

フィックの第 2 法則
　73
フーリエ級数　185
フェライト　158
フェリ磁性　152
フェルミ-ディラックのエ
　ネルギー分布関数
　26
フェルミエネルギー
　26
フェルミ球　149
フォノン　60
フォルステライト　133
副格子　151
複合体　131
複素導電率　198
複素比誘電率　109
複素誘電率　109
不純物半導体　64
物質波　1
物理気相成長法　54
ブラッグの回折条件
　193
ブラッグの条件　37
ブラッグ反射　37
ブラベ格子　7
ブリユアン関数　140
プレーナ型　96
フレンケル欠陥　11
フロートゾーン法　54
ブロッホの定理　35
分域構造　116
分極　104
分極率　111
分子線エピタキシー法
　54
フントの規則　141
分配関数　13
閉殻構造　143

平均自由行程　22
平衡距離　16
ベース　93
ベース接地回路　95
ベクトルネットワークア
　ナライザ　202
ヘルムホルツの自由エネ
　ルギー　12
ペロブスカイト型　123
変位型強誘電体　123
変位電流密度　197
変位分極　114
方位量子数　4
飽和磁化　160
飽和分極　116
飽和領域　68
ボーア-プロコピウ磁子
　139
ボーア磁子　139
ホール係数　203
ホール効果　203
ホールバー　203
補償型半導体　72
保磁力　161

ま　行

マーデルング定数　17
マイカレックス　132
マイスナー効果　170
マクスウェル-ボルツマン
　分布　41
マクスウェルの方程式
　197
マティーセンの規則
　41
ミスト化学気相成長法
　57
ミラー指数　8

無機固体絶縁体　131, 132

面欠陥　11
面心立方　7

や 行

有機金属化学気相成長法　55
有機固体絶縁体　131
有効質量　31
有効媒質近似　154
誘電緩和時間　113
誘電率　109
誘導磁気異方性　161

4端子法　199
4探針法　199

ら 行

ラウエ関数　192
ラウエ条件　193
ラウエ法　195
らせん秩序　152
ランジュバン関数　147
ランダウ反磁性　146
ランデの g 因子　142

リーギー–リュデュック電圧　203
リートベルト法　196
立方最密構造　10
量子　2
量子力学　2
臨界温度　170
臨界磁界　171
リン酸2水素カリウム　124

レイリーの式　166

連続X線　188
連続の方程式　74

ローレンツ型　115
ローレンツ球　109
ローレンツ空洞電界　109
ローレンツ力　21
ロッシェル塩　117
六方最密構造　10
ロンドン方程式　184

わ 行

ワイスの分子場近似　154

英 字

ARPES　207
ARUPS　207
$B\text{-}H_{ext}$ 曲線　160
$B\text{-}H_{ext}$ 減磁曲線　163
BCC　7
BCS理論　180
BH_{ext} 積　163
BJT　77
CS結晶　125
CZ法　52
DFET　98
EDS　206
EFET　98
ENFET　98
EPFET　98
EPMA　206
EPR　207
ESR　207
FCC　7
FET　77
FZ法　54

GMR　165
g 因子　138
IDT　127
K-K関係式　202
K-Pモデル　34
$\vec{k}$-空間　25
K-セル　55
MBE　54
MOCVD　55
MOSFET　97
NCS結晶　125
NMR　207
N型半導体　67
PC　7
PN接合ダイオード　77
PS　206
PVD　54
PZT　123
P型半導体　68
RHEED　55
SAW　127
SEM　205
sp^3 混成軌道　18
SQUID　182
TEM　205
TEM姿態　201
$\theta\text{-}2\theta$ 掃引法　195
$\theta\text{-}\omega$ 掃引法　195
UPS　206
VNA　202
WDS　206
w構造　50
XPS　206
X線　187
X線光電子分光　206
X線分光　206
YBCO　170
zb構造　48
ZM法　53

著者略歴

吉門 進三
（よしかど しんぞう）

1978年　電気通信大学大学院電気通信学研究科
　　　　修士課程修了
1994年3月　博士（工学）（同志社大学）
現　在　同志社大学　名誉教授

主要著書
演習で学ぶ 電気磁気学（数理工学社）
電気電子材料（オーム社，共著）
固体物性工学（オーム社，共著）

電気・電子工学テキストライブラリ＝A7
電気電子材料
―基礎理論を中心に―

2024年9月25日 ©　　　　　　　　　初版発行

著　者　吉門進三　　　　　　発行者　矢沢和俊
　　　　　　　　　　　　　　印刷者　田中達弥

【発行】　　　　株式会社　数理工学社
〒151-0051　東京都渋谷区千駄ヶ谷1丁目3番25号
編集　☎(03) 5474-8661(代)　　サイエンスビル

【発売】　　　　株式会社　サイエンス社
〒151-0051　東京都渋谷区千駄ヶ谷1丁目3番25号
営業　☎(03)5474-8500(代)　振替 00170-7-2387
FAX　☎(03)5474-8900

印刷・製本　大日本法令印刷（株）

≪検印省略≫

本書の内容を無断で複写複製することは，著作者および出版者の権利を侵害することがありますので，その場合にはあらかじめ小社あて許諾をお求め下さい。

ISBN 978-4-86481-118-7
PRINTED IN JAPAN

サイエンス社・数理工学社の
ホームページのご案内
https://www.saiensu.co.jp
ご意見・ご要望は
suuri@saiensu.co.jp　まで．

━═━═━ 電気・電子工学テキストライブラリ ━═━═━

電気電子工学入門
久門尚史著　2色刷・A5・並製・本体2450円

電気電子材料
基礎理論を中心に
吉門進三著　2色刷・A5・並製・本体2450円

電気電子数学基礎
ベクトル幾何・解析
近藤弘一著　2色刷・A5・並製・本体2100円

過渡現象論
理論と計算方法を学ぶ
馬場吉弘著　2色刷・A5・並製・本体1850円

高電圧工学概論
基礎から実践まで
脇本隆之著　2色刷・A5・並製・本体2200円

伝送線路論
電磁界解析への入門
出口博之著　2色刷・A5・並製・本体2150円

電磁波工学
大平昌敬著　2色刷・A5・並製・本体2100円

演習で学ぶ 電気磁気学
詳細な解説と解答による
吉門進三著　2色刷・A5・並製・本体2400円

＊表示価格は全て税抜きです．

━═━═━ 発行・数理工学社／発売・サイエンス社 ━═━═━